语言之舞

大语言模型
应用实战全书

牛亚运　倪静　著

电子工业出版社

Publishing House of Electronics Industry

北京·BEIJING

内容简介

近年来，大语言模型（LLM）技术飞速发展，深刻地改变着我们世界的各行各业，越来越多的人意识到这项技术的重要性，却苦于缺少严谨、优质的一站式学习教程。

本书旨在为读者提供全面、深入且实践性强的 LLM 学习资源，力求将 LLM 的理论知识与实际应用案例相结合，帮助读者更好地理解和掌握这一前沿技术。本书不仅提供了 GPT、ChatGLM、LLaMA、DeepSeek 等主流模型的微调与推理实战指南，还深入探讨了 MCP、RAG、ETA、Agent、长上下文建模等前沿技术的应用与优化。

本书具有重视实践、内容全面且系统、案例丰富且实用、代码规范且易懂、紧跟技术前沿等显著的特色，是现阶段 LLM 理论与实践学习的集大成者。

本书的目标读者包括但不限于：对 LLM 感兴趣的科研人员、工程师、学生以及希望了解和应用 LLM 的企业管理者。本书也可成为各个院校培训机构 AI 和大模型专业的教材。

图书在版编目（CIP）数据

语言之舞：大语言模型应用实战全书 / 牛亚运，倪静著. -- 北京：电子工业出版社，2025. 7. -- ISBN 978-7-121-50283-5

Ⅰ．TP391

中国国家版本馆 CIP 数据核字第 20253ZC440 号

责任编辑：林瑞和
印　　刷：三河市良远印务有限公司
装　　订：三河市良远印务有限公司
出版发行：电子工业出版社
　　　　　北京市海淀区万寿路 173 信箱　　　　　邮编：100036
开　　本：787×980　1/16　　　　印张：21.75　　　字数：452.4 千字
版　　次：2025 年 7 月第 1 版
印　　次：2025 年 7 月第 1 次印刷
定　　价：99.00 元

前言

近年来，大语言模型（Large Language Model，LLM）技术飞速发展，深刻地改变着自然语言处理（Natural Language Processing，NLP）领域，并逐渐渗透到各行各业。从最初的统计语言模型到如今能够进行复杂推理和创造性写作的 LLM，LLM 展现出了前所未有的能力。然而，围绕 LLM 的理论和实践仍然存在许多挑战和未解之谜。本书旨在为读者提供全面、深入且实践性强的 LLM 学习资源。

写作背景与目的

本书的写作源于作者长期以来对 LLM 技术的研究和实践经验。我们注意到，目前市面上关于 LLM 的图书和资料要么过于理论化，缺乏实际操作指导；要么过于碎片化，难以形成系统性的认知。因此，本书力求将 LLM 的理论知识与实际应用案例相结合，帮助读者更好地理解和掌握这一前沿技术。本书的目标读者包括但不限于：对 LLM 感兴趣的科研人员、工程师、学生以及希望了解和应用 LLM 的企业管理者。

本书特色

本书具有以下几个显著的特色。

（1）重视实践：本书将理论知识与大量实战案例紧密结合，力求做到知行合一。每一章节都包含了丰富的代码示例和详细的步骤讲解，帮助读者快速上手。

（2）内容全面且系统：本书（包括配套的电子书部分）涵盖了 LLM 的方方面面，从发展历史、核心要素、构建流程到模型部署、微调、推理，以及各种高级应用和未来发展方向，力求做到内容全面且系统，帮助读者建立完整的知识体系。

（3）案例丰富且实用：本书提供了多个基于不同主流 LLM（如 GPT 家族、LLaMA 家族、PaLM 家族、GLM 家族、Qwen 家族、DeepSeek 家族等）的实战案例，涵盖了微调、推理部署、RAG、智能体等多种应用场景，这些案例均经过作者的精心挑选和验证，具有很强的实用性。

（4）代码规范且易懂：本书所有的代码示例均采用规范的编程风格，并配有详细的注释和解释，即使是编程基础薄弱的读者，也能轻松理解和运行。

（5）紧跟技术前沿：本书内容紧跟 LLM 技术发展前沿，力所能及地涵盖了较新的模型架构、训练方法、部署工具和应用场景，确保读者能够学习到更新的知识。

本书结构

本书各章节的内容安排如下。

1. 主体部分

第 1 章 "LLM 构建流程"：系统地介绍了 LLM 的构建流程，包括数据准备、数据预处理、模型预训练、模型微调、模型推理和优化等环节，并对各个环节中的关键技术和策略进行了深入探讨，并通过代码实战，帮助读者掌握 LLM 的构建过程。

第 2 章 "LLM 的部署与监控"：讲解了 LLM 的部署和监控方法，包括模型部署方式、分布式环境配置、Docker 部署、模型监控和维护策略等内容，并结合实际案例，帮助读者掌握 LLM 的部署和监控技巧。

第 3 章 "LLM 的微调与推理部署实战案例"：提供了多个基于不同主流 LLM 的微调和推理部署实战案例，包括基于 LLaMA-3、ChatGLM-3、GPT-4o、GLM-4、Qwen、DeepSeek-R1 等的微调和推理部署案例，并详细讲解了每个案例的核心思路和代码实现。

第 4 章 "LLM 项目的构建与应用"：从业务角度出发，重点介绍了企业级 LLM 构建与实现的通用流程，包括应用场景选择、数据准备、环境配置、模型迁移、模型评估和落地等环节，并对 LLM 在不同领域的应用场景进行了分析。

第 5 章 "提示设计"：系统讲解了提示工程的概述，提示设计要素、策略和方法论，并提供了大量的提示词设计示例和优秀框架，帮助读者掌握提示设计。

第 6 章 "LLM 增强技术"：介绍了 LLM 的局限性及其解决方案，并深入探讨了 RAG、ETA 和智能体等 LLM 增强技术，并通过丰富的代码实战，帮助读者掌握这些高级应用技术。

第 7 章 "LLM 的训练 / 推理框架、部署工具和提示库"：总结了 LLM 常用的训练 / 推理框架、部署工具和提示库，帮助读者快速找到合适的工具来构建和应用 LLM。

2. 电子资料部分

附录 A "LLM 的发展史"：追溯了 NLP 技术发展的四个浪潮，详细介绍了 LLM 发展的各个历史阶段，并对各个阶段的重要模型进行了对比分析，最后通过代码实战案例，帮助读者理解不同模型的实现原理和应用方式。

附录 B "LLM 技术的核心要素"：深入探讨了 LLM 的构成要素，包括大规模数据、模型架构、模型评估体系和模型优化策略，并对 Transformer 架构、主流模型架构、模型评估方法等知识点进行了详细讲解。

附录 C "挑战与未来方向"：展望了 LLM 技术未来的发展方向，并对 LLM 面临的挑战进行了深入分析，包括数据偏见、模型可解释性、资源消耗、多模态能力、知识更新、内容安全以及与其他 AI 技术的集成等方面。

3. 实战代码和其他附件

本书中的实战案例均提供必要的核心代码供读者参考和练习。这些代码也是本书的重要组成部分，可以帮助读者在实际运用中快速进步。

为方便查阅，读者可用微信扫描封底"读者服务"处的二维码，按提示说明获取本书"电子资料部分"的内容和本书中提到的实战代码和其他附件。

相信通过本书的学习，读者能够全面掌握 LLM 的相关知识和实践技能，并能够将其应用于实际项目中，为推动 LLM 技术的发展贡献力量。

致谢

本书的完成离不开许多人的帮助和支持。首先，我要感谢我的家人和朋友，他们在我写作过程中给予了我极大的鼓励和支持。其次，我要感谢我的导师和同事，他们在我研究 LLM 的过程中给予了我宝贵的指导和建议。最后，我要感谢所有参与本书审稿和编辑的工作人员，他们的辛勤工作保证了本书的质量。特别感谢开源社区的贡献者们，他们的工作为本书提供了大量的宝贵资源。感谢所有为 LLM 技术发展做出贡献的研究者和工程师们，你们的努力推动了这个领域的进步。本书的不足之处，还请各位读者批评、指正。

牛亚运

2025 年 6 月

读者服务

微信扫码回复：50283

· 获取本书电子资料、配套代码和其他附件

· 加入本书读者交流群，与作者互动

· 获取【百场业界大咖直播合集】（持续更新），仅需 1 元

目录

附录 A LLM 的发展史
···························（电子资料）

附录 B LLM 技术的核心要素
···························（电子资料）

附录 C 挑战与未来方向
···························（电子资料）

第 1 章

LLM 构建流程

本章将带领大家深入探讨大语言模型（Large Language Model，LLM）的构建流程，这是整个 LLM 开发中至关重要的一环。随着技术的快速发展，构建高效、准确的 LLM 需要综合考虑从数据准备到模型推理的多个环节，每一个步骤都在最终模型的表现中扮演着重要角色。本章将为读者提供一套系统化的构建流程，帮助读者理解和应用这一复杂而又动态的过程。

本章的第一部分将聚焦于数据准备及初步清洗。在构建语言模型时，数据的质量和数量是至关重要的。因此，我们将讨论如何有效地采集和过滤数据，包括低质数据的识别与去除、内容安全过滤等。这一过程不仅需要理解不同过滤技术的实施，还需要掌握如何利用实战案例，如 Falcon 的爬取和清洗流程，以确保最终用于训练的数据具有良好的代表性和高质量。

接下来，我们将转向数据预处理。数据预处理是优化模型训练效果的关键环节，包括数据精洗、分词及其预处理、分词器、定义模型的输入等。我们将对比不同的分词方法和算法，帮助读者选择适合自己任务的最佳方案。此外，本节还将深入讨论词元（Token）的处理阶段，解析其在 Transformer 架构中的重要性。这一部分内容将为后续的模型训练奠定坚实的基础。

再接下来，本章将进入模型预训练与评估的阶段。我们将探讨自监督训练的方法，以及如何根据任务需求选择合适的模型架构。另外，模型的超参数调优和结构优化也是这一部分的重点，读者将了解到如何通过技术手段提高模型的训练效率和效果。此外，我们还将分析并行技术和内存优化策略，以提升大模型的训练速度。

随后，我们将讨论模型的微调，这是 LLM 构建中的重要一环。微调策略和技术的选择对于提升模型在特定任务上的表现至关重要。本节将介绍多种微调策略，包括指令微调（Instruction Tuning，IT）、对齐微调（Alignment Tuning，AT）等，帮助读者理解如何根据实际需求灵活调整模型。

最后，本章将围绕模型推理与优化展开，讨论推理阶段的可调参数及其对模型性能的影响。我们将介绍多种推理加速技术，如模型量化、剪枝和蒸馏，重点分析这些技术如何在保证模型准确性的同时，提高推理速度和资源利用率。

综上所述，本章将为读者提供一个全面而深入的视角，帮助读者理解 LLM 构建流程中的各个关键环节，从数据准备到模型推理，确保在实际应用中能够高效地构建和优化 LLM。通过这一系统的探讨，读者将能够更好地把握 LLM 的开发过程，推动项目向前发展。

1.1 数据准备并初步清洗

数据的质量直接影响模型的性能和结果的可靠性。本节将详细探讨数据准备和初步清洗的关键步骤，重点关注数据的采集、过滤。这一过程不仅包括增加数据的策略（比如如何有效收集和采样），还涵盖了多种过滤方法，以确保数据的高质量。

我们将首先介绍数据采集的最佳实践，随后讨论如何通过低质过滤、去重过滤和内容安全过滤等手段，去除不必要或有害的数据。通过具体的案例分析，读者将更清晰地理解这些方法在实际应用中的有效性。通过本节的学习，读者将具备构建高质量数据集的基础知识，为后续的数据分析和模型构建奠定坚实的基础。

我们以 GPT-3 为例来理解 LLM 中的数据清洗过程。实际上，GPT-3 的数据集主要基于 Common Crawl，并以 WebText 作为参考。为了优化数据集，GPT-3 下载了 2016 至 2019 年的 41 个 Common Crawl 分片，并训练了一个二元分类器来筛选出与 WebText 更相似的数据。在数据处理上，GPT-3 使用了模糊去重技术，并从基准数据集中移除了部分数据。数据源的多样性也得到了增强，其包括了 WebText2、Books1、Books2 和 Wikipedia。在训练过程中，Common Crawl 被降采样，它在数据集中占 82%，但只贡献了 60% 的数据。

图 1.1 展示了从原始数据到最终数据的清洗处理流程。首先对原始数据进行预处理，去掉特殊符号、特殊字段等，得到语义通顺的数据。接着通过内容打分（分类）模型进一步筛选出高质量的数据。这些高质量数据再经过去重模型的处理，确保了数据的非重复性。最后，采用多源采样策略将这些数据整合为最终的数据。

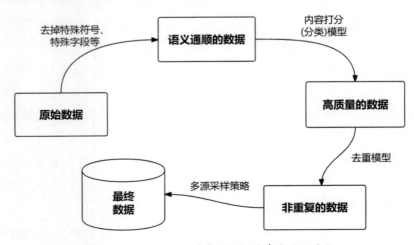

图 1.1 从原始数据到最终数据的清洗处理流程

1.1.1　数据采集

在 LLM 的构建过程中,数据采集是至关重要的环节,它直接影响模型的性能上限和泛化能力。这一过程涉及从互联网、书籍、新闻、社交媒体、论文等多种来源收集原始文本数据,目的是训练、评估和微调模型,使其能够理解和生成人类语言。随着计算资源和存储能力的提升,研究者能够处理和收集的数据规模大幅增加,从而促使他们收集更多、更具代表性的 GB 级、TB 级甚至 PB 级文本数据,以确保语料的多样性和覆盖广泛的知识与话题。

1. 核心思路

(1)确定目标:明确模型的应用场景和目标,确定语料库的主题和范围,例如文本生成(偏通用场景)、问答、翻译、代码生成等。

(2)选择数据来源:根据目标选择合适的、高质量的数据源。比如需要训练代码生成任务要尽量去 GitHub 网站爬取。

(3)制定采集策略:确定数据采集、数据清洗和预处理方法,以及数据质量评估标准。

(4)持续优化:不断评估数据质量,并根据模型性能进行调整和优化。

(5)数据维护:旨在确保在动态环境中数据的质量和可靠性。数据维护至关重要,因为真实世界中的数据不是一次性创建的,而是需要持续维护的。

2. 数据来源分类

(1)开源语料:如 Wikipedia、Common Crawl、BookCorpus 等,这类数据规模大、易获取,通常可免费使用,适合作为模型预训练的基础数据源,能够增强 LLM 的泛化能力。

(2)用户生成内容:来源包括社交媒体、论坛、博客等,比如 Twitter、Reddit、Facebook、微博等。这类数据具有时效性和语言的多样性,但同时也面临低质量和不适当内容的挑战。这类数据能够增强 LLM 的对话能力。

(3)专业文献和书籍:包括报纸杂志、专业书籍、学术论文、专利文献、社区代码等,比如 arXiv、Pile、Stackoverflow、GitHub 等,通常有更高的质量和领域专门性,但获取成本较高,且有版权限制。这类数据能够增强 LLM 的长距离依赖关系。

(4)私有数据:指企业或组织的内部数据,涉及结构化和半结构化数据,包括数据库、API 返回的数据,可以通过特定接口或查询来收集,比如法律文书、医学记录等。这类数据适合构建特定领域的语言模型。

3. 采集方法

数据采集常用的方法包括下载公开数据集、爬虫获取、API 接口获取、数据共享与合作、基于指令技巧利用 LLM 生成等。

（1）下载公开数据集：直接下载已有的大规模开源语料库，例如 WikiText、BookCorpus、Common Crawl 等。

（2）爬虫获取：通过自动化爬虫技术，编写脚本从互联网上抓取公开文本。这是获取大量非结构化数据的一种常用方式，但需遵循网站的爬取协议和法律法规。比如通过 Trafilatura 在网页上进行文本提取。

（3）API 接口获取：通过调用 API 获取结构化或半结构化的数据，如社交媒体平台的 API、新闻机构的数据接口等。

（4）数据共享与合作：通过与其他研究机构、企业合作，获取它们的数据资源，通常用于专有领域数据的收集。

（5）基于指令技巧利用 LLM 生成：比如 Alpaca 数据集的生成，就是利用 OpenAI 的 ChatGPT API，通过指定的种子和系统提示来从头开始创建多样化的数据集。同样，Chinese-LLaMA-Alpaca 算法也采用了 OpenAI 的 API（例如 ChatGPT），并结合了 Prompt（提示）技术。其中 Prompt 涵盖了 80 多个主题（包括科技、娱乐、体育、金融、时政、教育、医疗等）和 14 个任务（如开放式生成、分类、问答、摘要、翻译、代码等），以此来设计不同话题下的指令数据。这些数据以 JSON 格式生成，并最终写入 txt 文件中，从而形成 LLM 训练所需的数据集。

4. 采集原则

（1）合法性：确保数据采集遵守相关法律法规，不侵犯版权和隐私权。

（2）多样性：为了让 LLM 具备广泛的理解能力，数据采集应涵盖不同的领域、主题、文体、语言和格式。包括领域多样性、形式多样性（例如文本、代码、表格）和语言多样性。

比如 PT-175B 使用的 Pile 语料声称具有更好的多样性，但是 BLOOM 使用的 RTS 语料包含过多的学术数据集，这可能导致 BLOOM 的性能变差。相比之下，GPT-3 的来自 Common Crawl 的多样化和通用领域数据比例更高。

（3）平衡性：在可能的情况下，保持数据集的类别平衡，避免数据偏差。常用的方法包括不均衡采样和不均衡 epoch。

①不均衡采样：对不同的数据源选择不同采样比例。比如在 GPT-3 的训练过程中，会对不同的数据源选择不同采样比例。通过"数据源"采样的方式，能够缓解模型在训练的时候受到"数据集规模大小"的影响。比如 PaLM（Pathways Language Model）包含非常大比例的社交媒体对话数据，这使其在各种问答任务和数据集上表现优秀。

②不均衡 epoch：比如 CC 数据集最终实际上只被训练了约 0.44（即 0.6 / 0.82 ×(300 / 499)）次；而对于规模比较小的数据集（比如 Wikipedia），则将多训练几次（3~4 次）。

这样一来就能使模型不会太偏向于规模较大的数据集，从而失去对规模小但作用大的数据集上的学习信息。

5. 经验总结

（1）权衡数据质量与规模：适当增加数据的数量、多样性和广度，有助于提升小模型的性能。此外，在追求数据规模的同时，必须确保数据质量。低质量的数据会降低模型性能，因此要维持数据质量和规模的平衡。

（2）监控数据质量：在整个数据采集过程中，持续监控数据质量，确保其符合预定标准。

（3）数据标注：对于需要标注的任务（如文本分类），在数据采集阶段就要考虑标注策略。

（4）增量式数据采集：随着模型训练的进行，逐步增加数据集的规模和多样性，既可以提高效率，也能保证数据质量。

（5）数据增强：可以利用数据增强技术，例如同义词替换、句子改写等，增加数据规模和多样性。

（6）持续更新数据集：定期对数据集进行更新，以反映最新的语言使用情况。

（7)隐私保护：在数据采集过程中，注重个人信息保护，避免收集包含敏感或私人信息的数据。

（8）来源混合：为了提高数据的质量和分布性，可以混合不同来源的数据。例如，增加图书类数据可以提高模型处理长距离依赖关系的能力。

（9）自建数据集：虽然开源数据集可以用于实验，但若想进一步提升模型性能，建议自行构建数据集。

1.1.2 数据过滤

在构建 LLM 的过程中，数据过滤是确保模型性能和泛化能力的关键步骤。随着深度学习技术的发展，模型如 BERT（Bidirectional Encoder Representations from Transformers）系列和 GPT（Generative Pre-trained Transformer）系列取得了显著成果，但数据质量成为一个重要挑战。原始数据中往往含有噪声、冗余、不相关内容，甚至错误和有害信息，这些都会对模型产生不利影响。因此，对从各种来源收集的海量数据进行适当的过滤和去重，以构建高质量语料库，是不可或缺的。例如，Falcon-40B 模型通过精心的数据过滤，成功提升了模型效果。在有限的计算资源下，有效的数据预处理对于避免偏见问题和提升模型性能至关重要。

意义：数据过滤能够提升数据集的纯净度和相关性，避免数据冗余，提升训练效率，进而提升模型的泛化能力。实践证明，数据过滤技术，如低质过滤和去重过滤，对模型性能有着显著的影响。

1. 核心内容

（1）质量评估：对数据进行初步质量评估，识别并标记低质量样本。评估指标包括文本长度、语法正确性、语义一致性等。

（2）数据清洗：对数据进行初步清理，移除无用信息和噪声数据等。其中，无用信息包括无效字符（如 HTML 标签、超链接、控制字符、特殊符号等非文本元素）、非语言符号（如表情符号、无关字符等）等，噪声数据包括乱码、编码错误、格式错误、拼写错误、特殊字符等。文本转码确保所有文本采用统一的编码格式（通常是 UTF-8）。

（3）内容过滤：根据特定标准筛选出符合要求的数据，包括语种过滤、指标过滤、统计过滤和关键词过滤。比如语种过滤是指去除与目标语言不相关的文本，尤其是在处理多语言数据集或网络抓取数据时，可以只筛选中文语料，比如使用 CCNet 的 FastText 的字符 n-gram 语言分类器实现。

（4）低质过滤：低质量数据会直接影响模型的泛化能力、收敛速度，甚至可能导致偏差。因此，去除低质数据是确保模型性能和可靠性的重要环节。

（5）去重过滤：大量的重复文本会使模型过拟合，削弱模型的泛化能力。需要识别并移除重复的数据记录，以避免模型过拟合和泛化能力降低。

（6）内容安全过滤：通过伦理审查，确保数据不包含有害、偏见或违反隐私的内容，符合伦理道德标准和社会价值观，避免训练出有害或不恰当内容生成的模型。通过偏见检测、隐私遮蔽和有害性检测模型进行识别和去除。

（7）特定领域过滤：对于特定应用领域，如法律、医疗或技术领域，去掉领域外的无关数据是必不可少的。可以基于特定领域的词汇表或领域特征来去掉无关数据。

2. 常用方法

1）基于规则的过滤

使用预定义的规则集来筛选数据，例如正则表达式匹配、关键词筛选等，可以快速去除一些明显无关的文本。

（1）关键词匹配：使用预定义的关键词列表，筛选包含特定关键词的数据。例如，过滤包含广告、垃圾邮件或其他不相关内容的文本数据。

（2）正则表达式匹配：使用正则表达式匹配符合特定模式的数据。例如，过滤包含特定格式的日期、时间或电话号码的数据。

（3）黑名单/白名单：使用黑名单或白名单，分别过滤掉不符合或符合特定条件的数据。例如，过滤掉来自特定网站或特定作者的数据。

2）基于统计的过滤

根据数据的统计特征（如频率分析等）进行过滤。

（1）频率分析：统计数据集中每个词语或短语出现的频率，并根据频率分布进行过滤。例如，过滤掉出现频率过低或过高的词语或短语。

（2）异常值检测：利用统计方法，例如箱线图、Z-score 等，识别并过滤掉数据中的异常值。例如，过滤掉文本长度异常、词语重复率异常或语法错误率异常的数据。

（3）数据分布分析：分析数据集中不同类别数据的分布情况，并根据分布情况进行过滤。例如，过滤掉某些类别数据比例过低或过高的数据。

3）基于机器学习模型的过滤

使用分类模型来识别和过滤噪声数据。

（1）分类器算法：训练一个分类器模型，例如支持向量机（SVM）、随机森林（Random Forest）等，对数据进行分类，并根据分类结果进行过滤。例如，训练一个垃圾邮件分类器，过滤掉垃圾邮件数据。比如 GPT-3 曾训练一个分类器，通过每个文档与高质量文档的相似性来过滤掉低质量文档。

（2）聚类算法：利用聚类算法，如 K-means 聚类、层次聚类等，将数据分成不同的簇，并根据簇的特征进行过滤。例如，将文本数据分成不同的主题簇，并过滤掉与目标主题无关的簇。

（3）LLM 算法：基于模型的过滤（如利用 BERT 或 GPT 进行质量评估）则能够更细致地评估文本的潜在语义和质量。

3. 经验总结

（1）采样与质量评估：在数据过滤前，应对数据进行随机采样，以了解数据集的分布和质量。随后，建立数据质量评估体系，利用准确率、完整性、一致性等指标剔除低质量数据。

（2）自动化与人工结合：对于复杂的数据问题，利用自动化工具（如 SpaCy、NLTK、FastText 等）进行初步筛选后，再辅以人工审查以确保数据的高质量，能加快数据处理的效率。

（3）多种过滤方法结合：可以结合多种数据过滤方法，以提高过滤的准确性和效率。例如，可以使用基于规则的方法进行初步过滤，然后使用基于机器学习的方法进行精细过滤。

（4）监控与持续迭代：数据过滤不是一次性的任务，而应该是一个持续的过程。在过滤过程中，持续监控数据质量变化，并根据模型训练和评估的反馈循环，不断调整和优化过滤策略，以提高模型的性能。

（5）多源验证：从多个来源获取数据，进行交叉验证，以确保信息的真实性和准确性。

（6）记录过滤过程：记录过滤过程中的所有操作和决策理由，保持透明度，便于后续审核和复现研究结果。

（7）多阶段过滤：采用多轮次或逐层递进的过滤策略，先进行粗粒度的过滤，再逐步细化过滤规则或采用更复杂的模型筛选，以减少误删和漏删，逐步提高数据纯度。

（8）反馈机制与动态过滤：通过在训练过程中监控模型的表现，反馈数据质量问题，并对数据过滤策略进行动态调整。例如，识别模型容易产生偏见或错误的领域，可以相应调整数据过滤标准。

（9）去重策略优化：在数据去重环节，推荐使用局部敏感哈希（locality Sensitive Hashing，LSH）算法和高效的近似最近邻算法来处理大型数据集中的相似性检测问题，特别是在处理 TB 级别数据时。

（10）利用领域知识：根据具体的应用场景和领域知识，选择合适的过滤方法和标准。例如，对于医学领域的文本数据，需要过滤掉与医学无关的文本，并保留与医学相关的文本。

4. 该阶段常用的工具和框架

（1）FastText：用于文本分类，可以快速过滤非目标语言文本，特别是在多语言数据集过滤时很有用。它的核心优势在于速度快、内存占用少，且支持多语言文本的处理。

（2）CleanLab：一种基于噪声估计的工具，用于识别和过滤带有标注错误的数据。尤其在监督学习任务中很有效。

（3）LangID：对于大规模的多语言数据集来说，LangID 等语言识别工具（相当于FastText的语言识别模块）可以确保数据集内文本的语言一致性，并剔除非目标语言的内容。

（4）Perspective API：Google 提供的 API，主要用于检测文本中的有害内容（如仇恨言论、冒犯性语言等），对于数据过滤中的内容安全非常有帮助。

1.1.2.1　低质过滤

低质过滤是指清理和过滤原始文本数据，去除噪声和不必要的标记，过滤或移除低质量的数据，以避免数据中的噪声和偏差。

1. 核心内容

低质过滤的核心内容是识别并去除噪声和错误数据，优化训练数据集的可用性，提高训练数据的质量和语言模型训练后的效果。

（1）检查文本完整性：确保句子和段落的完整性，避免不完整或无效的文本段落。

（2）去除语法和拼写错误（或不通顺的句子）：文本中常见的拼写、语法错误对模型学习的负面影响较大，尤其是在自然语言处理（Natural Language Processing，NLP）任务中。可以使用语法检查工具（如 Grammarly 或语言模型自身的评分机制）筛选出不符合语言规范的文本。

（3）去除无意义数据：大量无意义的占位符、自动生成的内容不仅增加数据处理的计算成本，还会对模型的输出质量产生负面影响。

（4）保证词汇多样性：例如，广告文本、爬取的 SEO 优化内容、重复的关键字等都会导致模型学习到不具备语义深度的低质内容。

（5）去除非自然语言片段：如表格、代码片段、非常规字符等。

2. 常用方法

低质过滤常用的方法如表 1.1 所示。

表 1.1　低质过滤常用方法

方法	内容
基于规则的过滤	（1）通过预定义的规则（如最小句子长度、特定关键词过滤）剔除明显不符合质量标准的数据。统计学方法如 TF-IDF 可以用来识别频率异常的词汇或文本片段，帮助过滤掉与任务不相关的数据。 （2）语法和拼写检查工具（如 Grammarly、Hunspell）可用于识别语法和拼写错误，并将其对应的数据行过滤掉。 （3）参考 BLOOM 和 Gopher 等基于启发式方法（即领域专家规则），通过一系列精心设计的规则来消除低质量文本，包括基于语种的过滤、基于指标的过滤、基于统计的过滤和基于关键字的过滤
基于分类器的过滤	使用已训练的分类器（例如垃圾内容检测模型或语法错误分类器）来自动检测并过滤低质数据。此类方法在实际中效果显著，尤其是当数据量极大且手动清理不可行时，但也有可能会在无意中移除方言、口语等高质量文本，导致语料库偏见和多样性降低
基于大模型的过滤	使用 LLM 或基于深度学习的噪声检测算法可以自动标识不自然或无意义的文本，比如使用 GPT-3 等预训练模型来识别文本中的异常或噪声，并进行质量打分

3. 经验总结

在实战中，低质过滤的有效性直接影响模型训练的最终效果，因此在应用中需要结合多种策略。

（1）自动化与人工检查相结合：自动化的过滤过程能高效处理大规模数据，但对于某些边缘案例或复杂情况，人工检查仍然是确保数据质量的有效手段。

（2）动态过滤策略：在模型训练的不同阶段，低质数据的标准可能会发生变化。为此，可以设置多轮过滤策略，在预训练和微调时分别采取不同的过滤标准。

（3）迭代式数据清洗：通过初步训练模型，分析模型对不同数据质量的敏感性，然后有针对性地改进过滤规则。这种迭代式数据清洗不仅提升了数据质量，还能有效增强模型性。

1.1.2.2　去重过滤

在 LLM 的背景下，确保训练数据的质量和多样性至关重要。去重过滤是这一过程中的关键步骤，它涉及移除数据集中的重复实例，以保障每条数据都是唯一的，并具有信息增量。重复数据的存留可能会在模型训练中引入偏见，降低多样性，导致模型学习无用信息，从而出现过拟合现象，影响模型的泛化能力。特别是在 NLP 任务中，重复数据还可能导致生成的文本缺乏创新性。因此，去重过滤旨在消除训练数据中的重复信息，防止模型在重复数据上过拟合，确保模型学习高效且不产生偏向性。

> 目的：去重是为了提高语料库的多样性，避免重复数据导致的模型性能下降，并避免训练过程不稳定和影响模型性能。

> 意义：在处理大型数据集时，去重过程尤为重要，因为重复数据可能会无意中夸大某些模式或特征的重要性，从而导致过拟合（或强化记忆）。这对于 NLP 任务尤为重要，因为多样化和具有代表性的训练数据对于构建健壮的语言模型至关重要。

1. 核心内容

1）去重对象

LLM 中的去重过滤可以针对不同的粒度级别进行，包括字符级、句子级、段落级、文档级的重复检测。通常，去重以句子或段落为单位进行。

对于文档级，现有工作主要依赖文档之间高级特征（例如 n-gram 重叠）的重叠比率来检测重复样本。比如 GPT-3 、PaLM 采用了基于文档级的去重。

2）影响因素

包括数据规模和重复数据的比例。较大的数据集更容易包含重复数据，而数据收集来源多样时，重复问题更为显著。

3）去重的关键目标

提高数据的多样性、信息密度，提升模型的泛化能力，防止过拟合。

2. 常用方法

在去重过滤阶段，常用方法如表 1.2 所示。

表 1.2　LLM 中常用去重过滤方法的比较与实战策略

方法	描述	优点	实战策略
基于哈希的去重	采用哈希函数对比（MinHash）法。使用哈希函数对数据生成唯一标识（如 MD5 或 SHA），将每条数据转化为哈希值，通过对比哈希值快速检测重复数据	计算效率高，适用于大规模数据集	在哈希处理之前先进行文本标准化处理，如去除多余空格、将字母转换为小写、去除标点等
基于相似度的去重	采用基于文本相似度的算法（如余弦相似度、Jaccard 相似度）计算数据之间的相似度，若相似度超过阈值则判断为重复	可以检测完全相同的数据，也能检测高相似度的内容	相似度阈值设置是关键，通常设定在 0.8 至 0.9 之间，避免错删或漏检
基于 LSH 算法的去重	通过 LSH 算法将相似文本映射到相同的桶中，减少需要比较的文本数量，从而高效检测相似数据	高效处理大规模数据集，适合在线或实时去重	比如 GPT-3 使用 Spark 的 MinHashLSH 模糊去重文档。适合包含大量相似文本的大型数据集，需调试哈希函数的参数以获得最佳性能
基于语言模型的嵌入向量去重	使用 LLM（如 BERT、GPT）生成文本嵌入向量，通过计算向量之间的距离（如欧氏距离或余弦相似度）来判断是否重复	能捕捉语义层面的相似性，而不仅限于表面文本相似度	适合高精度的语义去重，特别是检测不同表达方式的语义重复数据

3. 经验总结

（1）标准化与预处理：在进行去重之前，务必对数据进行预处理，如使文本标准化、去除 HTML 标签、去掉标点符号和转换大小写。这可以减少因格式差异引起的重复检测误差。

（2）增量去重：对于持续更新的数据集，增量去重非常重要。可以通过将新数据与历史数据进行对比，避免重复的条目进入训练集——即仅对新增数据进行去重处理，而不必对整个数据集重新执行去重算法。这在大规模数据采集和训练中极为常见，能显著提升模型训练的效率。

（3）多层级去重：实战中常采用多层次的去重策略，如先进行基于哈希的去重，快速去除明显的重复数据，然后再使用 n-gram 或向量相似度去除语义上的重复文本。分层次处理可以有效减少计算资源消耗，并提升去重效果。

（4）阈值调整：在 n-gram 或向量相似度方法中，阈值的选择非常关键。过低的阈值可能导致过度去重，丢失有价值的多样化信息；过高的阈值则可能漏掉部分重复数据。实战中需要根据具体的数据集特性，灵活调整阈值。

（5）考虑上下文和语境：在 NLP 任务中，尤其是面向生成任务的 LLM，去重不仅仅是字面上的去重，还需要考虑上下文和语境。例如，同一句话在不同上下文中可能表达不同含义，这时简单的去重可能会影响模型的学习。因此，结合上下文进行更高级的语义去重在实战中非常有价值。

1.1.2.3　内容安全过滤

内容安全过滤是 LLM 数据准备阶段中至关重要的一部分，旨在确保用于模型训练的数据不包含违反道德规范、法律规定或社会接受标准的内容。主要关注隐私信息保护、暴力、仇恨言论、成人内容等有害或不适宜信息的识别和剔除，以避免模型生成有害或不安全的输出。这一环节在提升模型输出的安全性和合规性方面尤为重要。

1. 核心内容

通过偏见检测、隐私遮蔽和有害性检测模型等进行内容安全过滤。

1）偏见检测

LLM 需要避免学习不公平的社会偏见。可以使用基于关键词或机器学习模型的偏见检测工具，过滤极端言论或歧视性言论，防止模型生成偏激或带有偏见的信息。

2）隐私遮蔽

为了保护隐私，需要进行隐私信息识别和去除。隐私遮蔽用于保护个人隐私信息（如身份证号、住址、电话等），可以通过遮蔽或移除敏感信息来降低泄露风险，以确保数据集中不包含任何能直接识别个人身份的信息。

3）有害性检测模型

应当识别并过滤仇恨言论、暴力、成人内容等不符合道德规范或法律规定的内容。可以通过预先训练好的有害性检测模型（如 OpenAI 发布的 Detox）进行识别和去除。

2. 常用方法

（1）关键词检测：使用预定义的敏感关键词列表检测数据中的隐私信息或有害内容。这是最基础的过滤方法，但需要仔细维护关键词库以避免过多误判或漏判。

（2）正则表达式匹配：通过正则表达式捕捉特定格式的隐私信息（如身份证号、电话号码、邮件地址等），尤其适用于隐私信息的检测与过滤。

（3）利用分类器预测：利用机器学习或深度学习技术训练分类器，比如针对仇恨言论和暴力内容，训练了一套基于多标签分类的深度学习模型，能够高效识别多种有害内容类别。

（4）预训练模型过滤：借助已有的预训练模型（如 BERT、GPT-3 等），识别文本中的有害内容或隐私信息。这种方法基于模型的上下文理解能力，能有效捕捉更多语义层面的敏感内容。

（5）构建内容审查规则库：构建专用的内容审查规则库，对特定的敏感主题、国家政策或文化差异进行定制化过滤。此方法通常与关键词检测结合使用，以提高针对性。

3. 经验总结

（1）动态更新过滤策略：在大规模数据采集过程中，需定期更新关键词列表和过滤模型，以应对新的有害内容形式和语言变化。例如，新兴的俚语、隐晦的侮辱词汇或新兴的非法术语需要及时加入过滤库。

（2）上下文敏感性：在过滤隐私信息和有害内容时，单纯依赖关键词检测或正则表达式匹配可能产生误判。例如，某些敏感词可能在特定上下文中是无害的，使用预训练语言模型（Pre-trained Language Model，PLM）进行语义分析可以降低误报率。

（3）多层过滤机制：建议采用多层次的过滤框架，结合规则检测与机器学习模型进行复合过滤，确保过滤的准确性和全面性。第一层采用关键词检测，第二层结合深度学习模型进行上下文分析，最后通过人工审核确保敏感信息被妥善过滤。

（4）跨语言过滤：如果数据集中包含多语言文本，需要构建跨语言过滤方案。不同语言的敏感信息表达方式可能有所不同，因此需训练针对多语言的过滤模型，或采用多语言词库和正则表达式匹配。

（5）敏感内容的灰度判断：有些内容并非直接有害，但在特定语境下可能会引发争议，如含糊的政治言论或文化敏感话题。对于这类内容，可以根据具体应用场景的敏感性要求，设定不同的阈值来决定是否过滤。

1.1.3　实战案例：使用 Falcon 爬取并清洗互联网数据

使用 Falcon-40B 模型。从 Common Crawl 数据集到最终数据集 RW 的文本处理和过滤流程分为三个主要阶段：文档准备、过滤和去重。在文档准备阶段，经过 URL 过滤、文本提取和语言识别，文档保留比例从 100% 下降到 47.51%。在过滤阶段，通过重复内容去除、基于文档的过滤和基于行的校正，保留比例进一步下降到 23.34%。最后，在去重阶段，通过模糊去重和精确去重，最终保留的文档比例为 11.67%，整个过程移除了原始 Common Crawl 数据集中近 90% 的文档。这一流程展示了数据处理和清洗的严谨性和复杂性。

1.2 数据预处理

在 LLM 构建的工作流程中，数据预处理是确保模型能够理解、处理和学习数据的重要步骤之一。当我们将字符串格式的文本内容输入预训练模型中进行训练时，需要对文本进行一定的预处理和编码操作，最终将文本转换为模型可接受的输入形式——Token ID 序列。

1.2.1 数据精洗

在 LLM 场景下，数据精洗是在数据过滤的基础上进行的，旨在进一步优化数据质量，为模型训练提供坚实的基础。数据精洗的目标是剔除错误信息，解决歧义和数据处理不平衡的问题，以提高训练数据的质量，进而训练出更精准的语言模型。

数据精洗的核心内容如下所示。

（1）文本标准化：进一步对文本数据进行规范化处理，包括去除无关字符、统一大小写、处理缩写词、处理空白符（即去除多余的空格或换行符）等。其中，统一大小写是将所有文本转换为小写或按需求保留原始大小写。

（2）去除错误信息：进一步从训练数据中移除错误信息，降低模型生成错误回答的风险。比如在有监督任务中，标注不准确或含糊的数据会导致模型无法正确学习对应的映射关系。

（3）处理歧义信息：识别并排除数据中的模糊或矛盾内容，避免模型在训练过程中产生混淆，提高模型回答的明确性和可靠性。

（4）处理异常值：检测并处理数据中的异常值或离群点，防止它们对模型训练产生不利影响。

（5）解决不平衡：进一步平衡数据集中的类别分布，确保各类别被平衡地使用，这对于负责任且公正的模型训练和评估至关重要。

1.2.2 分词及其预处理

1. 分词（Tokenization）

分词是将连续的文本序列拆分为词、子词或字符等基本单位。常见的分词技术及工具包括 WordPiece、BPE、SentencePiece 库等。

2. 长度截断和填充

截断 Token 序列以保持固定长度，长度不足的部分可以填充为 "[PAD]"。如果输入序列过长，超出了模型能够处理的上下文长度，就需要进行截断。截断会移除超出长度的部分，以确保输入序列符合模型的要求。常用的上下文长度限制为 2k（即 2048）个 Token。

3. 特殊 Token 补充

根据具体任务的需求，需要对 Token 序列进行进一步处理，如添加特殊标记（如 [CLS]
[SEP] 等）。

注意：上述这三个步骤共同确保了文本数据能够被有效地转换为模型可以理解和处理的格式。在实
际应用中，分词器和处理步骤的选择会根据具体任务和模型的需求而有所不同。

1.2.2.1 分词

在 NLP 领域，分词是将非结构化文本转换为结构化数据的关键步骤，对于机器学习模型，
尤其是 LLM 而言，这是理解和处理文本数据的基础。分词技术将文本分解为 Token，这些
Token 是模型理解语言的起点。随着模型规模的扩大，分词对模型的计算效率和生成效果
产生了显著影响。

意义：分词是 NLP 的关键步骤，它为机器学习模型提供了可理解的输入，从而奠定了后续语言理
解和分析的基础。因为它直接影响到特征提取的质量，所以会影响到模型的学习效果。在深度学习
和 LLM 领域，正确的分词可以提高模型的性能，使得模型能够更好地理解文本的语义和语言结构，
并据此做出合理的预测或生成。

1. 核心内容

1）分词粒度

分词的粒度可以是词级（word-level）、子词级（subword-level）、字符级（character-
level）。通常根据所使用的语言模型的需求来决定分词的粒度，不同粒度的选择会影响
模型的复杂性和训练效果。具体来说，在英文中，Token 可以是单词或标点符号；而在
中文中，Token 通常是一个字或一个词，以及标点符号。例如，对于英文句子 "The cat
chased the dog."，分词器会将其处理为多个子字符串组成的 Token 序列：['The', 'cat',
'chased', 'the', 'dog', '.']。

2）分词策略

分词策略指如何确定词边界，根据语种不同区别较大。比如在英语等使用空格和标点分隔单
词的语言中，分词相对简单；而在中文或其他没有显式（即无空格分隔）分词标记的语言中，
则需要更复杂的算法来实现。

3）分词方法

分词方法包括基于规则的方法、基于统计的方法、基于深度学习（神经网络）的方法。

对于一些没有在训练数据中见过的词，如何处理这些词是一大挑战。现代分词算法（如
BPE、WordPiece）通过子词分解来应对未见词问题。最简单的分词工具仅仅根据空白字

符将文本分割成 Token，而大多数分词工具依赖于词汇表。然而，在这种情况下，单词不在词汇表中（Out-Of-Vocabulary，OOV）是一个问题，因为分词器只知道词汇表中的单词。为了增加词汇表的覆盖范围，LLM 常用的分词器往往采用基于子词的方法，这些子词可以组合形成大量词汇，包括训练数据中未见过的词或不同语言的词。在实践中，没有一种分词方法是完美的，不同的模型和任务可能需要不同的分词策略。例如，BERT 模型使用 WordPiece 算法进行分词，而 GPT 模型则使用 BPE 算法。这些方法都是为了在词汇的覆盖范围、模型的大小和复杂性之间找到平衡。

4）词汇表构建

在分词的基础上，需要构建一个有限的词汇表，将每个分词后的 Token 映射为唯一的数值表示。词汇表的大小直接影响模型的参数规模。

2. 分词原则

在 LLM 领域，理想的分词方法应当遵循如下几个原则。

（1）Token 数量平衡：分词应避免产生过多或过少的 Token。过多的 Token 会导致序列过长，难以建模；而过少的 Token 则会导致词汇间无法有效共享参数，影响模型对语言形态的捕捉。适当的 Token 数量能够确保模型既能有效学习单词的内部结构，又能保持参数的经济性。

（2）切分准确：分词器应该能够准确地将文本切分成有意义的词语，而不是产生无意义的碎片或错误的分词结果。准确性好是分词工具最基本的要求之一。

（3）语种适应：分词器应能够适应不同语言的特性和结构。例如，对于中文这样的无空格分隔的语言，分词器需要能够准确地识别词边界，而对于英语等有空格分隔的语言，则应能够正确处理标点符号和复合词。

（4）语境敏感：分词器应能够根据上下文进行分词决策，以处理多义词和歧义。上下文敏感的分词可以提高模型对文本意义的理解。

（5）可扩展：分词器应能够处理新词和未知词汇，特别是在处理大规模预训练模型时，分词器需要能够适应不断更新的词汇表，以满足不断变化的需求。

（6）兼顾效率和性能：分词器应高效且不影响模型的性能。在处理大量数据时，分词的效率直接影响整个模型的训练和推理速度。尤其是在实际应用中，分词往往是一个预处理步骤，因此需要保证分词的速度和效率，以避免该步骤成为整个系统的瓶颈。

（7）具有标准化和一致性：分词器应遵循一定的标准，以确保不同数据集和模型之间的一致性。这有助于提高模型的可重复性和可比性。

（8）具有灵活性：分词器应提供多种分词模式，以适应不同的任务需求。例如，某些任务可能需要细粒度的分词，而其他任务则可能需要粗粒度的分词。

3. 经验总结

（1）考虑语言特性：不同语言有不同的分词规则，不同的分词方法适用于不同的场景，需要根据具体情况选择。例如，对于英文文本来说，基于规则的分词可能就足够了，而对于中文文本来说，没有空格分隔，也不能简单地将每个字符作为 Token，就需要专门的分词工具，比如采用基于统计或基于神经网络的分词方法。

（2）动态分词策略：在模型推理过程中，有时可以使用动态的分词策略来适应不同的上下文，尤其是处理特殊的领域或语言的时候。

（3）领域适应性：针对特定领域的数据，可能需要定制化的词汇表。分词策略应该根据具体的 NLP 任务调整，比如在命名实体识别中，可能需要保留完整的命名实体而不是将其拆分。

（4）处理未登录词：对于稀有词汇或新词，分词可以有效地处理。

（5）评估和调优：通过交叉验证和错误分析来评估分词效果，并根据需要对分词策略进行调整。

（6）避免歧义：设计分词规则时要尽可能减少歧义，特别是处理未登录词的时候。

（7）平衡词汇丰富度与稀疏性：在选择分词粒度时，需要找到一个平衡点，既要保证词汇表足够丰富以捕捉语言的复杂性，又要防止过稀疏导致的模型性能下降。

（8）词汇表大小：选择适当大小的词汇表非常重要。词汇表过大可能导致训练复杂度增加，而词汇表过小则可能导致生成文本时过多地依赖子词，降低模型的生成质量。通常，词汇表的大小应与任务的数据量和语言的复杂度匹配。

（9）分词算法选择：现在很多模型也会采用各自带的分词器。通用的分词器有三种，分别是 BPE、WordPiece、Unigram。

（10）汉化国外 LLM 的分词策略：在训练中文大模型时，为了降低模型的训练难度，开发者常会基于国外开源大模型，利用分词器在原来的词汇表上进行扩充——也就是将一些常见的汉字 Token 手动添加到原来的分词器中，从而降低模型的训练难度。

4. 常用工具、库或者框架

（1）spaCy：其是一个流行的 NLP 库，提供强大的分词器，并支持多种语言，适合用于分词、词性标注、命名实体识别等 NLP 任务的预处理阶段，其分词速度快且依赖语言模型增强效果。

（2）NLTK：其是一个经典的 NLP 库，尽管分词效率不如现代工具，但其提供丰富的 NLP 功能，适用于教学和研究场景，支持多种分词方法如单词分词和句子分割。

（3）jieba：其是中文 NLP 中常用的分词工具，支持精确模式、全模式和搜索引擎模式三种分词方式，并允许自定义词汇表，灵活性高，适合处理中文文本。

（4）SentencePiece 库：其是一个无语言依赖的分词工具，支持 BPE 和 Unigram，将文本视为纯字符流，适用于处理大规模多语言数据集，用于 T5（Text-to-Text Transfer Transformer）、mBART 和 XLM-R 等模型中。

（5）Hugging Face Tokenizer：其提供了高度优化的分词工具，支持 BPE、WordPiece 和 Unigram 等，具备多线程支持与快速分词的特性，适合大规模语料库处理，常用于 GPT-3、BERT、T5 等模型的分词任务。

（6）tiktoken：其由 OpenAI 开发，专为 GPT 系列模型设计，是一种快速、优化的分词库，能够高效处理 OpenAI 提供的 Token 数据格式，特别适合大规模文本数据的分词预处理。

（7）Tokenizer Viewer：其是一个可视化工具，用于对比不同分词器的输出结果，帮助用户更直观地评估分词效果。

表 1.3 对基于子词的分割方法进行了详细的对比分析。通过本表格，研究者可以快速了解各个方法的不同维度的特点，为选择合适的分词方法提供参考。

表 1.3 子词分割方法比较：BPE、WordPiece、Unigram 的多维对比

维度	BPE	WordPiece	Unigram
原理	基于字符或子词频率，迭代合并频繁的字节对	类似 BPE，按子词概率最大化合并词片段	基于概率模型，选择最优子词分解，将文本分割为最有可能的单元
词汇表生成过程	通过迭代合并频率最高（最常见）的字节对，逐步扩展词汇表	从频率最高的词片段开始依次合并，生成词汇表	构建完整的候选词汇表，基于概率分布自动构建词汇表
分词粒度控制	按固定次数合并字节对，粒度由合并次数决定	基于词片段频率，粒度随着合并次数增加而变化	通过概率模型的裁剪自动确定子词粒度
词汇表大小	可大可小（取决于迭代合并次数设置）	中等（可通过控制合并次数调整词汇表大小）	可控且更小（根据概率裁剪不常见词片）
处理未见词的能力	强（通过子词分解能处理未见词）	强（通过子词组合来表示未见词）	强（通过拆解为子词来表示未见词）
语义信息保留	中等（高频合并词片，但可能忽略部分语义关系）	较好（考虑词片概率最大化，语义信息较为完整）	较好（概率模型优先选择更具语义的词片）
训练效率	高（基于简单的频率统计和合并操作，计算量较低）	中等（需要频率统计和概率计算）	中等（需要通过概率模型训练和裁剪词汇表）
推理效率	高（使用预定词汇表，基于频率合并，推理较快）	较高（通过词片组合，但词汇表较复杂）	高（基于裁剪后的最优子词组合，推理较快）
模型复杂度	低（频率统计简单，模型复杂度较低）	中等（词片合并基于概率计算，复杂度适中）	中等（需要概率模型支持，但最终生成的词汇表较小）

维度	BPE	WordPiece	Unigram
优点	简单高效，适合大规模数据，未见词处理良好	平衡了词汇表大小与语义信息保留，生成的子词合理	自动选择最优子词，词汇表小，未见词处理强
缺点	粒度控制有限，可能忽略部分词的语义关系	词汇表可能过大，且依赖频率统计，无法精确控制粒度	词汇表生成复杂度较高，依赖概率模型
典型应用	适用于 Transformer-XL、GPT、BART、T5、LLaMA 等 LLM 的分词	适用于 BERT、ALBERT、Electra 等 LLM 的分词	适用于多语言场景，如 T5、Gopher、mBART 等 LLM 的分词
适应场景	适用于处理未知词、动态构建词汇表和多语言模型的场景	适用于精细分割、自动学习分词规则、特定语言模型和适应不同领域文本的场景	适用于对分词质量要求较高的场景，特别适用于需要处理大量词汇和未知词汇的场景

1.2.2.2　Token 后处理

本节主要介绍 Token 后处理的两个重要步骤：一是针对文本长度的截断与填充，确保输入数据满足模型的最大序列长度限制，并尽量保留上下文信息；二是添加特殊标记，帮助模型更好地理解输入序列的结构和意义。

1. 核心内容

1）序列长度截断与填充

Transformer 模型在处理文本时，存在一个最大序列长度的限制，通常为 2048 个 Token。这主要由于模型的计算复杂度与输入文本长度呈二次方关系。

（1）截断：当输入序列长度超过模型能够处理的上下文长度（如 2048 个 Token）时，需要截断文本。截断的方式可以是简单地移除超出长度的部分（但容易导致信息丢失），或者使用滑动窗口技术以保留更多的上下文信息。

（2）填充：对于长度不足的文本，通过在序列末尾添加特殊的填充标记（如 [PAD]），使所有输入序列的长度适配固定长度的模型输入。

2）添加特殊标记

在 NLP 任务中，当处理文本数据时，为了帮助模型更好地理解输入序列的结构和意义，我们通常会添加一些特殊标记。比如填充标记"[PAD]"、未知标记"[UNK]"、分类标记"[CLS]"、分隔标记"[SEP]"、开始标记"[BOS]"、结束标记"[EOS]"等。

（1）[PAD]：用于将序列填充到固定长度，确保批处理时输入数据具有统一形状。

（2）[UNK]：对于未登录词或未知 Token，可能需要进行特殊处理，如标记为 [UNK] 或使用分词算法（如 BPE）来动态地分割更细粒度的单元。

（3）[CLS]：通常用于分类任务，提供全局序列表示。例如，在句子分类时，将"[CLS]"放在序列开头。

（4）[SEP]：用于分隔不同的句子或段落，帮助模型理解输入结构，例如区分前提和假设。

（5）[BOS] 和 [EOS]："[BOS]"标记序列的开始，"[EOS]"标记序列的结束，帮助模型识别输入的范围。

通过添加这些特殊标记，我们不仅确保了输入数据的统一性，还增强了模型对文本结构信息的理解。例如，在处理一个包含两个句子的序列时，可以使用"[CLS]"来表示分类任务（蕴涵／矛盾／中性），并使用"[SEP]"来区分这两个句子，如"[[CLS], all, animals, breathe, [SEP], cats, breathe, [EOS]]"。

> 注意：这些特殊标记在分词器中都有对应的唯一 ID，例如，"[BOS]"对应 ID 为 50256，它被添加在序列的开始处。一个处理过的序列可能看起来像这样：[50256, 1002, 3456, 6789, 7890, 1234]。

1.2.3　分词器

1.2.3.1　分词器的概述

分词器是 NLP 任务中将输入文本转换为模型可以处理(或理解)的 Token 或向量表示的工具。LLM 在处理文本时，需要将句子或段落分解为词汇、子词或字符，分词器的作用正是完成这一任务。具体来说，分词器通过对文本进行切分，生成模型可以输入的 Token ID，以便计算机能够理解和处理。这些 Token ID 是预训练和推理阶段的基础，直接影响模型的性能、效率以及最终生成的文本质量，因此是 LLM（例如 GPT、BERT、T5 等）研发中的核心组件之一。此外，一个优秀的分词器应该具备准确性、颗粒度可调、考虑上下文依赖性、高效率和可扩展性等特点。

> 作用：分词器在 NLP 中扮演着基础而关键的角色，它通过将文本数据转换为离散的 Token，实现了文本的特征提取和结构化表示。这一过程不仅使文本便于处理，而且通过降低文本维度和减少词汇表规模，有效降低了计算量和存储空间的需求，提升了模型训练的效率和准确性。

1. 核心内容

分词器技术包括分词和编码：在某些情况下，分词和编码会分开进行，比如先进行分词，再将分词后的结果编码为数字形式。但是在大模型领域，不同于传统的机器学习流程，在很多情况下，分词器会把分词和编码整合在一起进行，因为它们都是 NLP 中的基础步骤。

（1）词汇表：定义了模型能够理解的所有单词或子词的集合。

（2）编码：将词汇表中的每个单词或子词映射到唯一的整数 ID。

（3）解码：将整数 ID 转换回原始文本。

2. 理解分词器

图 1.2 展示了一个 GPT 分词器（Token 编码和解码）工具的使用示例。用户可以输入文本"I'm writing code"，工具会将其分解为 Token，并显示每个 Token 及其对应的 Token ID。在示例中，文本被拆分为四个 Token，并转换为相应的 Token ID 序列：[40 1101 3597 2438]。该工具还可以将 Token ID 序列转换回文本，帮助用户理解 GPT-2 分词器的工作原理，尽管其与较新模型的分词器略有不同。

该 GPT 分词器工具的可视化测试地址请见本书附件。

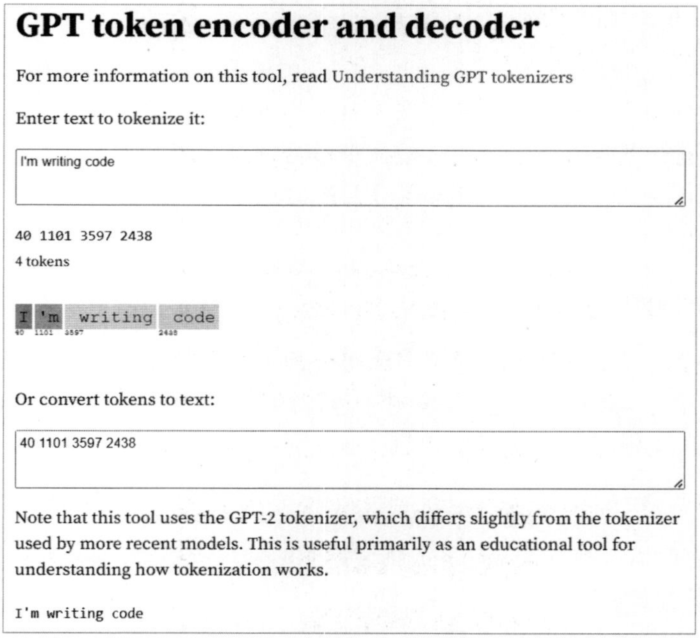

GPT token encoder and decoder

For more information on this tool, read Understanding GPT tokenizers

Enter text to tokenize it:

```
I'm writing code
```

40 1101 3597 2438

4 tokens

```
I 'm writing code
40 1101 3597      2438
```

Or convert tokens to text:

```
40 1101 3597 2438
```

Note that this tool uses the GPT-2 tokenizer, which differs slightly from the tokenizer used by more recent models. This is useful primarily as an educational tool for understanding how tokenization works.

```
I'm writing code
```

图 1.2　GPT 分词器工具的编码与解码示例

3. 实现方法

获取分词器的思路主要包括两种方法：自定义训练分词模型和扩展基于 SOTA 模型附带的分词模型。

1）自定义训练分词模型

对于特定领域或语言，可以通过自定义训练分词模型来更好地适应具体的应用需求。自定义训练分词模型的优点是可以完全根据目标任务的语料来优化词汇表，使其更具针对性，但也需要更多的数据准备和计算资源。常用的方法是基于 SentencePiece 库训练。

SentencePiece 库支持多种分词算法，如 BPE 和 Unigram。具体操作步骤如下。

（1）收集并准备语料：首先，收集目标领域的语料数据（例如医学、法律等领域），通常以 txt 文件格式存储。这些语料应覆盖任务所需的文本内容，以确保分词模型的适应性。

（2）训练分词模型：使用 SentencePiece 库对收集到的语料进行训练。可以选择 BPE 或 Unigram 等分词方法，通过反复迭代来生成适合特定领域的分词模型及其词汇表。BPE 通常用于更通用的场景，而 Unigram 则更适合低资源的语言模型训练。

（3）使用自定义分词模型：训练得到的分词模型可以直接集成到 LLM 中，用于对目标领域的文本进行分词和向量化操作。

2）扩展基于 SOTA 模型附带的分词模型

目前更多的做法是扩展现有的 SOTA 模型，在已有基础上进行快速迭代和开发。通过借用现有的 SOTA 模型附带的分词器，可以省去从头设计和训练分词器的成本，并且能够更容易地对现有模型进行微调或扩展，尤其是在多语言或跨领域（特定新词汇）的应用中，如 BELLE 项目和 Chinese-LLaMA-Alpaca 项目的做法。

4. 经验总结

1）根据数据规模和模型类型选择分词方法

对于规模较小的模型或特定任务，简单的词级分词（即仅根据空白字符进行文本分割）可能效果较好，但可能导致 OOV 问题。而对于通用的 LLM，使用子词分词方法（如 BPE 或 WordPiece）是更常用的选择。

2）词汇表的动态调整

在模型训练中，有时需要根据特定任务或领域对词汇表进行调整。例如，医学或法律领域可能需要引入特定的领域词汇。

3）分词器的优化与定制

在实际应用中，可以根据目标任务对分词器进行优化。比如对 OOV 频率较高的单词，可以手动调整词汇表，或使用自定义的 BPE 规则以引入领域专有词汇。

4）处理 OOV 问题

使用子词分词方法可以有效减少 OOV 问题，因为它将未见词切分为更小的子单位，并通过组合已有的子词表示新词。

5）分词器的缓存和并行处理

在大规模预训练中，分词器的性能成为瓶颈。可以通过使用分词结果缓存和并行化处理（多线程或 GPU 加速）提高预处理效率。

1.2.3.2　词汇表扩充技术

词汇表扩充技术是为了解决早期语言模型中固定词汇表带来的问题，如稀有词 OOV 问题、词汇表大小与计算效率的权衡问题、多语言和跨领域适应性差问题等。这项技术通过扩展或优化原始词汇表，旨在解决 OOV 问题、提高解码效率、增强中文上下文处理能力，并提升模型的整体性能。尽管存在需要二次增量预训练和高内存消耗等缺点，但合理利用现有 SOTA 模型分词器进行定制化扩展，可以降低成本，提高模型对多语言和跨领域的处理能力。例如，Chinese-LLaMA-Alpaca 通过扩充 LLaMA 的分词器中的中文词汇表，显著提升了模型处理中文的能力，这种方法既节省了资源，又增强了模型对特定语言或领域的适应性。

1. 实现方案

1）采用开源词汇表扩充自训练

如果既想要中文词汇表，又没有很大的算力，那建议直接使用国产的 GLM、Qwen 系列模型，或者使用汉化模型（比如 BELLE 和 Chinese-LLaMA-Alpaca 等）作为 Base 模型。

（1）BELLE 团队的自训练分词模型：BELLE 团队使用 SentencePiece 库训练了一个名为"belle"的 BPE 分词器，并进一步进行了词汇表扩充。具体步骤包括加载两个已存在的分词器，合并它们的词汇表，并通过 merge_tokenizers.py 脚本保存新的分词器。这种方法能够有效结合多个分词器的优点，适应更广泛的语料库。

（2）Chinese-LLaMA-Alpaca 的分词模型：在哈尔滨工业大学的 Chinese-LLaMA-Alpaca 项目中，研究者通过 merge_tokenizers.py 脚本将原始 LLaMA 的分词器与经过训练的中文 SentencePiece 分词器进行合并，扩展了原有词汇表的规模（词汇从 32000 个扩展到 49953 个），并对比了这两个分词器在中英文上的分词效果。这种方法不仅继承了 LLaMA 的泛化能力，还增强了对中文的适应性。

2）直接采用 SOTA 模型

根据 Vicuna 官方的报告，经过指令微调处理的 Vicuna-13B 已经有非常好的中文能力。

2. 经验总结

（1）选择合适的子词算法：对于大规模单语言模型（如 GPT-3）来说，BPE 的表现良好；对于多语言或低资源语言任务来说，WordPiece 或 Unigram 可能更合适，因为它们能够更精细地处理词汇的多样性。

（2）词汇表大小的权衡：在扩充词汇表时，需要权衡词汇表大小与分词粒度，以降低训练成本。

（3）基于领域知识的词汇表扩展：在专有领域（如医学、法律等），可以根据领域知识定制词汇表，确保特定术语得到正确处理。对于这些任务，词汇表扩充不仅包括子词算法的应用，还需要针对特定领域的词汇进行手工标注和优化。

（4）动态词汇表更新：在实际应用中，如果系统需要持续学习新的领域或新词汇，可以考虑动态词汇表更新技术。这可以通过在线学习或持续微调的方式实现，避免模型词汇知识的滞后。

1.2.3.3　代码实战

1. 自训练分词模型

1）核心思路

本案例首先编写了一段领域文本，并将其按句号拆分为多个句子，并将这些句子逐个写入名为 "sentences.txt" 的文件中。随后，利用 SentencePiece 库，以 "sentences.txt" 为输入，指定词汇表大小、自定义符号、字符覆盖率和模型类型（使用 BPE 算法）来训练一个分词模型，训练完成后生成了 "tokenizer.model" 和 "tokenizer.vocab" 两个文件，分别保存了分词模型和词汇表。继续读取 "tokenizer.vocab" 文件并输出其内容。在流程的最后阶段，代码加载了训练好的 SentencePiece 分词模型，并对一段新的文本进行了分词测试，最终打印出分词结果。

2）代码实战及其核心代码

具体内容请见本书附件。

2. 基于 SOTA 的分词器结合中文语料实现词汇表扩充技术（参考 BELLE 的方法）

1）核心思路

本案例参考自链家团队，使用 SentencePiece 库训练了一个名为 belle 的 BPE 分词器，并成功地将其与一个现有的分词器合并，最终生成了一个新的分词器。

整个流程分为四个步骤。

（1）通过设置词汇表大小为 25000 个 Token、字符覆盖率为 99.95%，训练出 belle 分词器；

（2）加载两个分词器，并使用 ModelProto 类和 ParseFromString 方法读取模型配置信息；

（3）通过遍历和检查，将 BELLE 模型的词汇表合并到原始模型中，确保词汇表的丰富性和不重复性；

（4）将合并后的模型序列化并保存，为后续的分词工作提供了优化后的工具。

2）代码实战及其核心代码

具体内容请见本书附件。

3. 基于 SOTA 的分词器结合中文语料实现词汇表扩充技术（参考 Chinese-LLaMA-Alpaca 的方法）

1）核心思路

首先，加载哈尔滨工业大学训练的中文分词器和 LLaMA 分词器；其次，利用反序列化和去重技术，将中文词汇添加到 LLaMA 分词器中，从而创建了一个新的分词器；然后，将新分词器保存为 SentencePiece 和 Hugging Face 格式，确保其兼容性和可访问性；最后，通过对比测试文本的分词效果，验证了合并后分词器在处理中英文混合文本上的优势。

2）代码实战及其核心代码

具体内容请见本书附件。

1.2.4　定义模型的输入

1.2.4.1　构建输入特征

在 NLP 任务中，LLM 的输入特征的形式是 Token ID，这是通过将文本拆分成一系列 Token 后，再将这些 Token 转换成对应的整数索引得到的。这个过程需要构建一个词汇表，每个标记在词汇表中都有唯一的索引，这个过程称为索引映射。

在 NLP 任务中，涉及 Token 处理的内容如下。

（1）输入模型的 Token ID：在数据预处理阶段，文本通过分词器转化为数字编码，即 Token ID。这些数字编码本身不包含语义信息，它们仅仅是单词或子词的标识符。预处理完成后，这些 Token ID 序列会被输入模型中，作为模型的输入。

（2）模型内部嵌入层映射：模型通过嵌入层将 Token ID 映射为词嵌入向量。这个过程是在模型内部完成的，而不是在传统机器学习任务中的预处理阶段。词嵌入向量能够捕捉单词的语义信息，并将每个 Token ID 映射到一个高维向量空间，使得语义上相似的单词在这个空间中更接近。

（3）嵌入向量用于计算：接下来，这些词嵌入向量会被传递到 Transformer 模型的注意力层和其他层，用于进一步处理和计算。这样，模型能够根据输入的 Token 序列学习并预测下一个 Token 的概率分布，从而理解文本的语义和语法。

> 注意：在数据进入模型之前，预处理阶段只需要生成 Token ID，而不包括词嵌入。此外，为了提升训练效率，预处理后的数据通常会通过序列化过程，打包成模型能够快速读取的格式，如 TFRecord 或 PyTorch 的 Dataset。这些格式允许数据在分布式环境中快速加载，例如 GPT-2 和 LLaMA 的训练通常采用二进制格式，如 TFRecord、LMDB 等。

1.2.4.2 Token 处理阶段的对比

在 Transformer 模型（如 BERT 和 GPT）中，分词器和嵌入是两个独立实现的模块。分词器阶段负责将文本转换成 Token，并生成输入模型的 Token ID。而嵌入阶段则是在模型训练过程中，将分词器生成的 Token ID 转换为对应的向量，这一步骤发生在模型的输入层。因此，分词器和嵌入虽然都与 Token 的处理相关，但它们的作用和实现阶段截然不同，分词器处理数据准备阶段的工作，而嵌入则是在模型内部进行向量转换的过程。两者的具体对比如表 1.4 所示。

表 1.4 Token 处理阶段的对比：分词器阶段、嵌入阶段

维度	分词器阶段（数据处理阶段）	嵌入阶段（模型内部训练阶段）
处理目的	将文本转换为模型可以处理的结构化形式，即将原始文本分割为 Token，并将其映射为唯一的 Token ID。 这个步骤属于数据预处理的内容，独立于模型之外，不涉及参数学习	将 Token ID 转换为模型可以理解的连续向量表示，以便输入模型的后续层（注意力层等），使模型能够学习语言的语义关系。 这个步骤属于模型内部训练的内容，是模型训练的一部分，涉及参数学习
相关技术	BPE、WordPiece、SentencePiece 库、Unigram	嵌入矩阵（Embedding Matrix），其常见初始化方式：随机初始化、预训练词向量或从预训练模型中学习
作用范围	负责处理输入数据的格式，将输入的自然语言文本（原始字符流）转换为 Token 序列，并输入模型	在模型内部，将 Token ID 映射为向量，作为模型内部的输入
实现机制	对原始文本数据进行预处理。通过特定的分词算法，将每个单词、子词或字符映射到对应 Token ID	使用一个嵌入矩阵，矩阵的每一行表示一个 Token 的向量。在训练过程中，模型通过反向传播更新这些向量
输出	输出 Token ID 序列，是一组整数索引，例如 [12,43,987,45]，其长度为词汇表的大小	输出向量序列，例如对于每个 Token ID（如 12），输出对应的嵌入向量 [0.02,0.03,0.04,...]，其长度一般为 768 维（如 GPT）
是否需要学习	无须学习过程。分词算法通常是静态的，一旦确定分词规则，Token 到 ID 的映射就不会改变	需要通过模型的训练过程来优化和更新。嵌入矩阵中的向量通过训练数据的反向传播来学习和调整
上下文敏感性	分词器阶段的处理是无上下文的，通常基于规则或统计方法，将文本按固定策略分割为 Token	嵌入阶段可以捕捉上下文信息，尤其在使用动态词嵌入（如 BERT、GPT）时，Token 的表示与上下文有关
工具	NLTK、spaCy、jieba（中文）、Hugging Face Tokenizer 等	Word2Vec、GloVe、BERT，主要基于 Transformer 等预训练模型的嵌入模块

1.3　模型预训练与评估

在现代 NLP 领域，模型的预训练与评估已经成为模型提升语言理解能力的关键步骤。本节将深入探讨自监督学习的原理及其在模型训练中的应用，揭示如何通过精心设计的模型架构和优化策略，使得模型能够有效地掌握和理解语言的基本结构与语义。

本节将系统性地呈现模型预训练与评估的各个方面，为读者提供一份全面而深入的理解框架，以助力读者在 NLP 领域的探索与实践。

1.3.1　模型搭建

在 LLM 的构建流程中，模型搭建是至关重要的一个步骤，主要指如何根据具体的任务需求，选择合适的模型架构、训练方法、算法和技术框架。这个过程不仅涉及对模型需求的精确理解，还需要在现有深度学习算法和硬件资源中做出平衡和选择。核心是确保模型能够高效地完成预期的任务（如语言生成、翻译、分类等），同时最大化利用硬件和算法优势来提升训练效率和推理性能。

1. 核心内容

包括需求分析、训练任务设计、算法选择、架构选择、框架选择等内容。

（1）需求分析：需要对任务进行分析，明确模型所需处理的任务类型。例如，语言模型的任务可以是文本生成、翻译、问答、文本分类等。不同的任务对模型的架构、参数规模、训练数据量等都有不同的要求。

（2）训练任务设计：基于需求，设计相应的训练任务。对于语言模型，这包括定义目标（如预测下一个单词、生成合理的文本片段）、设定相关的损失函数和优化目标。

（3）算法选择：主流的 LLM 几乎都采用了 Transformer 架构的自注意力机制算法，能够有效处理长距离依赖问题，并且具有很强的可扩展性。

（4）架构选择：选择合适的深度学习架构是模型搭建的重要步骤。目前主流的选择是 GPT 风格的 LLM（如 LLaMA 系列）架构，它们在广泛的 NLP 任务中表现卓越。

（5）框架选择：根据模型架构和计算资源，选择合适的深度学习框架，如 TensorFlow、PyTorch 等。

2. 两条技术路线

目前训练 LLM 主要有两条技术路线。

1）GPU + PyTorch + DeepSpeed + Megatron-LM

该技术路线由 NVIDIA、Meta、Microsoft 等大厂支持，社区活跃，资源丰富，易于获取技术支持，也更受到大家欢迎，适用于需要大规模并行计算和高效训练的场景。

2）TPU + XLA + TensorFlow/JAX

该技术路线由 Google 主导。TPU 在特定任务上具有更高的计算效率，但由于 TPU 和 Google 自家云平台 GCP 深度绑定，且 TPU 硬件资源较为封闭，对于非 Google 内部开发者或者未接入 Google Cloud 的团队而言，这条路线的门槛较高。

3. 经验总结

1）充分利用现有优化库

例如，完全分片数据并行（Fully Sharded Data Parallel，FSDP）是 PyTorch 中用于分布式训练的重要技术，可以显著减少内存使用量，从而在单个GPU上训练出更大规模的模型。

2）张量并行技术

Megatron-LM 和 DeepSpeed 等库实现了张量并行（Tensor Parallelism，TP）、流水线并行（Pipeline Parallelism，PP）等技术，能够在多 GPU 或 TPU 集群上高效地分布训练任务，减少通信开销，提升计算效率。

1.3.1.1　建模任务及其模型架构选择

建模任务是 LLM 构建过程的第一步，决定了模型需要解决的问题及其训练方式。而模型架构选择则是根据建模任务的需求，选择合适的神经网络架构。

1. 常见的建模方法

在当前的 LLM 领域，存在几种主流的建模方法，它们分别是自回归语言建模（AutoRLM）、掩码语言建模（Masked Language Modeling，MLM）、混合去噪器（Mixture of Denoisers，MoD）和混合专家（Mixture of Experts，MoE）。需要注意的是，这些方法并不是互斥的，它们可以结合使用，以获得更好的预训练效果。

1）AutoRLM

这种方法以自回归方式预测给定序列中的下一个标记来训练模型，通常使用对数似然作为损失函数。由于大多数语言任务可以视为基于输入的预测问题，仅解码器架构的语言模型在这方面具有潜在优势。它们能够隐式地学习如何统一处理这些任务，尤其是在无须微调的情况下，通过自回归方式预测进行自然任务转移。

2）MLM

这种方法通过遮蔽部分词汇，然后根据上下文预测被遮蔽的词。其中，前缀语言建模是 MLM 的一个变体，适用于带有前缀解码器架构的模型预训练。在前缀语言建模中，前缀内的标记不参与损失计算。尽管如此，其表现略逊于传统语言建模，因为用于模型预训练的标记较少。

3）MoD

MoD 结合了多种去噪器，包括标准去噪器（即 AutoRLM）、R 去噪器（短跨度低破坏去噪自编码）和 X 去噪器（长跨度或高破坏去噪自编码），以提高模型对噪声的抗干扰能力。

4）MoE

这种方法通过稀疏 MoE 层和门控网络或路由器实现，允许使用较少的计算资源进行预训练。路由器负责确定将哪些标记发送到哪个专家，并且可以同时将一个标记发送给多个专家，以提高模型的泛化能力和效率。

2. 经验总结

在建模任务及其模型架构选择阶段，常用的经验总结如下。

（1）任务与架构的匹配：根据任务需求选择合适的模型架构至关重要。对于长文本生成，仅解码器模型（如 GPT）表现较好；而在文本分类或问答任务中，BERT 等双向模型更为合适。

（2）模型深度与宽度的选择：模型的深度和宽度应根据任务复杂性与计算资源进行选择。更深的模型通常能够捕捉更细微的语言特征，但需要更多计算资源。

（3）预训练模型的迁移学习：在大多数应用场景中，使用预训练的大模型（如 GPT、BERT 等）并进行微调，是提升任务表现的有效方法。预训练提供了广泛的语言知识，微调则使模型能够适应特定任务。

（4）Transformer 架构 +MoE 技术：目前主流的大模型都采用 Transformer 架构，它支持上亿级别的参数规模，而 MoE 技术可以使模型参数量进一步突破，达到数万亿个的规模。

（5）模型参数规模的平衡：虽然超大模型（1000 亿个参数以上）可以提升性能，但小模型（如60 亿个或 130 亿个参数）在实际应用中更易落地，因为其在精调后性能已经接近顶级大模型。

（6）更大模型需要对应更充分的数据量：模型规模与数据量要匹配，数据不足时，增加模型参数未必能显著提高精度。例如，60 亿个和 130 亿个参数的模型在小规模数据（如 2 万条）上表现差距不大。

（7）框架选择与资源消耗：不同训练框架（如 Hugging Face Transformers、DeepSpeed、Alpa）对资源消耗差异大，选择合适的框架有助于节省计算资源。

（8）小规模模型试验：进行大模型训练时，先在小规模模型（如 OPT-125M/2.7B）上测试，再扩展到大模型（如 OPT-13B/30B），有助于快速排查问题并优化训练流程。

（9）分布式训练环境搭建：搭建分布式训练环境时，需确保软件版本匹配，避免升级底层库（如 GLIBC）时可能导致的系统宕机。建议在环境搭建时使用 Docker 简化依赖管理。

（10）平衡需求与成本：如果既想要中文词汇表，又没有很大的算力，那建议直接使用 ChatGLM-6B、BaiChuan-7b，或者使用 BELLE、Chinese-LLaMA-Alpaca、Colossal-LLaMA-2 进行中文词汇表扩充后训练好的模型作为 Base 模型。

1.3.1.2　模型框架选择

模型框架是指用于构建和训练 LLM 的软件库或工具集。它提供了预定义的模型架构、优化算法、数据处理工具和部署功能，简化了模型开发流程，并加速模型训练和推理。而在 LLM 的构建流程中，模型框架选择是一个至关重要的步骤。选择合适的模型框架不仅影响模型的训练效率、推理速度，还会直接影响模型的可扩展性、可维护性以及与硬件的兼容性。目前大多数 LLM 都基于 Transformer 架构，例如 BERT、GPT、LLaMA 等。因此，需要选择支持 Transformer 架构的框架，比如 Hugging Face Transformers、PyTorch、TensorFlow、JAX 等。

1. 选择原则

在实际应用中，选择框架时需要综合考虑以下因素。

1）硬件兼容性与优化

框架选择必须考虑对硬件（如 GPU、TPU 等）的支持程度。框架对硬件的兼容性和优化能力直接影响预训练和推理的速度。例如，PyTorch 在分布式训练和多 GPU 支持方面表现优异。此外，JAX 近年来在 TPU 和 GPU 上的高效自动微分和硬件加速方面也逐渐得到重视。

2）分布式训练支持

LLM 通常需要大规模数据并行或模型并行训练。因此，模型框架是否能有效支持分布式训练也是关键考量因素之一。例如，PyTorch 的 TorchDistributed 及其深度集成的生态使其在研究和生产中都有广泛的应用。此外，针对大模型的分布式训练，Megatron-LM、DeepSpeed、Colossal-AI 等框架提供了更加优化的解决方案，专门用于大模型训练。

在选择分布式框架时，需综合考虑四大因素：训练成本、并行训练类型、代码重写性价比、灵活性。

（1）训练成本：不同工具训练大模型的费用差异显著，选择成本效益高的框架至关重要。

（2）并行训练类型：框架应支持数据并行、张量并行、流水线并行等多种并行方式，以及自动并行能力。

（3）代码重写性价比：即转换为分布式训练所需代码量应尽可能少，以提高效率。

（4）灵活性：确保所选框架能够跨平台使用，以适应不同的训练环境。

3）社区和生态系统

模型框架的选择应考虑其社区的活跃度和可用的扩展生态。例如，PyTorch 近年来凭借其灵活性和强大的社区支持，已经成为学术研究的主流选择，其广泛的应用库（如 Hugging Face Transformers、fairseq）为 NLP 领域的快速迭代和开发提供了良好的支持。而 TensorFlow 虽然相对较复杂，但在 TensorFlow Hub、TensorFlow Serving 等生产级部署方面的生态系统完备性，使其更适合大规模生产环境。

4）跨平台兼容性和部署支持

选择框架时，还需要考虑其在不同平台（如移动设备、云端、边缘设备）上的部署能力。TensorFlow 的 TensorFlow Lite 和 TensorFlow.js，使其在边缘设备和浏览器端的部署能力领先。PyTorch 拥有 TorchServe 和新兴的 ONNX（Open Neural Network Exchange）支持，使其在跨框架模型转换和高效部署方面表现出色。

5）模型扩展性和自定义

LLM 通常需要根据特定任务进行微调，因此框架的扩展性也是决定性因素之一。PyTorch 因其模块化设计，允许用户更容易地自定义模型结构和训练流程。

2.经验总结

（1）选择广泛支持的框架：选择社区活跃、用户基数大的框架，如 TensorFlow 和 PyTorch，可以更容易地找到问题解决方案和相关的预训练模型。

（2）项目规模与需求匹配：在研究和实验阶段，选择 PyTorch 可能会因为其灵活性和简洁性加快开发进度；而在大规模生产环境中，TensorFlow 的静态图机制和强大的分布式训练支持可能更合适。

（3）性能与易用性平衡：如果需要在开发阶段进行频繁的调试和模型调整，选择动态计算图的框架如 PyTorch 可能会带来更好的体验。而在模型确定后，若需要高效推理和部署，TensorFlow 或使用 ONNX 格式导出的模型可能会提供更高的性能。

（4）最新技术趋势的关注：随着 JAX 等框架的崛起，关注新兴框架在前沿研究中的应用可以带来潜在的技术优势。JAX 凭借其函数式编程范式和优秀的硬件加速支持，逐渐在大模型训练中崭露头角。

1.3.2　模型预训练与优化

1.3.2.1　模型预训练

在 LLM 的构建过程中，模型预训练是 LLM 训练流程的第一步，通常需要高性能计算资源和长时间的迭代训练。具体来说，模型预训练是指 LLM 在大量无监督数据（如公开文本数据、网络文章、书籍等）上进行的学习阶段，主要目的是捕捉语言的结构和上下文关联。这一阶段的主要任务是通过自监督学习方式，从海量数据中获取语言中的语义、句法、语法等模式和结构，来获得强大的语言理解能力，这些能力在处理下游各种语言任务时都非常有用。传统机器学习通常依赖于小规模的、手动标注的数据集，训练过程中没有对海量无标签数据的利用。LLM 则在预训练阶段利用了大量的无标签数据，使得模型能够从广泛的语言现象中学习到一般性知识，进而在下游任务中具有更好的迁移能力。

> 本质：通过在大规模文本语料库上的学习，预训练让模型捕捉到语言的统计特性和深层的语义信息。这些信息被编码在模型的参数中，使得模型能够对语言有初步的理解和生成能力。

> 意义：预训练对于 LLM 至关重要，因为它赋予了模型强大的语言理解能力，这些能力是模型能够适应多种下游任务的基础。预训练阶段的丰富语言知识可以为模型微调（Fine-Tuning）打下良好基础，模型只需针对特定任务进行微调，就能在相关任务上取得很好的表现，大大节省了标注数据和训练资源。在传统机器学习中，模型通常需要针对每个任务重新训练，无法直接迁移学习。LLM 通过预训练阶段学习了大量通用语言知识，可以轻松处理不同任务，并在不同任务中显著减少数据和训练资源的需求。

1. 核心原理

LLM 预训练是一个自监督学习过程。模型通常通过一些语言生成任务（例如掩码填空任务、下一句预测任务）进行训练，使模型学会理解上下文并能够预测词汇的语义和结构。这种自监督方法让模型从非结构化文本中提取语言规律。而传统机器学习往往依赖明确的目标标签（如分类标签或回归目标），并通过监督学习进行训练。LLM 预训练中的自监督学习不需要标签，能够更加充分地利用无监督数据。

2. 常见场景

在 LLM 的预训练阶段，通常有两种场景：从头开始训练和基于中文扩词的二次增量训练。这两种场景的选择往往依据项目资源、语言或领域需求而定。

1）从头开始训练

从头开始训练是指在没有预训练模型的基础上，完全从零开始构建和训练一个全新的语言模型。这种场景通常适用于国内自主研发的模型，如 GLM、BaiChuan、Qwen 等。这类模型从数据准备、模型设计到训练过程都完全自主进行，以适应特定领域的需求。这种训练方法适合那些拥有海量资源和充足时间预算的团队。

2）基于中文扩词的二次增量训练

基于中文扩词的二次增量训练是指在一个已经预训练好的模型基础上，针对中文场景任务的特点进行二次预训练，以提升模型在中文任务上的表现，例如 LLaMA 的汉化模型，包括 BELLE、Chinese-LLaMA-Alpaca 等。这种增量训练场景适合于时间和资源有限的应用，尤其是需要在已有通用语言模型基础上快速适应中文场景的项目。

1.3.2.2　模型超参数调优

在 LLM 的预训练阶段，超参数调优是影响模型最终表现的关键环节之一。它不仅直接关系到模型的收敛速度和泛化能力，也决定了模型在大规模数据上的适应性和计算效率。

超参数调优指通过调整模型训练过程中的各种超参数，来优化模型的性能，提升模型的泛化能力、减少过拟合现象以及提高模型在特定任务上的表现。超参数调优的目标是找到一组最优的超参数组合，使得模型能够在预训练数据集上学习到更丰富的语义信息，并最终在下游任务中取得最佳效果。由于 LLM 的规模和复杂度远超传统机器学习模型，因此通常需要在超参数调优上投入更多资源，以确保模型在海量数据上表现稳定且高效。传统机器学习的超参数调优通常集中于少量参数，且调优过程的计算资源相对较少。而在 LLM 中，为了加速调优过程，通常需结合大规模并行计算及自动化调优方法。

在传统机器学习中，超参数调优更聚焦于任务适配性，而在 LLM 中，由于训练周期长、资源消耗大，调优不仅要关注收敛性与性能，还需对稳定性和资源效率进行精细控制。

1. 常见的超参数

常见的超参数包括学习率、批量大小、预训练次数、预训练步数、正则化、梯度裁剪等。通过合理的超参数设置和调优技巧（如学习率调度、混合精度训练等），可以大幅提升模型的性能和训练效率。表 1.5 概述了在 LLM 训练中常见的超参数及其优化技巧，旨在为研究者提供一套实用的参考指南，以优化模型的训练过程。

表 1.5　在 LLM 训练中常见的超参数及其优化技巧

超参数	简介	优化技巧
学习率	控制每次梯度更新的步长，其影响模型收敛速度和稳定性。学习率过高会导致跳过最优解，过低则收敛缓慢。 传统机器学习中的学习率比较简单，如固定学习率，而 LLM 通常使用更复杂的学习率调度策略，以稳定训练过程	根据模型规模和训练数据量，采用学习率调度器，动态调整学习率。常用范围为 $10^{-5} \sim 10^{-3}$。 （1）实施学习率预热（Warmup）策略，如线性预热，初期使用较小的学习率，后逐步提高到目标学习率以稳定收敛。 （2）采用学习率衰减策略，如余弦衰减或指数衰减，降低学习率。比如 LLaMA 采用余弦衰减策略调度学习率，使最终学习率等于最大学习率的 10%

续表

超参数	简介	优化技巧
批量大小	每次参数更新使用的数据样本数量，即通常将多个输入样本组成一个批量。大批量可稳定梯度，小批量则可能提升泛化能力。在传统机器学习中，批量大小通常不是限制因素，可以根据内存资源选择合适的批量大小。而在 LLM 中，由于内存限制，可能需要使用较小的批量大小，或者采用梯度累积等技术来模拟大批量	（1）常采用大的批量提高硬件利用率，同时结合梯度累积技术（模拟大批量训练）来减少显存需求，适合内存受限场景。 （2）使用固定批量大小，如 2k 或 4k 个 Token。根据任务和 GPU 内存设置，常见值为 64、128 个 Token，分布式训练中可增至 512、2k、4k 个 Token，如 OPT、BLOOM。 （3）动态递增法：先用小批量开始训练，再逐渐增大批量。如 GPT-3 将批量从 32k 个 Token 逐渐提升至百万级 Token，提高稳定性
预训练次数	预训练次数是指模型在整个训练集上训练（即完整遍历一次）的次数。传统机器学习中的模型预训练次数通常成千上万，而在 LLM 中，由于数据集非常大，因此只需要训练很少的次数，甚至个位数，比如 Chinese-LLaMA-Alpaca 训练 1 次，LLaMA 训练 2 次，Alpaca 训练 3 次，ChatGLM 训练 3 次	（1）通常使用早停机制来防止模型过拟合。 （2）使用验证集来监控模型的性能，并在验证集性能不再提高时停止训练。 （3）对比理解：LLM 一般训练 1~3 次就可以收敛，但很多 CV 模型需要训练十几甚至上百次。 （4）可根据语料质量和类型调整次数权重：如对高质量类书籍语料可提高次数权重，因为其正确性和知识密度是最高的
预训练步数	预训练步数是指模型在预训练阶段进行的优化步骤总数或更新参数的次数（或迭代次数）。其决定模型的学习程度，过多会导致过拟合，过少则学习不足，难以达到预期性能。 在 LLM 中，预训练步数更为重要，因为它直接控制模型的学习进度，尤其是在海量数据难以完成多次遍历的情况下，预训练步数通常被用作训练的主要进度指标	（1）使用早停机制，根据验证集性能动态决定终止训练，避免不必要计算消耗。 （2）结合损失下降趋势来设定步数，确保模型在适当步数内达到最优性能
正则化	正则化是通过在损失函数中添加惩罚项来防止模型过拟合的技术。 在传统机器学习中，正则化技术的应用较为常规，调整幅度通常较小。而在 LLM 中，经常使用 Dropout、weight decay 等正则化技术来防止过拟合，且可能需要更细致的调整	（1）大模型规模巨大且参数多，易过拟合，通常设置合理的 Dropout 率增强泛化能力，提高模型鲁棒性。 （2）采用 L2 正则化防止权重过大，设置较小的权重衰减值，如 10^{-4} 或 10^{-5}，以防止过拟合
梯度裁剪	限制梯度的最大值，防止梯度爆炸，提升训练的数值稳定性，尤其在长序列或深层网络中常见	（1）一般将梯度裁剪阈值设置为 1.0，以保证梯度的稳定性。 （2）对于深层网络或 Transformer 架构来说，梯度裁剪是防止训练不稳定的重要手段

2. 经验总结

在模型超参数调优阶段，经验总结如下。

1）预训练步数往往比预训练次数更重要

在 LLM 预训练中，由于数据集规模巨大，完整遍历数据集非常耗时（很多模型实际上可能只在数据集上训练不到 1 次），使得 LLM 通常会设定预训练步数而不是以预训练次数为标准，因预训练步数能够更有效地反映模型在数据上的训练进度。与小规模数据相比，LLM 的训练成本极高，更关心在一定步数内模型性能是否稳定提升，而不要求完整遍历数据集。通过设置较高的预训练步数，使模型能有效学习更多的数据子集，从而获取广泛的语言知识。

2）超参数调优策略

LLM 的超参数调优通常会采用如下策略。

（1）批量大小：为了提高训练稳定性和吞吐量，批量大小通常设置得较大，并可动态调整。

（2）学习率设置：学习率计划包括预热和衰减策略，以实现稳定的训练过程。

（3）优化器选择：Adam 和 AdamW 优化器是常用选择，而 Adafactor 优化器则专为节省 GPU 内存而设计。

3）提高训练稳定性

在 LLM 的预训练过程中，为了解决训练不稳定的问题，普遍采用权重衰减和梯度裁剪技术。梯度裁剪的阈值通常设置为 1.0，权重衰减率设置为 0.1。此外，随着 LLM 的规模扩大，训练损失尖峰也更容易出现，导致训练不稳定。为了减轻这个问题，PaLM 和 OPT 使用了一个简单的策略，即从尖峰出现前的早期检查点重启训练过程，以减轻训练损失尖峰导致的不稳定问题，并跳过可能引起问题的数据。

4）GLM 模型的优化策略

GLM 模型在训练过程中发现，嵌入层的异常梯度可能导致训练损失尖峰，故提出收缩嵌入层梯度以缓解问题。例如，GLM-130B 在稳定训练超大模型方面积累了丰富经验，包括使用基于 DeepNrm 的 Pst-LN 代替 Pre-LN，以及收缩嵌入层梯度。

5）PaLM 模型的优化策略

PaLM 模型在架构和训练设置上进行了一些调整，包括使用改进版的 Adafactor 优化器、缩放 softmax 函数输出 Logits、使用辅助损失"鼓励"softmax 函数归一化趋近于 0，以及使用不同的内核权重和嵌入初始化等，在稠密内核和层归一化中不使用偏置，在预训练过程中不使用 Dropout 技术。

6）提前预测

为了提高性价比，可以利用更小的模型对大模型的性能进行早期预测，并检测异常。这种方法有助于防患于未然，提前发现问题并采取措施。

1.3.2.3　模型训练优化及其常用策略

近年来，随着 LLM 的发展，模型训练成本显著增加，但预计未来该成本将大幅下降。模型规模的急剧扩张导致计算资源消耗增加，分布式训练成为应对大模型计算需求的必然选择。然而，GPU 数量的增加带来了节点间通信成本的上升，训练效率和存储空间的优化成为核心挑战。模型训练优化旨在通过提高计算资源利用率、训练稳定性和加快收敛速度来提升训练效率和性能。这些优化措施可以加速训练过程，节省资源，缩短训练时间，防止梯度异常，减少过拟合，并增强模型的泛化能力。

1. 核心内容

模型训练优化及其常用策略的工作，主要从如下两个维度展开。

1）并行提速——分布式并行技术

早期并行技术主要包括 3D 并行（数据并行、流水线并行、张量并行），这些技术能有效提高训练吞吐量和模型加载速度。最新发展的并行技术经常综合多种技术来实现，比如 ZeRO（Zero Redundancy Optimizer）、FSDP，以及目前非常流行的 MoE 并行技术。详细内容可参考 1.3.2.4~1.3.2.7 部分内容。

2）降存、提速的六大技巧

包括词汇表裁剪、梯度检查点、混合精度训练、数据压缩、量化感知训练、梯度累积。

（1）词汇表裁剪删除低频词汇，减少模型参数量，从而降低内存占用。

（2）梯度检查点技术可以避免存储所有中间层的激活值，仅临时存储中间结果并及时释放内存，虽然增加了重新计算的时间（拖慢训练速度），但有效降低了内存需求，支持大模型训练。

（3）混合精度训练，由百度和 NVIDIA 于 2017 年提出，通过不同精度存储激活值、梯度和参数，既降低了显存消耗，又提升了 2~4 倍训练速度。

（4）数据压缩技术，在分布式训练过程中可减少设备间通信带宽和内存开销。

（5）量化感知训练，通过降低模型精度来提高压缩率，同时减少内存占用。

（6）梯度累积技术，通过延迟更新实现模拟较大批量训练，提高模型稳定性并加速收敛，这一技术在 2018 年 6 月 OpenAI 的 GPT-1 中得到应用而被业界熟知。

在实际应用中，BERT 采用梯度累积和混合精度训练优化大模型训练性能，而 GPT-3 则结合梯度累积和 ZeRO 技术训练其 1750 亿个参数的模型。详细内容可参考 1.3.2.8~1.3.2.14 部分内容。

2. 经验总结

1）综合优化技巧的应用

为了提高训练效率和模型吞吐量，实践中常采用数据并行、流水线并行和张量并行等技术。这些技术有助于加载大型模型并减少内存冗余。例如，ZeRO、FSDP 和激活重计算技术都是有效的策略。此外，混合精度训练也能显著提高训练效率。这些技术已在开源库中得到实现，便于开发者使用。

2）可预测缩放机制

由于训练大模型是一个耗时的过程，提前预测模型性能和早期发现问题是至关重要的。GPT-4 引入了一种新的可预测扩展机制，该机制基于深度学习堆栈，允许使用更小的模型来预测大型模型的性能，这对于开发 LLM 特别有用。

3）增量继续训练法的普及

业界普遍采用的是增量继续训练法，而不是从头开始训练。例如，Chinese-LLaMA-Alpaca 算法通过合并原版 LLaMA 模型的权重和中文训练的低秩适应微调（LoRA）权重，保存 hf 格式和 pth 格式，从而避免了从头开始训练。

4）小模型冒烟测试与大模型训练的结合

在进行大模型训练之前，通常先使用小规模模型（如 OPT-125M/2.7B）进行冒烟测试，以验证基础效果。这样做有助于在问题出现时快速排查，然后再进行大模型（如 OPT-13B/30B）的训练。目前，业界主要基于相对较小规模参数的模型（如 60 亿、70 亿、13 亿个参数）进行优化。值得注意的是，130 亿个参数的模型经过指令精调后，其效果已能接近 GPT-4 的 90%。

5）技巧的均衡使用

在应用上述技巧时，应根据实际应用场景和硬件资源进行选择和组合。在实际操作中，可能需要在减少内存使用和提高训练速度之间做出权衡。例如，某些提速技巧可能会略微增加内存使用，而某些降低内存使用的技巧可能会稍微减慢训练速度。

1.3.2.4　模型训练优化之并行提速

随着 LLM 规模的急剧增长，单机单卡的计算环境已无法满足其训练需求，研究人员常面临显存不足、计算瓶颈、训练时间过长、资源利用率低和通信同步开销大等问题。分布式并行训练技术应运而生，旨在通过优化计算资源分配和通信策略，提升大模型训练的效率。该技术将训练任务分解为多个子任务，在多个计算节点上并行计算和协同工作，有效缓解显存和计算瓶颈，缩短训练时间，提高资源利用率，并实现大规模数据集上的复杂模型结构和参数空间。

本质：并行计算能将一个复杂的计算任务分解成多个可以同时进行的子任务，这些子任务可以在不同的处理器上独立执行，进而充分利用多个计算资源（如 CPU、GPU、TPU），从而加速这些计算过程。

意义：并行计算在大模型领域的意义主要体现在其能够显著提高训练效率、扩大模型规模和优化资源利用，从而实现在缩短训练时间、增强模型性能的同时降低成本。

1. 核心内容

1）并行策略

可以结合数据并行、模型并行和流水线并行，取长补短。例如，使用数据并行处理大数据量，同时对超大模型的参数进行模型并行分割，最后通过流水线并行优化设备之间的通信和负载。

2）通信策略

采用全梯度同步（All-Reduce）、分段全梯度同步（Ring-All-Reduce）等技术，以减少梯度同步时的通信延迟。

2. 常见的分布式训练策略

主要包括数据并行、模型并行、流水线并行，它们各自解决不同的训练问题。

图 1.3 展示了分布式数据并行（Distributed Data Parallelism，DDP）在大模型训练中的应用流程。数据加载器将数据分发给多个 GPU，每个 GPU 执行前向和后向传播计算。然后，各 GPU 同步梯度，确保模型参数的一致更新。

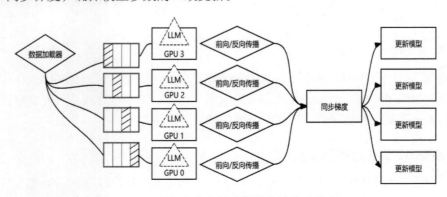

图 1.3　DDP 在大模型训练中的应用流程

1）数据并行

将完整的数据集拆分为多个数据块（或多个批次），并将这些数据块分配到不同的 GPU 上执行。每个 GPU 都拥有复制完整的模型及其参数副本，并独立地处理自己的数据块。为确保所有 GPU 参数一致，反向传播时，每个 GPU 首先独立计算梯度，随后通过梯度平均（通常使用全梯度同步技术）来同步更新模型参数。

（1）Offload 技术：为了更高效地利用 GPU 资源，可以将部分数据或计算任务临时卸载到 CPU 内存中，从而减轻 GPU 的负担。

（2）缓解吞吐量技术：数据并行涉及在不同设备间传输大量梯度，这可能会影响训练的吞吐量。为了减少传输开销，通常采用同步（如全梯度同步）或异步（如参数服务器）的优化方案。这些方案通过优化通信模式，减少了设备间的通信负担。

2）模型并行

将模型的参数划分到不同的 GPU 上，每个 GPU 只负责训练一部分参数。其适用于模型太大而无法在单个 GPU 上存储或计算的情景。例如，对于一个大型 Transformer 模型来说，可以将不同层或同一层内的不同部分 [如多头注意力（Multi-Head Attention，MHA）机制的不同头] 分配到不同的 GPU 上计算。

张量并行是一种模型并行，主要应用于像 Transformer 这种计算瓶颈集中在矩阵乘法的大型模型上。在张量并行中，模型的张量矩阵（或参数权重矩阵）被水平切分，分别分配到不同的 GPU 上。每个 GPU 仅计算其分片权重的矩阵乘法部分，最后通过通信将各部分结果组合在一起。

3）流水线并行

将大模型的层按纵向分解，转换为多个阶段（比如可以将 Transformer 架构的编码器和解码器分别划分为多个阶段），每个阶段包含若干个自注意力层和前馈神经网络（Feedforward Neural Network，简写为 FNN 或 FFN）层。每个阶段在不同的 GPU 上执行，输入数据像流水线一样依次通过这些阶段。其中，每个 GPU 只持有部分模型参数，并计算自己负责的层，同时将计算结果传递给下一个 GPU。

由于模型层之间的顺序依赖性，流水线并行中可能会出现"气泡时间"，即等待上一个 GPU 完成计算和通信的时间开销。为了降低这些等待时间，可以采用将数据拆分为多个微批次的技术（巧妙地将新计算与等待时间重叠），如 GPipe、PipeDream 可以提高 GPU 利用率和管道效率。

（1）GPipe：通过在每个 GPU 上连续处理不同的微批次，并在最后进行同步聚合，实现了计算与通信的重叠，缩短了等待时间。

（2）PipeDream：采用交替处理的方式，允许每个 GPU 同时处理不同的微批次，从而提高了训练效率。

3. 经验总结

分布式并行技术通过数据并行、模型并行、流水线并行及其组合，有效提升了大模型训练速度并缓解了显存限制与计算瓶颈。为了最大化分布式并行效率，如下策略和技巧至关重要。

（1）资源调度与负载均衡：在并行处理时，需确保计算节点间的负载均衡和任务调度合理性。在模型并行中，动态负载均衡机制可调整模型切分，避免参数划分不均导致的资源浪费。

（2）优化节点通信效率：并行处理需要考虑计算节点之间的通信和同步问题，需要确保数据的正确性和一致性。通信是分布式训练的关键，选择合适的通信协议和算法（如 NCCL、MPI）可减少通信开销，优化全梯度同步等操作的性能。

（3）处理数据不平衡：在数据并行中，需确保每个节点都能获得足够的数据进行训练，避免数据不平衡问题。

（4）流水线批次设计：对于流水线并行，合理调整微批次的大小可减少流水线中的气泡时间，提高并行效率。

（5）梯度累积与混合精度训练：通过梯度累积技术可以减少全局通信次数，而混合精度训练可加速训练并降低显存需求。两者结合混合并行策略，效果尤为显著。

（6）热启动与 ZeRO 技术：利用预训练模型参数作为起点可减少训练时间。对于 1000 亿个参数或更多参数的模型，使用 ZeRO 技术的数据并行和模型并行是必要的。

（7）分布式并行技术的软硬件条件：多个 GPU、多节点集群和高速网络连接是实施分布式并行的基础。同时，训练框架需支持分布式训练，如 PyTorch 的 DDP 或 TensorFlow 的 Mirrored Strategy。

（8）选择合适的并行策略：根据模型和硬件环境选择合适的并行策略。3D 并行（张量并行、数据并行、流水线并行）在开源库如 DeepSpeed、Colossal-AI 和 Alpa 中得到了支持。例如，有开发者结合 8 路数据并行、4 路张量并行和 12 路流水线并行，在 384 个 A100 GPU 上训练 BLOOM。

（9）监控训练过程：监控训练进度和资源利用率，确保训练过程正常进行。

（10）容错机制：设计容错机制，确保节点失败时，训练任务不会中断，可以快速恢复。

4. 早期并行技术对比

图 1.4 展示了在 LLM 中应用的三种并行策略：数据并行、流水线并行、张量并行。数据并行通过在多个 GPU 上复制模型来处理不同的数据批次；流水线并行将模型不同层分配到多个 GPU 上顺序执行；张量并行将单个层的计算分摊（矩阵分割）到多个 GPU。每种策略都

有助于提高训练效率和资源利用率。

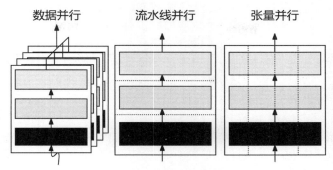

图 1.4　三种并行策略对比

表 1.6 是三种常见的并行策略——数据并行、张量并行和流水线并行的比较分析。表格详细阐述了每种策略的工作原理、内存需求、通信开销、训练效率、扩展性、通信模式、可能遇到的瓶颈、适用场景以及相关组件，为研究人员和工程师在分布式训练中选择合适的并行策略提供了参考。

表 1.6　不同并行策略在分布式训练中的比较分析

维度	数据并行	张量并行	流水线并行
工作原理	将数据划分为多个批次，每个设备处理相同模型但不同批次的数据	将模型的参数张量拆分到不同设备，每个设备处理部分计算	将模型划分为多个阶段，各阶段在不同设备的流水线上执行
内存需求	每个设备需要存储完整的模型参数，但可以处理更大批量的数据	每个设备仅存储部分模型参数，因此节省内存，但计算的通信成本增加	每个设备仅存储模型的某一部分，因此内存占用较少
通信开销	每个设备在每一批次训练后需要同步梯度，通信开销与设备数量成正比	每个计算步骤需要跨设备通信，通信量大，特别是在大模型上	需要跨设备通信以传递数据流水，但相对张量并行，通信频率较低
训练效率	数据并行扩展性好，但每个设备都进行全模型的前向和后向计算，每批次设置较大数据量能提高效率	当模型较大时，张量并行比数据并行更有效，但由于通信瓶颈，计算效率受到限制	能在不同设备上并行处理，但由于流水线调度，设备间可能会出现空闲等待
扩展性	对模型扩展性有限，当模型太大时，单个设备内存不足，数据并行无法胜任	对大模型扩展性较好，能处理超大模型，但通信开销限制了扩展效率	对超大模型非常适用，且能实现深度学习模型的高效并行，但需要平衡流水线中的负载
通信模式	通常采用全同步通信，每个设备计算完一个批次后同步梯度	通信频繁，特别是在大型矩阵乘法中需要跨设备交换张量	主要在不同阶段间传递激活值，通信频率较低

续表

维度	数据并行	张量并行	流水线并行
可能遇到的瓶颈	当模型较大时，设备的内存成为瓶颈，限制了数据并行的效率	通信频率较高，尤其是当设备数量增加时，通信时间占比显著增加	管道内的加载不均衡可能导致设备等待，影响效率
适用场景	适用于数据集较大、中等规模模型的训练，尤其是在能够使用大批量数据的情况下	适用于超大模型的多次迭代训练，尤其是当模型无法在单设备内存中完全加载时	适用于非常深且大的模型，能够很好地分配不同计算阶段
相关组件	使用 CPU 的多线程并行，比如 Hadoop、PyTorch 中的 torch.nn.DataParallel、TensorFlow 中的 distribute.Strategy 模块、Pathways	使用 GPU（即 CUDA），比如 Megatron-LM（1D）、Colossal-AI、PaLM、Pathways	使用多核 CPU/GPU，比如 PipeDream-2BW、PipeDream Flush(1F1B)、tf.distribute.experimental.PipelineStrategy

1.3.2.5　拓展的并行技术之 ZeRO

在深度学习领域，尤其是对于 LLM 的训练来说，内存占用和通信开销已成为关键瓶颈。传统的分布式并行方法如数据并行、模型并行和流水线并行在扩展到一定规模后均显不足，存在内存占用过高、存储冗余、通信开销大和功能限制等问题。Microsoft 的 DeepSpeed 团队于 2019 年 10 月提出了 ZeRO 技术，该技术通过只在系统中维护一个完整的模型副本，每个设备仅存储 $1/N$ 部分模型，显著减少显存占用，允许训练更大规模的模型。ZeRO 是一种内存优化技术，可以消除数据并行和模型并行中的内存冗余，提高训练速度和模型规模，同时保持低通信量和高计算粒度，实现模型大小与设备数量成比例扩展，有效解决大模型训练中的内存瓶颈。

> 本质：ZeRO 是一种内存管理和优化策略，它不是一种新的优化算法，而是对现有优化算法在分布式环境下的应用进行优化。其是一种时间换空间或通信换显存的策略，通过减少冗余存储和计算来提高效率。

ZeRO 的核心思想在于通过减少内存冗余，实现有效且高效地训练大模型。具体地说，ZeRO 通过将模型的参数、梯度和优化器状态分散存储到不同的 GPU 节点上来实现这一目标。通过减少每个 GPU 上存储的冗余数据，并使用特定的优化策略来减少内存占用和通信开销，从而实现更高效的训练。ZeRO 根据参数在训练过程中的使用时机，巧妙地进行划分，动态地进行通信和内存管理。ZeRO 通过分片的模型数据和优化的通信机制，减少内存和通信开销，并提高计算效率，使大规模 GPU 集群能够高效地训练大模型。这种方法允许在不影响训练性能的前提下，减少内存占用，同时保持高计算效率和低通信开销。

> 意义：ZeRO 突破了现有深度学习模型训练的内存限制，使得训练万亿个参数模型成为可能。ZeRO 在数据并行和模型并行训练中消除了设备间的内存冗余，提高了显存的使用效率，并保持

了低通信量和高计算粒度。这使得模型规模可以按设备数量比例扩展，同时保持训练效率。利用 ZeRO，我们可以使用更多的 GPU 进行训练，不再受限于单个 GPU 的内存容量。这大大降低了大模型训练的门槛，使得训练具有数万亿个参数的模型成为可能。通过解决大规模深度学习模型训练中的内存瓶颈问题，ZeRO 推动了深度学习系统的重大进步，使开发者和科学家能够更方便地使用大模型进行研究和实验。

1. 核心内容

ZeRO 的核心原理在于消除数据并行训练中的内存冗余。表 1.7 对比展示了两种内存优化策略：ZeRO-DP（ZeRO-Data Parallelism，即 ZeRO 的数据并行优化）和 ZeRO-R（ZeRO-Residual，即 ZeRO 的残余状态优化），详细阐述了它们的核心内容，以供研究者和技术人员参考。

表 1.7　ZeRO-DP 与 ZeRO-R 优化策略对比表

	ZeRO-DP	**ZeRO-R**
简介	通过将优化器状态、梯度和参数分别划分到不同的数据并行进程中来减少内存冗余	针对激活、临时缓冲区和内存碎片等剩余内存进行优化
核心内容	①优化器状态划分（Pos）：将优化器状态（如 Adam 算法中的动量和方差）划分到不同的进程（或设备）中，每个进程只负责更新一部分优化器状态。 ②梯度划分（Pg）：在反向传播中，每个进程只接收和更新与自身负责的参数相对应的"私人"梯度，仅在需要的进程间共享梯度，减少了梯度存储的内存占用。 ③参数划分（Pp）：将模型参数划分到不同的进程中，每个进程只存储和更新一部分参数。仅在需要时广播通信参数，从而大幅降低内存占用。 上述三个阶段累积作用，可以线性地减少每个设备的内存占用，而通信开销仅略微增加	①激活内存优化（Pa）：通过激活分区和适时将激活卸载到 CPU 来减少内存使用。 ②管理临时缓冲（CB）：使用固定大小的缓冲区来存储中间结果，避免缓冲区大小随着模型大小线性增长。 ③内存碎片管理（MD）：通过预先分配连续内存块来管理激活检查点和梯度，防止内存碎片导致内存分配失败，从而提高内存的可用性

2. 核心技术

ZeRO 是一种分布式并行训练技术，其包含的关键技术如下。

1）分布式并行技术——可以降低内存成本

ZeRO 将模型参数、梯度和优化器状态分片到多个 GPU 上进行并行计算，每个 GPU 仅存储和处理自己负责的部分数据。这样可以显著减少单个设备的内存占用，从而能够训练更大规模的模型。通过数据分片，各个 GPU 分担计算和存储任务，内存开销分散到多个设备上，提高了内存利用效率。

2）零冗余技术（ZeRO-Redundancy）——可以降低内存成本

ZeRO 的一个核心概念是消除冗余。传统的数据并行训练要求每个 GPU 存储模型的完整副本，导致了内存的重复使用。而 ZeRO 通过将模型参数、梯度和优化器状态在多个 GPU 间分片存储，避免了这种冗余。每个 GPU 仅存储自己所需的一部分数据，最终通过汇总各个节点的梯度到主节点进行参数更新，从而进一步降低了内存使用。

3）卸载技术（ZeRO-Offload）——可以降低内存成本，减少单个 GPU 内存占用

ZeRO-Offload 是 ZeRO 系统中用于进一步降低内存占用的一项技术。它允许将部分模型参数、梯度和优化器状态从 GPU 临时卸载到 CPU 内存中，在需要时再将其读取回来，以使设备永远不需要等待数据。这种"通信换显存"的方法有效地减少了单个 GPU 的内存负担，使得模型训练规模进一步提升。

简单地说，Offload 意味着将数据从主存储器（通常是 GPU 内存）移动到辅助存储器（通常是 CPU 内存），就是让模型参数、激活值等在 GPU 显存和 CPU 内存之间来回转移。这样可以进一步减少单个 GPU 上的内存占用，从而能够训练规模更大的模型。

4）按需分区策略——可以降低内存成本

ZeRO 通过对模型的优化器状态、梯度和参数进行合理分区，进一步优化内存效率，同时尽量减少计算过程中的通信开销。在训练过程中，模型状态被按需划分，使得内存和计算资源使用更高效。

5）动态通信调度——可以降低通信成本

在通信方面，ZeRO 采用了动态通信调度技术。该技术根据模型状态的使用时机，动态安排数据通信，从而最小化通信量。这种按需调度的方式减少了不必要的通信操作，降低了通信开销。

6）梯度累积——可以降低通信成本

ZeRO 还通过梯度累积策略来减少通信频率。每个设备独立累积本地计算的梯度，然后在一定时间间隔后再将这些梯度汇总到主设备进行参数更新。这种方式避免了每一步都进行全局通信，从而提高了计算效率。

7）激活检查点——可以降低内存成本

激活检查点（Activation Checkpointing）技术允许在模型训练过程中节省激活内存。通过保存必要的激活值，并在需要时重新计算未保存的部分，ZeRO 能够进一步减少内存消耗，特别是在深层次模型的训练中，这对内存需求较大的模型尤为有效。

8）内存碎片主动管理——可以降低内存成本

内存碎片是模型训练中常见的问题，尤其是在长时间运行时。为此，ZeRO 通过主动管理内存碎片，基于张量生命周期对内存进行有效管理，减少内存碎片化，从而进一步优化内存的使用效率。

3. 优缺点

ZeRO 技术是一种能够显著减少内存占用的方法，使得训练超大模型成为可能，同时保持较高的计算和通信效率，提高了训练速度。它简化了使用大模型的复杂性，易于使用，并且与现有数据并行框架兼容，无须修改模型代码。然而，该技术也存在一定的缺点，主要包括实现上的技术复杂性，需要对底层通信和内存管理进行优化，以及在参数划分阶段会增加通信成本，尤其是在跨节点时，需要考虑通信开销的增加。

4. 相关框架或组件

采用或支持 ZeRO 技术的代表性框架和组件如下。

（1）Megatron-LM：由 NVIDIA 开发的 LLM 训练框架。它集成了 ZeRO 技术来优化分布式训练过程，减少内存占用，并提高训练效率。

（2）DeepSpeed：由 Microsoft 开发的深度学习优化库。它提供了 ZeRO 技术的实现，显著减少了模型和数据并行所需的资源，可用于加速 LLM 的训练。与传统的模型并行方法相比，在 DeepSpeed 框架中实现 ZeRO 优化只需要更改一些配置设置，无须更改代码本身。此外，该库与 PyTorch 兼容，并已用于训练具有数千亿个参数的模型，如 Turing-NLG。

（3）PyTorch：虽然 PyTorch 的 torch.distributed.optim 可能不是以 ZeRO 的原始形式实现的，但它提供了类似的内存优化功能。PyTorch 的 FSDP 技术就是受到 ZeRO 启发的实现。

（4）NCCL：NVIDIA 开发的分布式通信库。虽然 NCCL 本身并不直接实现 ZeRO，但它支持 ZeRO 优化所需的通信机制。

5. 适用场景

ZeRO 技术主要适用于训练参数量极大的深度学习模型，特别适合大模型和分布式训练的场景，如 LLM（尤其是数十亿到数万亿个参数的模型）和图像生成模型等。尤其是在 GPU 内存资源有限，但拥有大量 GPU 资源的场景下，ZeRO 的优势更加明显。

6. ZeRO 的三个优化阶段的详细解读

ZeRO 技术的核心问题在于针对 Transformer 模型的内存需求和计算复杂度，如何高效地分片和管理模型训练中的资源。ZeRO 分为多个阶段，每个阶段通过对模型参数、梯度和优化器状态的不同程度分片，来优化内存使用和训练效率。

如图 1.5 所示，图中展示了在 ZeRO-DP 的三个不同优化阶段下，每个设备上模型状态的内存消耗情况。通过分片优化器状态、梯度和参数，ZeRO 的每个阶段逐步减少内存使用，并采用不同的分布式策略来提升内存利用效率。在第三阶段，所有分片技术共同作用，能够实现近乎线性的扩展效果，使得在有限的 GPU 内存（如 32GB）中也可以训练万亿个参数规模的模型，最大化集群的总内存容量，同时消除内存冗余。

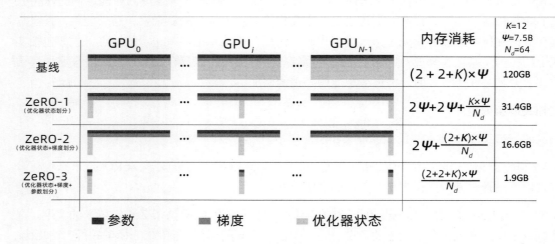

图 1.5　ZeRO-DP 的三个优化阶段

具体地说，ZeRO 的各个优化阶段都有不同的侧重点：ZeRO-1 主要减少内存使用，降低模型的内存需求。ZeRO-2 在此基础上进一步优化内存消耗。ZeRO-3 集成了前两者的技术，实现最全面的内存优化，尽管实现难度最大，但可以最大化地减少内存消耗。有研究表明，前两个阶段没有增加通信开销，而第三个阶段 ZeRO-3 增加了大约 50% 的通信开销，但节省的内存与 GPU 数量呈线性关系。

表 1.8 是 ZeRO 三个优化阶段的具体描述及其量化比较，展示了如何通过逐步拆分优化器状态、梯度和参数，实现内存占用的显著降低和通信开销的优化。

表 1.8 ZeRO 在三个优化阶段的内存与通信效率对比表

	描述	特点	量化比较
ZeRO-1	该阶段实现对优化器状态的划分。这时通信量与传统数据并行相同	① 减少内存占用：每个 GPU 只存储一部分优化器状态，内存需求降低。但是前向和反向传播中涉及参数和梯度仍然在每个 GPU 上完整复制。②仍需要同步通信：更新参数时需要同步通信	通过对优化器状态进行划分，每个 GPU 只存储优化器的一部分信息，从而大幅减少了内存占用。例如，原始参数存储规模为 120 GB 的模型，在拆分后每个 GPU 只需存储约 31 GB 的信息，内存占用降至原来的四分之一
ZeRO-2	在启用优化器状态划分后，继续对梯度进行划分。这时通信量仍与传统数据并行相同	①进一步减少内存占用：在 ZeRO-1 的基础上，增加了梯度划分。只存储与其相关的梯度，减少内存使用量。② 降低通信开销：可以通过引入 Reduction Tree 机制来降低同步通信次数和数据量	继续对梯度划分，每个 GPU 只存放一部分梯度信息，可以将内存占用降低至 16 GB，从而减少至约原来的八分之一
ZeRO-3	当参数也被划分时，内存减少会与数据并行的程度 Nd 呈线性关系。相比传统的数据并行，通信量增加了 50%	①进一步减少内存占用：在 ZeRO-2 的基础上，进一步增加了参数的划分，实现了最大程度的内存节省，可以训练非常大的模型。②进一步降低通信开销：引入分布式优化器管理、激活值优化、稀疏分解（仅储存非零梯度）等策略，减少梯度更新和同步次数	继续将参数进行划分。例如，假设图片中有 64 个 GPU（即 $Nd=64$），此时内存占用可降至 1.9GB

7. 实战案例代码

为了深入探讨 ZeRO 在实际应用中的具体表现，我们可以通过分析 GLM-4-9B 对话模型微调过程中所使用的 DeepSpeed 配置文件——ds_zero_2.json 和 ds_zero_3.json，来清晰地识别出 ZeRO-2 与 ZeRO-3 之间的差异。这两个配置文件均用于设定 DeepSpeed 框架下 ZeRO 的优化策略，但在实现机制上存在显著区别，如表 1.9 所示。具体而言，ZeRO-2 通过划分优化器状态并在各设备间分布处理的方式降低了内存占用，同时支持高效的梯度聚合和分散操作；相比之下，ZeRO-3 不仅继承了 ZeRO-2 对优化器状态的划分处理，还进一步实现了模型参数本身的分布式存储，从而极大地减轻了单个 GPU 上的内存负担，并引入了一系列高级配置选项（如参数持久化阈值、最大活动参数数量等），以精细化调控内存使用效率及性能表现。因此，从 ZeRO-2 到 ZeRO-3 的技术演进，标志着从单纯优化器状态划分向包含模型权重在内的全面分片策略转变的过程，同时也反映了针对大模型训练时内存管理需求日益增长的趋势。

表 1.9   ZeRO-2、ZeRO-3 和两个配置文件参数对比

名称	区别
ZeRO 阶段	ZeRO-2：该阶段配置文件中 zero_optimization 的 stage 设置为 2，这意味着它使用的是 ZeRO-2 优化。在该阶段中，优化器状态是被划分的，并且分布在多个 GPU 上，而梯度仍然通过 all-reduce 操作来聚合。 ZeRO-3：该阶段配置文件中 zero_optimization 的 stage 设置为 3，表示它使用的是 ZeRO-3 优化。在该阶段中，除上一个阶段的特性外，参数也进行了划分，并且每个 GPU 只保存部分参数，从而进一步减少每个 GPU 的内存需求
通信优化	在两个配置文件中，allgather_partitions、reduce_scatter 和 overlap_comm 都是启用的，这意味着它们都采用了通信和计算的重叠来提高效率。 ZeRO-3 新增了 sub_group_size 配置，它允许将模型参数进一步划分成更小的子组，有助于优化通信效率
内存管理	ZeRO-3 配置文件中引入了几个新的内存管理参数，如 stage3_prefetch_bucket_size、stage3_param_persistence_threshold 和 stage3_max_live_parameters。这些参数用于更精细地控制内存使用，优化参数和梯度的存储与传输
权重精度	在 ZeRO-3 配置文件中，有一个 stage3_gather_16bit_weights_on_model_save 参数，设置为 true，这意味着在保存模型时，会以 16 位精度收集权重，这有助于减少模型保存时的内存使用
优化器 配置	ZeRO-3 配置文件中明确指定了优化器类型 AdamW 及其参数，而 ZeRO_2 配置文件中没有明确指定优化器类型。 其他配置：ZeRO-2 包含 ZeRO-3 中没有的一些配置项，如 FP16、gradient_accumulation_steps、gradient_clipping 和 wall_clock_breakdown 等

1.3.2.6   拓展的并行技术之 FSDP

随着神经网络模型规模的增大，其训练面临的挑战也日益增多，如计算资源需求高、技术门槛高、用户体验问题、硬件异构性、资源利用率低和内存管理困难等方面。尽管现有的分布式训练技术能够支持大模型的训练，但仍存在通用性差、与特定模型架构紧密耦合，以及容易受到机器学习框架变化的影响等问题。为解决这些问题，2023 年 4 月，Meta 团队提出了 FSDP 技术。FSDP 是一种工业级解决方案，通过分片模型参数来降低 GPU 内存占用，提高训练效率。它紧密协同 PyTorch 的核心组件，提供非侵入式用户体验，并在计算过程中按需通信和恢复分片参数，计算完成后立即丢弃，从而优化了资源利用率，加快了模型收敛速度。FSDP 的提出为大模型训练提供了一种高效、通用的解决方案。

本质：FSDP 是一种基于参数分片的模型并行训练技术，其核心思想是"按需加载"，即仅在需要时将参数的部分数据加载到 GPU 上进行计算。这种方法确保了 FSDP 每次只需处理一个单元的参数，从而显著降低了峰值内存消耗。

意义：FSDP 提供了一种高效、易用且可扩展的解决方案，用于训练大模型。它通过巧妙地结合模型分片、延迟初始化、通信优化和内存管理等技术，以及按需加载机制，有效地解决了大模型训练中面临的内存和通信瓶颈问题，使得训练大模型变得更加容易，降低了大模型训练的技术门槛，为更广泛的用户提供了训练和使用大模型的机会，对深度学习领域的发展具有重要意义，加速了大模型在各个领域的应用和发展。

1. 核心原理

FSDP 的核心原理是采用参数切片策略，将模型分割成更小的切片，并将这些切片分布到不同的 GPU 上。在前向和反向传播过程中，FSDP 每次仅加载一部分（即一个"单元"）模型参数，这使得它可以分块处理模型，避免将整个模型同时加载到单个 GPU 的内存中。具体思路如下。

（1）模型分解：将模型实例分解成多个较小的 FSDP 单元。用户可以通过自定义函数控制分解行为。

（2）参数分片：扁平化和分片。把每个 FSDP 单元内的参数展平成一个 FlatParameter，然后将这些 FlatParameter 被分片到不同的 GPU 设备上。

（3）按需通信：在进行正向和反向传播计算之前，FSDP 首先会将所需的 FlatParameter 从其他设备收集到本地设备，完成计算后再立即释放。这使得每个 GPU 设备只需要存储其拥有的分片参数即可，从而降低了内存占用。由于每次仅需实现一个单元的完整参数，因此显著降低了内存峰值。

（4）梯度同步 / 规约：反向传播完成后，FSDP 首先使用 ReduceScatter 操作将分片梯度规约到各个 GPU 上，然后进行参数更新。

（5）循环迭代：重复步骤（3）和步骤（4），直到模型训练完成。

图 1.6 展示了 FSDP 的训练流程。数据加载器将数据集分发到多个 GPU 上，每个 GPU 独立进行前向和反向传播计算。为了进行反向传播，每个 GPU 需要获取完整的模型权重。在反向传播之后，所有 GPU 上的梯度进行同步和聚合。最后，每个 GPU 根据聚合后的梯度更新其所负责的那部分模型参数。这种方法通过分片模型参数有效降低了单个 GPU 的内存需求，从而能够训练更大规模的模型。

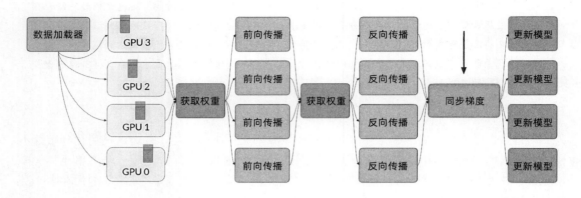

图 1.6　FSDP 的训练流程图

2. 核心技术

1）延迟初始化（Deferred Initialization）

该技术允许在虚拟设备上创建模型实例，并在实际设备上按需初始化。具体地说，用户可以在虚拟设备上创建模型实例并记录初始化操作，然后在实际设备上重复这些操作。这样可以避免在模型创建时将所有参数加载到 GPU，从而避免在初始化时占用大量 GPU 内存。这种技术支持初始化超大模型，并提供了与本地训练类似的用户体验。

2）灵活的分片策略（Sharding Strategy）

它允许通过分片因子（sharding factor）来配置分片级别，包括完全复制（不分片）、完全分片和混合分片等多种策略，用户可以根据集群的硬件环境配置和模型大小选择合适的分片策略。混合分片尤其针对数据中心网络拓扑结构的局部性进行了优化。

完全复制（不分片）：当 sharding factor=1 时，没有进行任何分片，所有的数据完全复制到一个 GPU 上。

完全分片：当 sharding factor=max_GPUs 时，表示使用最多数量的 GPU，数据被完全分片到多个 GPU 上。

混合分片：当 sharding factor 位于两者之间时，使用的 GPU 数量介于完全复制和完全分片之间，一部分数据分片，一部分数据复制。

3）通信优化（Communication Optimization）

该技术通过使用 All-gather 和 ReduceScatter 等高效的集合通信操作，最小化通信开销。系统尽可能重叠计算和通信，以减少训练时间。具体措施包括操作重排序、参数预取和梯度累积等技术，这些技术最大限度地重叠通信和计算，进一步减少通信开销。此外，还包括反向预取和正向预取等技术，以提升整体效率。

4）内存管理（Memory Management）

该技术使用速率限制器严格控制未分片参数的内存分配，并在必要时暂停 CPU 执行，以避免频繁的内存碎片化。这种做法有助于优化内存使用，提高训练效率。

图 1.7 展示了 FSDP 的三种参数分片策略：完全复制、完全分片和混合分片。完全复制策略将模型参数完全复制到所有可用的 GPU 上，导致高内存消耗。完全分片策略将模型参数均匀地分片到所有的 GPU 上，显著降低了单个 GPU 的内存需求，但可能增加通信开销。混合分片策略则在两者之间寻求平衡，一部分参数被分片，一部分参数被复制，以优化内存利用率和通信效率。通过调整 sharding factor，FSDP 能够灵活地适应不同规模的模型和硬件资源。

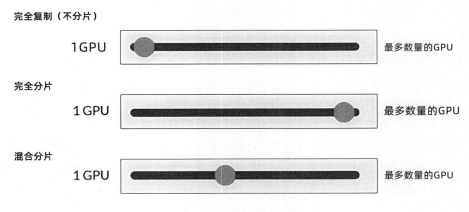

图 1.7　FSDP 的参数分片策略

图 1.8 展示了 FSDP 在不同模型规模和 GPU 数量下的性能表现。图 1.8（a）显示，对于参数规模分别为 611M、2.28B 和 11.3B 的模型，FSDP 的完全分片策略显著优于传统的 DDP 和完全复制策略，每个 GPU 的计算效率得到大幅提升。图 1.8（b）则进一步分析了 T5-11B 模型在 A100-80GB GPU 不同数量（8~512 个）下的性能。结果表明，在一定范围内增加 GPU 数量可以提升每个 GPU 的运算速度，但过多的 GPU 会因通信开销增加而导致性能下降，这提示在实际应用中需要根据模型规模和硬件资源选择合适的 GPU 数量和批量大小。在上述案例中，当 GPU 超过 256 个后，其性能下降较为明显。

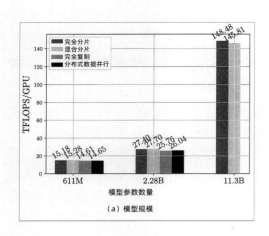
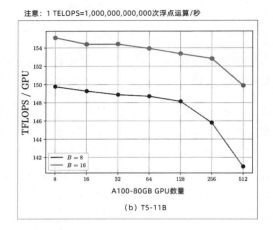

图 1.8　FSDP 在 LLM 训练中的性能评估

从上面的内容可知，随着模型规模和使用的 GPU 数量的增加，GPU 芯片之间的通信量（包括数据交换、参数同步等）显著增加，从而影响了整体性能，降低了计算速度。所以，在分布式计算中，优化通信策略和减少通信开销也是非常重要的。

3. 优缺点

FSDP 技术通过高效的内存管理和通信优化，支持训练超出单个 GPU 内存限制的大模型，实现了接近线性的扩展性，特别适用于大模型训练。它易于使用，与 PyTorch 生态系统无缝集成，并提供多种优化选项以适应不同的模型结构和硬件配置。然而，FSDP 在小模型上的性能可能略低于 DDP，并且某些模型架构可能无法充分利用其优势。此外，尽管 FSDP 降低了内存使用，但它增加了训练流程和实现的复杂性，且不能保证与本地训练完全相同的数学等价性，特别是在优化器计算方面。通信也可能成为性能瓶颈，尽管这一问题可以通过各种优化手段来减轻。

4. 适应场景

FSDP 作为一种工业级解决方案，非常适合训练那些参数规模巨大且无法在单个 GPU 设备上进行加载和训练的模型，例如 LLM、推荐系统模型等。它尤其适用于拥有多个 GPU 设备的集群环境，可以优化在异构 GPU 集群上的资源利用。FSDP 已成功应用于工业和研究领域，实现了在数千个 GPU 上高效扩展模型的能力。

注意：FSDP 在 Pytorch 1.11 之后的版本上可以使用。

1.3.2.7　拓展的并行技术之 MoE 并行

MoE 并行中的"并行"，指的是通过将模型划分为多个独立的子模型（即"专家"），并将这些子模型分布式部署在不同的计算设备上，实现模型高效地并行化计算。

这种并行性体现在两个层面：首先，多个专家网络可以同时处理不同的数据，显著提升计算速度；其次，由于每个专家网络只处理其擅长的数据，避免了冗余计算，进一步提升了效率。通过门控网络的动态路由机制，系统可以将输入数据分配给最合适的少量专家网络进行处理，降低了计算和内存开销，最后将各个专家的输出结果整合，实现高效的并行计算，从而突破单机或单个 GPU 的计算能力限制，训练更大规模且更强大的语言模型。

1.3.2.8　模型训练优化之降存提速六大技巧综述

在模型训练优化阶段，降存提速（即降低内存使用、提高训练速度）的六大技巧是针对 LLM 训练中的内存和速度问题而设计的优化手段，旨在提高训练效率，降低内存资源消耗。

1. 核心内容

降存提速的六大技巧主要涉及两方面的内容：降存技巧类和提速技巧类。其中，侧重降存的优化技巧主要通过减少模型参数量和优化内存使用方式来降低内存占用，包括词汇表裁剪、梯度检查点等；侧重提速的优化技巧主要通过优化计算流程来加快训练速度，包括梯度累积；降存同时提速的技巧包括混合精度训练、数据压缩、量化感知训练等。此外，内存高效优化器（如 Adafactor）可用于减少由优化器维护的运行状态所占用的内存空间。

2. 经验总结

（1）结合使用：在实际应用中，这些技巧常常结合使用，以获得节省内存和加速训练的双重效果。例如，混合精度训练可以与梯度累积结合，对显存优化和速度提升效果明显，适合超大规模模型的训练。

（2）根据需求选择技巧：量化感知训练和数据压缩适合用于模型部署和分布式训练阶段，有效减少通信和内存需求。梯度累积对批量训练优化有显著帮助，适用于显存受限的训练场景。

（3）硬件适应性：不同的硬件平台对某些技巧的支持程度不同，如 NVIDIA 的 GPU 对混合精度训练有较好的支持。

（4）监控和调试：在应用这些技巧时，需要密切监控模型的性能和资源消耗，以便及时调整策略。

有关降存提速六大技巧的具体内容，将在 1.3.2.9~1.3.2.14 中详细讲解。

1.3.2.9　降存之词汇表裁剪

词汇表裁剪（Vocabulary Pruning/Trimming）技术是 NLP 任务中针对 LLM 的一种优化手段。该技术通过缩减模型词汇表的大小，移除那些频率极低、不常见或不必要的词汇，以降低训练和推理过程中的内存占用和计算开销。这一过程的核心在于找到一种平衡，即在保持模型性能的同时，尽可能减小词汇表的规模。实现词汇表裁剪的方法包括统计分析、频率筛选以及其他基于上下文的技术。通过这种方式，可以有效减少模型参数规模，提高模型的效率和实用性。

> **本质**：词汇表裁剪是一种模型压缩技术，通过减少模型表示的词汇量来减少嵌入矩阵和其他相关参数的数量，从而达到简化模型参数量的目的。

> **意义**：词汇表裁剪技术通过减少模型中的词汇量，生成了一个更紧凑的词汇表，而不会牺牲模型的效果。这一方法不仅降低了模型的参数数量，减少了内存占用，而且还提高了训练和推理的效率。具体地说，裁剪掉不常见的词汇可以减少嵌入层和输出层的参数，从而降低计算复杂度，加快训练速度，尤其是在梯度更新和反向传播阶段。同时，在推理阶段，较小的词汇表意味着更快的搜索和匹配速度，从而提高了生成或分类任务的效率。此外，减少不必要的信息表示，使得模型能够更有效地专注于关键的数据特征。

其实现原理及思路步骤如下。

（1）统计词频：首先对训练数据集中的单词进行频率统计，获取每个词汇出现的频率，确定每个单词的重要性。

（2）设定阈值：通过分析数据分布设定一个裁剪阈值，如保留频率最高的前 N 个单词，或者保留累计频率达到一定比例或信息量最大的一系列单词，低于该阈值的词汇将被移除，以确保常用词汇保留在最终的词汇表中。

（3）重新映射：对于被裁剪的单词，可以将其映射到特殊的不常见单词标记（如"[UNK]"），或者使用近义词替换，以确保模型仍然能够处理这些低频词的输入。

（4）模型调整：更新模型结构，调整模型中的词嵌入矩阵以匹配新的词汇表大小，去除与被裁剪单词对应的嵌入层和输出层参数。

（5）微调训练：对裁剪后的模型进行微调训练，以恢复因裁剪可能导致的性能损失。

1.3.2.10　降存之梯度检查点

梯度检查点（Gradient Checkpointing，GC）技术是一种在深度神经网络训练中，尤其在LLM 等超大规模模型训练中，用于解决内存瓶颈问题的有效方法。该技术通过在前向传播过程中选择性地存储部分中间激活值（检查点），并在反向传播时按需重新计算未被存储的激活值，从而显著降低内存需求。这种方法虽然增加了额外的计算成本，但大幅降低了内存占用，从而在现有硬件资源限制下能够训练更大规模的模型。该技术已成功将 1000 层深度残差网络的内存成本降低至原来的 15%，并在 ImageNet 问题上仅增加了 30% 的运行时间成本，现已被广泛应用于 LLM 的神经网络训练中。

> **本质**：梯度检查点是一种用时间换空间的策略，它通过牺牲部分计算性能来换取内存的节省，即采用重新计算中间结果，来降低训练过程中对内存的需求。

> **意义**：梯度检查点技术显著减少了内存占用，使得更大（或更深更宽）和更复杂的模型能够在有限的硬件条件下训练，使得有限的 GPU/TPU 内存能够得到更有效的利用。此外，它支持更大批量的训练，进一步提升模型的收敛速度。

1. 核心原理

在前向传播阶段，模型并不是保存所有层的激活值，而是仅在特定的"检查点"保存部分关键层的激活值。在反向传播阶段，只有这些检查点的激活值被保留下来，而对于检查点之间的层，其激活值则通过前向重新计算得到。

（1）定义检查点：选择性地确定哪些层作为检查点，这些层的状态将被存储下来。精心选择哪些激活值需要被存储，哪些可以重新计算，这需要在内存使用和计算成本之间找到一个最佳的平衡点。

（2）前向传播：执行正常的前向传递，但只记录选定的检查点层的状态。

（3）反向传播：在计算每个层的梯度之前，如果该层不是检查点，则从最近的检查点重新计算到当前层的所有中间结果。使用计算出的中间结果和最终输出误差来进行梯度计算。

（4）更新权重：基于计算出的梯度更新模型参数。

（5）循环迭代：重复上述过程，直到完成整个训练周期。

2. 特点

（1）显著降低内存需求：通过存储激活数据的子集，而不是全部激活数据，来减少内存消耗。

（2）计算成本可接受：虽然需要重新计算部分激活数据，这增加了计算时间，拖慢了训练速度，但总体计算成本增加不多，通常不超过一次额外的完整前向传播。

（3）平衡内存与计算：通过避免存储所有中间层的激活值，并选择性地重新计算这些激活值，可以在内存使用和计算成本之间找到最佳平衡点。

（4）动态计算：通过动态计算梯度的某些部分，而不是在整个计算图中计算梯度，可以降低内存需求并加快训练速度。

（5）适用于内存受限的复杂模型训练：在内存有限的情况下训练更大的模型。可以用限定内存的要求训练更深、更复杂的神经网络模型。

（6）适用性：特别适用于那些存储成本较高但计算成本较低的激活。

3. 代表性案例

梯度检查点技术已被广泛集成到主流的深度学习框架与库中，包括 PyTorch、TensorFlow、DeepSpeed、Megatron-LM、FairScale、Hugging Face Transformers 等。该技术在大模型的训练中，通过减少激活值存储，显著降低内存使用，从而允许训练层次更深、规模更大的模型，尤其在有限的硬件资源环境中。这使得诸如 GPT-3、LLaMA、GLM 等超大模型的高效训练成为可能。

1.3.2.11 同时降存、提速之混合精度训练

混合精度训练（Mixed Precision Training，MPT）是一种在深度神经网络训练中同时使用不同位宽浮点数的技术，旨在解决 LLM 训练中的计算资源和内存需求问题。传统的单精度浮点数（FP32）计算虽然稳定，但显存占用大，计算速度慢，易成为性能瓶颈。混合精度训练通过在大部分计算中使用半精度浮点数（如 FP16 或 BF16），仅在关键步骤保持 FP32 的精度，显著减少内存使用并提升训练速度。这一技术由百度和 NVIDIA 在 2017 年提出，并得到 NVIDIA 的 Tensor Core 硬件支持。如今，混合精度训练已成为大模型训练的标准工具，通过简单的代码修改即可实现显存减半和训练加速，同时保持模型精度。

> 本质：混合精度训练的本质是利用不同精度的数值表示来权衡存储需求和计算效率，以加速深度神经网络的训练过程。它在减少计算精度的前提下，采用不同精度浮点数进行计算的训练策略，以降低内存占用和计算量，实现加速训练，同时保持模型精度。

> 意义：混合精度训练可以大幅提高模型的训练速度，并显著减少内存占用和计算时间，同时维持或接近于全精度训练的准确性，使得在同等硬件资源下我们可以训练更大的模型或使用更大的批量大小，提升硬件的利用率。

1. 核心原理

混合精度训练的核心原理是将神经网络中的参数和梯度表示为不同精度的数值。利用 FP16 的低精度计算来加速模型的训练过程，同时利用 FP32 的高精度计算来保持模型的训练精度，提高训练的稳定性。通过这种方式，可以在保持模型性能的同时，提高训练速度，减少内存占用。具体思路如下。

（1）选择精度：选择合适的混合精度策略，例如 FP16/FP32 或 BF16/FP32。

（2）采用自动混合精度（Automatic Mixed Precision，AMP）技术：AMP 通过在训练过程中自动调整计算的精度，确保在不牺牲数值稳定性的前提下，显著提升内存利用率和训练速度。主要借助于库（如 NVIDIA-Apex 或 PyTorch 的 AMP）自动识别训练中的关键计算过程，并动态切换 FP16 和 FP32 精度。一般情况下，在 AMP 训练中，模型的权重、激活值和梯度等中间结果通常采用 FP16 存储，以减少显存消耗。关键的数值计算过程（如权

重更新、优化器状态计算）则采用 FP32 存储，以避免梯度消失，维持数值稳定性，保证模型的训练效果。

具体地说，在混合精度训练中，为了兼顾 FP16 计算性能和 FP32 的模型精度，通常采用 FP32 的主权重存储方式。

图 1.9 展示了一个层的混合精度训练迭代过程。首先，FP32 的主权重通过 float2half 转换为 FP16 格式，用于前向（FWD）和反向（BWD）传播计算，以降低内存需求。在反向传播中，生成的 FP16 格式的激活梯度和权重梯度用于更新 FP32 主权重。这一流程确保了权重更新不会因为 FP16 的精度限制（如极小的梯度值变为零）而影响模型精度，从而在降低存储和带宽需求的同时保持与 FP32 训练相当的精度表现。

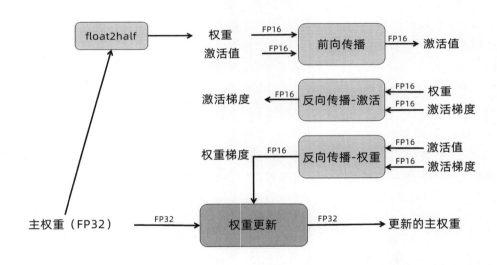

图 1.9　混合精度训练迭代过程

如表 1.10 所示，AMP 的工作流程通常划分为几个阶段，每个阶段采用不同的精度格式，旨在为模型训练提供高效的精度管理策略。

表 1.10　AMP 工作流程中的数据精度使用策略表

阶段	数据格式	特点
前向传播——低精度降低内存	主要采用 FP16	在前向传播阶段，大部分计算过程，如模型权重（weight，矩阵乘法）、中间激活（activation）和其他中间结果主要采用 FP16 存储，以减少显存消耗，提升计算速度
计算损失	FP16	损失函数的计算使用 FP16，因为此阶段不需要特别高的精度

阶段	数据格式	特点
反向传播	FP16	在反向传播阶段，进行梯度计算时使用 FP16，可以减少内存占用并提高计算效率。然而，这种方法可能导致梯度下溢现象，因此需要采用动态损失尺度缩放技术来应对。另外，为了提高小批量的有效性，有时会将多个批次的梯度累加起来，这个过程也可以在 FP16 下进行
权重更新——高精度保持模型性能	主要采用FP32	在权重更新阶段，为保证精度，权重更新时将 FP16 的梯度转换为 FP32，使用 FP32 进行参数更新和优化器状态（如 Adam 的动量、方差等）的维护。之后，再将权重转换回 FP16，用于下一次的前向传播，确保性能和稳定性

（3）引入动态损失缩放（Loss Scaling）技术，避免下溢现象：在深度学习模型训练中，特别是使用 FP16 精度时，由于 FP16 的动态范围较小，梯度可能会出现下溢现象，即梯度消失。为了维持梯度的数值稳定性，引入了动态损失缩放技术。该技术通过在反向传播之前，将损失值乘以一个较大的缩放因子，从而增大梯度的数值，避免因数值精度损失导致的下溢。缩放因子的选择对于确保数值稳定性至关重要。它需要根据经验或通过动态调整来确定，以便既能够有效防止梯度下溢，又不会导致梯度上溢。

图 1.10 展示了在训练 Multibox SSD 网络过程中激活梯度值的分布直方图。大部分梯度值的幅度较小，其中 67% 的值为零，另有一些值分布在 FP16 的可表示范围之外，因此，在 FP16 表示下会被截断为零。为了在 FP16 中保留更多的梯度信息，通常通过放大梯度的幅度将其移至 FP16 的可表示范围内，这样可以避免重要的梯度值被忽略，从而与 FP32 训练结果匹配。在这种情况下，将损失缩放一个常数因子（如 8 倍）能够有效地提升模型精度。

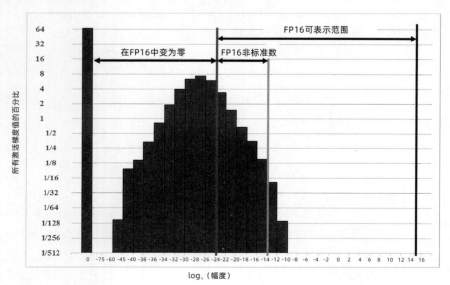

图 1.10　FP16 训练中激活梯度值的分布特性及其对精度的影响

2. 优缺点

混合精度训练技术通过使用低精度数据类型(如 FP16)显著提高了深度神经网络的训练速度,并减少了内存占用,支持训练更大规模的模型。它提升了 FLOP 效率,降低了能源消耗,并且通过自动混合精度技术简化了实现过程。然而,该技术并非与所有的模型和硬件兼容,可能存在精度损失,尤其在高精度要求的场景中,需要额外的技术(如动态损失缩放)来维持数值稳定性,这增加了训练的复杂性。

3. 适用场景

混合精度训练技术主要用于基于深度学习技术的大模型场景,尤其在内存受限的环境下。适用于拥有 FP16 或更低精度支持的计算硬件,特别是 GPU,适用于大多数深度学习模型训练,如卷积神经网络(Convolutional Neural Network,CNN)、循环神经网络(Recurrent Neural Network,RNN)、图神经网络(GNN),以及基于 Transformer 架构的 BERT、T5、Megatron-LM 等模型。目前,大部分深度学习框架(如 PyTorch、TensorFlow)都提供了对混合精度训练的良好支持。

4. 经验总结

(1)注意优化器的适应性:在混合精度训练中,优化器的设计和使用需要特别注意,尤其像 Adam 这样依赖历史梯度信息的优化器,动量和方差(如 Adam 优化器中的 m 和 v)需要保持在 FP32 精度中,以防止因为低精度计算带来的精度损失,进而影响模型训练的稳定性。

(2)采用更好的 BF16:BF16 是一种改进的浮点格式,与 FP16 相比,它具有与 FP32 相同的指数部分,但精度为 16 位。BF16 分配了更多的指数位和更少的有效位,因此提供了比 FP16 更大的动态范围,尤其在表示非常大或非常小的数值时。这使得 BF16 在保持与 FP32 相同动态范围的同时,提供了更快的计算速度和更低的内存需求,使得 BF16 成为在显存有限的情况下训练大型深度学习模型的一个有吸引力的选择。但并不是所有的 GPU 设备都支持 BF16,Google 的 TPU、NVIDIA 的 Ampere 架构(如 A100、A800、RTX 3090、RTX 4090 等)及之后的 GPU 型号通常支持 BF16,而较旧的型号则不支持,比如 AMD GPU、NVIDIA GeForce 20 系列以及更早的型号(如 GTX 1080 Ti、RTX 2080Ti)。

(3)考虑平衡性:在实际项目中应用 AMP 技术时,需要权衡模型的数值稳定性、硬件平台的兼容性和训练效率,以确保最佳的训练结果。

(4)注意版本:随着深度学习框架的演进,AMP 技术逐渐变得标准化。例如,在 PyTorch 1.6 之前,开发者通常使用 NVIDIA 的 Apex 库来实现混合精度训练。从 PyTorch 1.6 开始,AMP 技术已成为 PyTorch 自带的功能。同样,TensorFlow 从 1.14 版本开始也支持 AMP 技术。

1.3.2.12　同时提速、降存之数据压缩

数据压缩技术在深度学习领域中的应用，旨在缓解训练过程中的高内存占用和通信成本问题。随着模型规模的扩大，尤其是 LLM 中参数数量达到数千亿级别时，内存和通信成为训练效率的关键瓶颈。数据压缩技术通过减少分布式训练中设备间传输的数据量，优化梯度或权重的传输，降低中间计算结果的存储需求，从而在不显著影响模型训练质量的前提下，减少内存消耗和计算资源占用，提高内存利用率和训练速度，使得在资源有限的设备上训练更大规模的模型成为可能。

本质：数据压缩技术是信息论中的一种编码技术，通过更高效地编码信息来减少数据的冗余，同时尽量维持模型性能。

意义：数据压缩技术在多设备训练中具有重要意义，它通过降低通信带宽需求，减少了设备间的数据传输量，从而提升了训练速度。同时，压缩数据还减少了模型在每个设备上占用的显存，降低了内存开销，从而可以训练更大规模的模型。此外，减少通信时间也提高了分布式计算中设备的同步效率，进一步加速了整体训练过程。这对于资源受限的移动端设备来说尤为重要，因为它使得在资源有限的设备上部署和运行模型成为可能。

1. 核心内容

数据压缩技术通过量化和稀疏化等方法减少存储需求，主要涉及两个方面：一是量化，即将浮点数转换为整数或更低精度的浮点数；二是稀疏化，即设置部分权重为零，从而形成稀疏矩阵。量化与稀疏化技术在数据压缩中的应用如表 1.11 所示。此外，数据压缩还涉及编码技术、误差补偿、重新训练 / 微调等。

表 1.11　量化与稀疏化技术在数据压缩中的应用

名称	核心思路
量化技术	①确定量化级别：将高精度数据（如 FP32）转换为低精度（如 INT8 或 FP16）。 ②校准：分析权重分布，选择合适的量化范围。 ③应用量化：执行权重转换，并进行必要的微调，以补偿性能损失
稀疏化技术	①权重修剪：识别并移除较小的权重值，减少模型参数。 ②结构化稀疏：不仅仅将随机位置上的权重变为 0，而且按照特定模式（如卷积核内特定通道）进行权重稀疏化。 ③稀疏感知优化器：开发专门针对稀疏模型设计的优化算法，以适应稀疏模型并提高性能

1）量化技术

通过将梯度或权重从 32 位浮点数（FP32）转换为低精度表示（如 8 位的 INT8 或 16 位的 FP16），显著减少数据传输的字节数。

2）稀疏化技术

通过裁剪较小权重或梯度等值使其为零，将非零值传输，从而减少数据量。有的学者提出开发专门针对稀疏模型设计的优化算法，以维持甚至提高模型性能。

3）编码技术

使用高效的编码方式如 Huffman 编码、算术编码、游程编码、张量分解等，对数据分布进行压缩编码，以减少传输的冗余信息。

4）误差补偿

在压缩过程中可能会引入误差，误差补偿机制用于在下一次传输中校正这些误差，以确保训练精度不受显著影响。

5）重新训练/微调

在引入稀疏性后，通常需要重新训练或微调模型以适应变化，即需要确保压缩和解压缩过程不会对模型训练和推理的准确性产生负面影响。

2.代表性案例

在深度神经网络实战中，采用数据压缩技术的实战案例如下。

1）Gist 压缩反向传播保存的激活值

Gist 是一种方法，它通过压缩在反向传播过程中需要使用的激活值来节省内存。这种技术可以有效地减少内存需求，特别是在处理大型神经网络时。

2）DALL·E 在同步之前压缩梯度

DALL·E 是另一种方法，它在将梯度同步到不同设备之前对梯度进行压缩，以减少通信带宽的需求。这种方法在分布式训练中特别有效，尤其在带宽受限的环境中。

3）联邦学习中的模型更新压缩

在联邦学习（Federated Learning）中，各个设备会训练本地模型并发送更新到中央服务器。为了减少带宽消耗，许多方法（如 top-k 压缩）仅选择最重要的权重进行传输，从而减少数据量。

1.3.2.13　同时提速、降存之量化感知训练

量化感知训练（Quantization-Aware Training，QAT）是一种在模型训练阶段就引入量化效应的技术，目的是让最终得到的模型更加适应实际部署时的量化操作，以减少量化对模型性能的影响。其核心思想是在模型训练过程中加入量化操作，使模型能够适应推理时的低精度（如 8 位、4 位）计算，但仍能维持较高的预测精度。相比离线量化（PTQ）在模型训练结束后进行量化，QAT 能够通过在训练时直接考虑量化误差，使模型在低精度推理时精度

损失更小。

1.QAT 的特点

（1）量化在训练过程中生效：QAT 在模型训练时，就模拟推理阶段的量化操作，这意味着模型在更新权重的过程中，已经考虑了量化对模型输出的影响。

（2）端到端优化：通过 QAT，模型能够学习如何在量化后的低精度环境中仍然保持高精度的预测结果。

（3）相比 PTQ 精度更高：由于量化误差在训练过程中就被纳入优化，因此 QAT 通常能够比 PTQ 在推理精度上更优。

2. 核心内容

1）量化模拟（Quantization Simulation）

在 QAT 过程中，模型的权重和激活值被模拟为低精度值（如 8 位整数），但在反向传播和梯度更新中仍然使用高精度的浮点数。通过这种方式，模型能够在低精度推理时表现得更好，但在训练时仍能利用高精度计算的优势。

2）权重和激活量化

权重量化：在每一次前向传播过程中，模型会将浮点数权重量化为低精度整数（如 8 位或 4 位），同时保留未量化的浮点数权重用于梯度更新。

激活量化：激活值（模型的中间输出）在前向传播时同样被量化，以模拟推理时的计算环境。这可以帮助模型学习如何应对量化带来的非线性误差。

3）量化与反量化的操作

在 QAT 过程中，模型的权重和激活值会被反复量化和反量化。具体地说，权重和激活值会被量化为低精度整数，参与计算后再恢复为浮点数。这种操作的目的在于确保模型在高精度的反向传播过程中依然保持对量化误差的感知。

3. 适应场景

QAT 是为了在保持推理高效性的同时，最大程度地减少量化带来的精度损失而设计的技术。在 LLM 的背景下，QAT 能够使模型适应低精度环境，在资源受限的硬件上实现高效的推理。这对于大模型的实际部署和应用具有重要意义。QAT 适用于需要部署在低功耗设备上的深度学习模型，如移动设备、嵌入式系统等。

1.3.2.14　提速之梯度累积

梯度累积（Gradient Accumulation，GA）技术是为了解决在大型神经网络模型训练中硬件资源限制，尤其是显存容量限制的问题而提出的。在传统的训练方法中，大批量数据可以提高梯度估计的稳定性，加快模型收敛，但受限于显存容量，无法使用足够大的批量大小。梯度累积技术通过在多个小批量上累积梯度，然后一次性更新模型参数，模拟了较大批量训练的效果，从而在不增加显存压力的情况下提高了梯度估计的稳定性。这项技术早在 GPT-1 预训练中就被应用并广为人知，之后在 BERT、GPT 等大模型训练中得到了广泛应用，使得在有限的内存条件下也能实现有效的训练。

本质：梯度累积将多个小批量数据的梯度逐步累加，在累计足够的样本数后才进行一次参数更新。这样可以在保持较小批量大小的同时，获得类似于使用较大批量训练相同的效果。这种方法可以看作减少了计算梯度的频率，增大了批量大小，而不增加单次迭代的计算量。它并不改变模型本身的结构或训练算法，而是在优化过程中引入了一种新的梯度更新策略。

意义：对于大模型来说，训练过程中的批量大小对模型的收敛性和最终性能有显著影响。大批量训练通常可以带来更稳定的梯度更新和更快速的模型收敛。然而，受限于显存容量，直接增大批量大小常常不可行。通过梯度累积，用户不仅可以模拟大批量训练的效果，突破显存限制，保持训练的稳定性，获得类似于大批量训练的模型性能，而且可以灵活调整批量大小。

1. 实现过程

梯度累积的核心原理是通过在多次迭代中累积梯度，然后一次性更新模型参数，从而实现了一种"模拟"大批量的效果。具体地说，对于每个小批量数据，模型参数的梯度会被计算出来并保留在内存中，直到累积到一定数量后（或迭代一定的次数后），再一次性应用于参数更新。具体步骤如下。

（1）划分批次：将数据集划分为多个小批次，每个批次包含适量的数据样本。

（2）采用小批量传播：每次用较小的数据量进行前向传播，首先计算损失函数，然后对损失函数进行反向传播，计算梯度，但不立即更新模型参数。

（3）累积梯度：在多个小批量的反向传播后，将各次计算的梯度进行迭代累加，直到累计的梯度与目标批量大小相匹配。

（4）更新参数：在梯度累积达到预定的梯度次数后，使用累积的梯度来执行一次模型参数的更新，并清空累积的梯度，为下一轮累积做准备。

2. 优缺点

梯度累积技术在显存有限的情况下具有显著优势，它允许训练更大的模型或使用更大的批量大小，从而在不增加显存需求的情况下提高训练效率和模型稳定性，同时降低硬件成本。然而，该技术也存在一定的缺点，主要包括延长训练时间（因为在完成一次参数更新前需要累积多个小批量数据）、可能出现梯度消失或爆炸问题（需采取相应的技术进行缓解），以及增加计算成本和训练过程中的延迟。此外，梯度累积并不适用于所有的模型或任务，可能会对某些模型的收敛性产生影响。

3. 代表性算法

梯度累积可以应用于各种类型的神经网络模型，包括但不限于 LLM（如 GPT、BERT 等）、计算机视觉模型（如 ResNet、EfficientNet、YOLO 等）。这些模型在训练时，尤其在显存有限的情况下，可以使用梯度累积来提高模型的性能和训练效率。

4. 适应场景

梯度累积是一个普遍适用的技术，主要适用于计算资源受限、大模型训练或显存有限的场景。目前，几乎所有的主流深度学习框架都支持这种做法，如 PyTorch、TensorFlow、DeepSpeed、Megatron-LM 和 Hugging Face Transformers，无论是通过内置功能还是简单的代码扩展。这种方法特别适合于那些需要处理大数据集或复杂模型的情况，有助于开发者克服显存不足的问题，从而实现大批量训练的效果。

5. 经验总结

（1）权衡累积步数：梯度累积虽然能解决显存限制问题，但会增加训练的总体时间，因为需要处理更多的小批量数据。因此，在使用梯度累积时，需要权衡计算效率和训练时间的关系，选择适当的累积批次数以获得最佳效果。

（2）动态调整策略：根据训练过程中的损失变化动态调整累积步数，以适应不同阶段的训练需求。

（3）适当调整学习率：在使用梯度累积时，适当调整学习率是确保训练稳定性的重要因素。梯度累积意味着每次参数更新时使用的是多个小批量数据的梯度总和，因此累积步数的增加可能导致每次更新的梯度比单个小批量数据更新时更大。在训练过程中需要监控模型的表现。如果发现损失波动很大或不收敛，可以适时调整学习率。

①增加学习率：在累积步数较大时，适当增加学习率以平衡梯度更新，可以帮助模型加速收敛。

②降低学习率：如果累积的梯度非常显著，则可能导致模型参数在一次更新中发生较大的变化，这可能引起训练的不稳定或损失波动。因此，在这种情况下，降低学习率以保持训练稳定性是必要的。

（4）监控显存使用情况：在实施梯度累积时，应密切监控 GPU 的显存使用情况，确保不会超出显存限制。

1.3.3　预训练后评估

1.3.3.1　概述

在 LLM 的背景下，预训练后的评估是确保模型质量和满足应用需求的关键步骤。与传统的机器学习模型评估相比，LLM 评估面临更多的挑战，如捕捉细微语义差异、处理庞大的输出空间、定义正确性、现有指标局限性以及多维度的评估需求。LLM 基于大规模未标记数据集训练，输出结果多样且复杂，因此评估不仅关注生成文本的正确性，还需要考虑流畅性、上下文一致性、推理能力和知识准确性等多方面。此外，评估还需探索新方法以衡量模型的涌现能力。预训练后的评估旨在验证模型的生成质量、知识水平和推理能力等，以指导模型的微调、优化和推理加速。这一过程确保了模型在特定领域的性能得到优化，并且是一个迭代且综合的过程。

本质：通过定量和定性方法，全面衡量预训练后模型的生成质量、知识水平、推理能力以及泛化能力。

意义：LLM 的评估对于确保模型质量、指导改进、比较性能、评估可靠性以及促进公平性具有重要意义。评估结果能够检测模型生成文本的流畅性、连贯性和正确性，从而指导模型的改进和优化，为模型的发展方向提供依据。此外，评估还用于比较不同 LLM 的性能，以选择最适合的模型，并确保模型在关键领域如金融和医疗等安全敏感领域的安全可靠部署。同时，评估有助于识别和减少模型中的偏见，推动模型更加公平和包容，避免有害或不准确的输出，减少潜在风险。

1. 评估维度

（1）语言理解能力：如语义理解、词义消歧、关系抽取等。

（2）语言生成能力：评估模型生成文本的流畅性、连贯性、创造性和逻辑性，语法是否正确，是否符合人类表达习惯。常用评估方法包括自动化指标（如 BLEU、ROUGE）及人工评估。

（3）推理能力：如逻辑推理、常识推理、因果推理等。

（4）知识运用能力：评估模型在事实性、常识性及专业性知识上的表现。

（5）安全性与鲁棒性：评估模型抵御对抗攻击和有害内容的能力。

（6）公平性与偏见：关注模型在不同群体上的性能差异，及其性别、种族等方面的偏见。

（7）效率：评估模型的训练耗时、推理速度及资源消耗等。

2. 评估方式

（1）指标自动评估：使用困惑度（Perplexity，PPL）、BLEU（Bilingual Evaluation Understudy）、ROUGE（Recall-Oriented Understudy for Gisting Evaluation）等自动化指标评估模型输出的客观表现。

（2）基准自动测试：使用标准化的基准数据集和任务进行评估，如 GLUE、SuperGLUE、BigBench、MT-Bench、C-Eval 等通用基准，或如 PubMedQA（生物医学问答）的特定任务基准。

（3）人工评估：由于自动评估无法捕捉生成任务的复杂性，人工评估通常是重要的补充。通过专家评估文本的语义一致性、流畅性、准确性、创造性和无害性等，但存在成本高和主观性强的特点。

（4）模型自动评估：利用 LLM（如 ChatGPT/GPT-4）自动为任务评分，并提供评分依据。例如，Vicuna、Phoenix、BELLE 等模型采用此方式。

> 注意：有的开发者为了保证稳定性，还需要对每个任务再调换句子顺序后求平均分，最后基于每个任务的得分，再次求平均分得到该模型的最后得分。

（5）混合评估：在实际场景中，通常结合多种评估方法。比如，ChatGLM-3 模型评估内容包括自动评估和人工评估两部分。其中，自动评估包括 8 个中英文典型数据集，依次是 GSM8K、MATH、BBH、MMLU、C-Eval、CMMLU、MBPP、AGIEval。而人工评估主要涉及长文本应用场景。再如，LLaMA-3 模型评估内容也包括自动评估和人工评估两部分。其中，自动评估涵盖了多个基准测试和任务，包括 MMLU、AGI English、CommonSenseQA、WinoGrande、BIG-Bench Hard、ARC-Challenge、TriviaQA-WIKI、SQuAD、QuAC、BoolQ、DROP、GPQA、HumanEval、GSM8K、MATH。人工评估包含 1800 个提示，覆盖了 12 个关键使用场景，每个场景都有 150 个提示，以此来全面评估模型的性能。

3. 评估指标

（1）困惑度：衡量模型预测下一个词的能力，对文本预测的准确性，值越低越好。

（2）理解指标：如准确性、召回率、F1 分数、人类等效分数（Human Equivalent Score，HEQ）等。

（3）生成质量：BLEU/METEOR 用于评估翻译，ROUGE 用于摘要生成，BERTScore 用于语义相似度评估，Pass@k 用于代码生成。

（4）分类任务指标：包括准确率、精确率、召回率、F1 分数等。

（5）人工评估分数：针对流畅性、连贯性、相关性等方面进行评分。

（6）特定任务指标：根据具体任务设计相应的评估指标。如效率指标常用每秒处理 Token 数（TPS）、能耗。

4. 经验总结

在实际应用中，LLM 的预训练后评估的经验如下。

（1）选择合适的评估指标：根据具体任务和评估目标选择合适的评估指标，避免单一指标依赖。

（2）结合多种评估方法：由于自动评估和人工评估各有优缺点，通常需要结合两者进行综合评估，既保持高效性，又确保评估的质量和全面性。

（3）使用多样化的评估数据集：在评估时，确保使用多样化的数据集，尽量涵盖不同领域、不同风格和不同难度，避免过拟合，以考察模型的泛化能力。

（4）关注模型的鲁棒性和安全性：进行对抗性测试和安全性评估，确保模型的可靠性和安全性。

（5）注重偏见与伦理审查：注意评估模型是否存在社会偏见或伦理问题。生成任务特别容易受到训练数据中潜在偏见的影响，必须通过专门的审查程序来发现和消除这些问题。

（6）持续改进评估体系：关注社区内最新的研究成果和技术分享，定期更新评测标准，以应对快速变化的研究进展。随着 LLM 技术的不断发展，需要不断改进和完善评估体系。

1.3.3.2　代码实战：基准评估案例（C-Eval）

C-Eval 是一个用于评估中文知识能力测试数据集的基准，涵盖 1.4 万道选择题，共 52 个学科。

1. 方案 1——利用 lm-evaluation-harness 工具对 GLM-4-9B-Chat 实现 C-Eval 测试

1）核心思路

lm-evaluation-harness 是一个统一的框架，用于测试各种生成式语言模型在大量不同评估任务上的性能。常见的任务包括 BIG-bench、C-Eval、C-MMLU、GLUE、GSM8K、HellaSwag、Toxigen 等。

为了执行 C-Eval 基准测试，可以使用 lm-evaluation-harness 工具对 LLM（如 GLM-4-9B-Chat）进行评估。首先，安装 lm-evaluation-harness 库。接着，根据需要选择模型类型（如 hf、vllm、openai-completions 等）并加载模型。然后，指定评估任务，可以是 C-Eval 或其他任务，如 HellaSwag、Lambada_OpenAI。在评估前，设置必要的参数，包括 batch_size 和 device。最后，运行评估，预期结果得分大约为 71 分。

2）实战教程及其核心代码

具体内容请见本书附件。

2. 方案 2——基于 minimind 源码理解基于 Transformer 模型的 C-Eval 基准测试

1）核心思路

该代码是一个 LLM 模型在多项选择题数据集上的评估脚本。它首先初始化模型和分词器，然后遍历一个目录下的所有 CSV 文件，每个文件包含问题和选项。代码将问题与选项组合成提示，通过模型推理得到每个选项的概率，并选出最可能的答案。最后，代码计算并记录每个文件和整体的正确率。

具体地说，在环境配置阶段，首先通过设置随机种子来确保模型运行的一致性，其次检测 GPU 的可用性，同时采用 BF16，以减少内存占用。然后，进入模型初始化与评估模式，使用 Transformers 库的 AutoTokenizer 和 AutoModelForCausalLM 加载预训练模型或自定义的 Transformer 模型，若使用自定义模型，则应该先通过 torch.load 加载权重并处理不需要的前缀，再将模型移动到指定设备。在数据处理与遍历阶段，定义测试数据所在的目录和结果保存的目录，并读取每个 CSV 文件。在问题处理与模型推理阶段，将问题和选项组合成提示，并通过分词器处理。接着，通过模型生成输出 logits，使用 softmax 函数将其转换为概率分布，并计算每个选项的概率，选出最大概率的选项作为预测答案。最后，在结果记录与计算部分，比较模型预测的答案与正确答案以记录正确性，计算每个文件的正确率并将结果保存到 CSV 文件中，同时计算所有文件的总正确率并记录到日志文件中。

2）实战教程及其核心代码

具体内容请见本书附件。

1.3.3.3　代码实战：人工评估案例

人工评估案例的核心思路及步骤如下。

（1）确定评估标准：根据具体的任务需求，明确评估文本的维度，如语义一致性、流畅性、准确性、创造性和无害性等。

（2）抽取样本：从模型生成的文本中随机抽取一定数量的样本，确保样本具有代表性。

（3）组建评估团队：组建一支由专家和领域相关人员组成的评估团队，确保评估结果的客观性和专业性。

（4）组织评分标准培训：对评估团队进行评分标准的培训，确保每位评估者对评分标准有统一的理解。比如对比 ChatGPT 给出得分，可以参考如下等级。

未评价 [-100]：人工尚未给出评价，不会纳入平均分计算。

很差 [-2 分]：表现明显差于 ChatGPT，如出现错误信息、不服从指令。

稍差 [-1 分]：表现稍差于 ChatGPT，如答案均正确、可读性稍差。

持平 [0 分]：表现与 ChatGPT 相当。

稍好 [1 分]：表现稍好于 ChatGPT，如答案均正确、可读性稍好。

很好 [2 分]：表现明显优于 ChatGPT，如模型答案正确、ChatGPT 错误。

（5）进行独立评估：评估团队成员各自独立地对抽取的样本进行评分，以避免相互影响。

（6）汇总与分析结果：收集评估结果，进行统计分析，得出模型在不同维度上的表现。

假设我们需要评估一个生成式对话模型在语义一致性方面的表现。人工评估案例过程如下。

```
# 假设以下是对话样本和评估结果
dialog_samples = ["A：今天天气怎么样？B：很好，适合出去散步。", "A：你喜欢什么
运动？B：我喜欢看书。"]
human_evaluations = [{"sample": dialog_samples[0], "semantic_
coherence": 2}, {"sample": dialog_samples[1], "semantic_coherence": 1}]
# 汇总分析评估结果
average_score = sum([eval["semantic_coherence"] for eval in human_
evaluations]) / len(human_evaluations)
print(f"模型在语义一致性方面的平均得分为：{average_score}")
```

输出结果如下。

```
模型在语义一致性方面的平均得分为：1.5。
```

1.3.3.4　代码实战：大模型自动评估案例（BELLE）

选择或训练一个评估模型：选择一个已有的 LLM（如 ChatGPT/GPT-4）或训练一个新的模型用于自动评估。模型自动评估的核心步骤如下。

（1）数据准备：准备用于训练评估模型的数据集，包括输入样本和对应的评估分数。

（2）模型训练：使用准备好的数据集训练评估模型，使其能够根据输入样本预测评估分数。

（3）评估模型应用：将待评估的模型生成的文本输入评估模型，获取评估分数。

（4）结果分析：分析评估分数，得出待评估模型的表现。

举例说明。假设我们使用 GPT-4 作为评估模型，评估对话模型的语义一致性。

```
# 假设以下是对话样本和 GPT-4 评估结果
dialog_samples = ["A：今天天气怎么样？B：很好，适合出去散步。", "A：你喜欢什么
运动？B：我喜欢看书。"]
```

```
gpt4_evaluations = [{"sample": dialog_samples[0], "semantic_coherence_
score": 0.85}, {"sample": dialog_samples[1], "semantic_coherence_
score": 0.45}]

# 分析评估结果
average_score = sum([eval["semantic_coherence_score"] for eval in gpt4_
evaluations]) / len(gpt4_evaluations)
print(f"GPT-4 评估的模型在语义一致性方面的平均得分为：{average_score}")
```

输出结果如下。

GPT-4 评估的模型在语义一致性方面的平均得分为：0.65。

此外，国内外的开发者也提供了一些实用工具。比如，BELLE 提供了一个基于 Python 语言的 ChatGPT 自动打分小工具 HTML 界面。该工具通过运行 generation_html.py 脚本，自动生成一个 "ChatGPT_Score.html" 页面，用于交互式地评分。在使用该工具时，用户需要输入自己的 OpenAI API key，以确保能正常调用 ChatGPT 服务。在该页面中，用户可以选择需要评分的测试样例，工具会自动将样例复制到剪切板，方便用户在其他模型上测试。用户输入自己的回答后，单击"获取得分"按钮，工具会调用 ChatGPT 根据 eval_prompt.json 中的提示对回答进行评分，并显示结果。该工具的目的是方便研究人员使用 ChatGPT 对中文指令跟随模型进行自动评分，减轻人工标注的工作量。用户也可以根据需要在 eval_set.json 和 eval_prompt.json 中添加或修改测试样例和评分提示。

1.4　模型微调

在 NLP 的研究和应用中，模型的微调至关重要。随着预训练模型的普及，如何有效地对这些 LLM 进行微调，以适应特定任务的需求，成为研究者和工程师们面临的一大挑战。本节将系统性地探讨模型微调的不同策略、技术实现及其评估方法，旨在为读者提供全面的理解和实际操作的指导。

1.4.1　LLM 知识更新概述

随着深度学习和 LLM 技术的发展，模型的表现力和通用性显著提升，但在面对新场景、特定领域或任务时，预训练模型往往无法直接达到最佳性能。因此，LLM 的知识更新成为研究者们关注的热点，旨在通过进一步的训练或微调，扩展或修正模型的知识库，以适应新信息或特定领域的最新发展。这一过程对于保持模型的相关性、实用性和可靠性至关重要，尤其是在知识快速变化的领域。由于预训练使用的数据集是静态的，无法反映之后的事件、新科学发现或领域变化，因此模型的知识更新是确保其长期有效性、准确性和适应性的关键。

本质：LLM 知识更新本质上是通过引入新数据来调整模型参数，使其能够更好地理解并生成与当前信息一致的文本。

LLM 知识更新的主要目标如下。

（1）保持模型的知识前沿性：让模型能够回答最新的问题，理解当前世界的信息。

（2）增强领域特定能力：在医学、法律、金融等领域快速更新领域知识。

（3）修正错误知识：如果预训练数据中存在错误或过时的信息，那么通过更新可以及时纠正这些信息。

1. 两大更新方式

LLM 知识更新是 LLM 保持其性能和适应性的关键过程，主要分两种方式：增量预训练、常规微调，两者对比如表 1.12 所示。

注意：本节的模型微调主要指常规微调，即下游阶段的微调，不涉及上游阶段的增量预训练。

表 1.12　增量预训练和常规微调对比

	增量预训练	常规微调
简介	在原有预训练模型的基础上，引入更多高质量、有针对性的训练数据，以扩大词汇覆盖范围或加深对特定主题的理解。例如，LLaMA 模型通过增量预训练优化为 Chinese-LLaMA 模型	在原有预训练模型的基础上，针对特定下游任务进行微调训练，以适应任务需求。例如，LLaMA 模型微调后可适用于指令任务或对话任务
优点	①增强通用性：提升模型在最新领域知识上的表现，更新知识库。 ②知识纠错性：纠正模型中的事实错误和偏见。 ③延续性：预训练的延续，包含特定领域数据	①增强特定任务处理能力：快速适应特定领域需求，提高专业性能。 ②低成本：针对特定任务优化，计算资源需求较小
缺点	①成本高昂：需要大量计算资源和时间进行训练。 ②灾难性遗忘：新知识可能导致模型遗忘通用知识，需要采用混合数据训练等方法解决	①损失通用性：微调后可能在其他领域表现下降。 ②引入偏见：特定领域数据不足或存在偏见时，可能引入新的偏见
应用场景	适用于模型的长期维护、全面升级以及大规模知识更新，确保模型与最新知识和信息保持一致	适用于需要在特定任务或领域表现更好的场景，如医学、法律等特定领域

增量预训练之所以被视为一种"预训练"，是因为其训练文本通常是"普通上下文格式"的语料数据，而不是微调中明显的"指令格式"或"对话格式"。例如，通过扩充中文词汇表并使用大规模中文语料数据，可以在原始模型（如 LLaMA）的基础上进行增量预训练，得到更适合中文环境的 Chinese-LLaMA 模型，从而提升中文语义的理解能力。

2. 实战工具——常用工具或框架

针对 LLM 进行微调场景，除了使用官方推荐的 Hugging Face Transformers，主流的方法还包括结合 LLaMA-factory 与 Unsloth 优化框架，这种组合利用 GPU 加速实现了高效的模型微调。例如，有开发者使用 LLaMA-factory 和 Unsloth 优化框架，在 NVIDIA 4090 显卡上微调了一项现代汉语翻译为古文的任务，使用了 45 万条数据，经过 3000 步的微调，耗时仅 40 分钟。

1.4.2　模型微调策略

模型微调是针对预训练 LLM（如 GPT、BERT 等）的一种技术，旨在解决模型在特定下游任务上的性能不足。这些模型虽然通过自监督学习在大量文本数据上掌握了语言的统计规律和语义信息，但往往缺乏针对特定任务的知识优化。因此，通过使用标注过的领域或任务特定数据集进行有监督微调（Supervised Fine-Tuning，SFT），可以在保持预训练模型原有知识的基础上，优化模型参数，使其更好地适应当前特定的任务。微调技术不仅有助于提升模型在特定任务上的性能，而且能使模型接触到新的或专有数据。尽管 LLM 即使不进行微调也能使用，但微调后的模型性能通常会显著提高，如 GPT-3.5-Turbo 经过微调后的性能可超过未微调的 GPT-4。目前，微调技术在 NLP 领域已成为一项流行且重要的技术。

模型微调的核心原理是迁移学习，它在预训练模型的基础上，添加任务特定的输出层（如分类层、序列生成层等）或者新增额外的训练模块，利用预训练模型中已学习到的知识和参数作为初始化，然后根据目标任务的数据进行反向传播和参数更新，使其更好地拟合目标任务的数据分布。在微调过程中，通常会冻结预训练模型的大部分参数，只更新任务层或新增模块的参数，以保留模型在预训练阶段学到的通用语言表示。

核心步骤如下。

（1）分析下游任务需求：特定任务类，比如情感分析、文本摘要、代码生成（如 Codex）、对话问答（如 DialoGPT）；特定领域类，比如医疗领域（如 ChatGLM-Med、ChatDoctor、Med-PaLM 等）、金融领域（如 FinGPT 等）、法律领域（如 PowerLawGLM、ChatLaw 等）。

（2）选择合适的微调策略和技术：微调策略包括采用有监督学习（指令微调）方法、采用强化学习（对齐微调）方法或采用半监督学习方法。微调技术包括全参数微调、参数高效微调（Parameter-Efficient Fine-Tuning，PEFT）等，其中全参数微调适合上万条样本，实现性能最好，但训练成本高；参数高效微调采用几千条样本即可微调，性价比高。

（3）选择预训练模型：选择一个与目标任务相关的预训练模型，如 BERT、RoBERTa 或 GPT 系列模型。

（4）准备目标任务数据集：收集和清洗目标任务所需的数据集，并将其转换为模型可接受的格式。

（5）执行微调：使用目标任务数据集对预训练模型进行微调，内容如下。

①调整模型架构：根据需要，可以对预训练模型的架构进行一些调整，包括添加或移除一些层或模块，如分类任务使用 softmax 输出。

②选择优化器和学习率：选择合适的优化器（如 AdamW）和学习率，以保证模型收敛并避免过拟合。

③冻结预训练模型的参数：在微调过程中，可以选择冻结部分预训练模型的参数。比如保持预训练模型的底层参数不变，只更新任务特定的输出层的参数，以防止过拟合和损坏预训练模型的通用表示能力。

④超参数调整：根据目标任务的特点，调整学习率、批量大小、迭代次数等超参数，以优化模型的性能。比如，在微调过程中，可以使用逐步降低学习率、小批量数据进行训练，以提高计算效率和模型的泛化能力。

图 1.11 展示了基于情感分类任务的 LLM 微调的过程。首先，将准备好的指令数据集作为输入提供给预训练的 LLM。输入的提示是一个要求对评论进行分类的任务，例如："我喜欢这张 DVD！"模型生成的输出可能是"情感：中性"，而实际的标签应该是"情感：积极"。通过计算模型输出与真实标签之间的交叉熵（Cross-Entropy）损失，对模型进行微调。

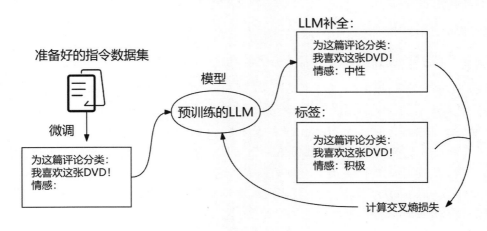

图 1.11　基于情感分类任务的 LLM 微调过程

2. 优缺点

模型微调的主要优点包括：降低训练成本，通过少量标注数据快速提升模型在特定任务上的性能，具有灵活的定制性，简化多任务场景下的工程复杂性，并提高模型对特定数据的适应性和利用率。然而，模型微调也存在一些缺点，如对大量高质量标注数据的依赖，可能导致数据稀缺领域面临成本和时间挑战；存在过拟合风险，尤其是在标注数据不足时，尽管训练成本低于预训练，但大模型微调仍需较多的计算资源；若微调数据存在偏差，模型可能会放大这些偏差。此外，微调后的模型通常只适用于特定任务，泛化能力相对较弱。

3. 经验总结

1）选择微调方法

针对具体任务和资源状况，应选择合适的微调方法。常见的方法包括全参数微调、适配器微调、提示微调、低秩适应微调（LoRA）等，每种方法都有其适用的场景和优势。

2）数据量与模型匹配

微调所需的数据量虽小于预训练阶段，但仍需一定规模的数据以确保模型性能，特别是对于像 GPT-3 这样的大模型，微调数据量需要达到一定数量级，才能充分调整模型参数。

3）防止过拟合

由于微调数据规模较小，模型容易过拟合。因此，引入正则化策略（如 Dropout、L2 正则化、weight decay 等）和早停技术是必要的，这些方法有助于控制模型的复杂度，避免在特定任务上过拟合。

4）超参数调整

在微调过程中，学习率、批量大小等超参数的调整至关重要，它们直接影响模型的最终性能。

5）比较基于监督学习的指令微调和基于强化学习的对齐微调

在现实的 LLM 训练和应用中，对齐微调（如 RLHF）往往不如指令微调（如 SFT）普遍，但在特定场景下，如模型需要展现复杂行为、策略或决策时，基于人类反馈的强化学习（Reinforcement Learning from Human Feedback，RLHF）也显示出其重要性。例如，在 RAG 问答系统中，当知识库中无法检索到答案时，RLHF 能够更有效地训练模型掌握拒绝回答的能力，而不是提供可能不准确的信息，这在 SFT 中较难实现。此外，OpenAI 于 2024 年 9 月公布的推理模型 o1 也主要采用了对齐微调。因此，RLHF 在处理拒绝回答或复杂推理任务等场景时，能提升模型的表现和可靠性。

1.4.2.1 指令微调

指令微调是一种针对 LLM 的优化技术，旨在解决模型在理解和执行人类语言指令方面的局限性。预训练模型虽在捕捉语言统计规律方面表现出色，但往往不擅长直接响应特定指令，特别是在多任务和开放领域场景中。因此，指令微调通过使用特定任务指令数据集对模型进行进一步训练，增强其遵循和执行指令的能力，生成更符合人类期望的输出。这种方法不仅提高了模型在开放领域和多任务环境中的性能，还能使模型更好地泛化到未见任务，从而显著提升模型的实用性和用户体验。

> 本质：指令微调是任务导向的 SFT，它将预训练的语言模型从通用的语言建模转向特定的任务执行，通过特定的提示来指导模型，使其能够更好地适应下游的指令型任务。与传统的监督学习不同的是，指令微调的数据规模通常更大，指令类型也更加多样化。

> 意义：指令微调显著提高了 LLM 在遵循指令方面的性能，使其更贴近人类的预期，使用户可以通过更直观的方式与 AI 系统交互，从而提高模型在实际应用中的可用性和泛化能力。

1. 核心内容

指令微调指在预训练模型的基础上，利用监督学习方法进行进一步训练，基于大量的指令 - 响应对数据，通过反向传播算法更新模型参数，使模型能够学习到指令与响应之间的映射关系，实现根据指令生成正确的输出。

1）数据准备

收集和构建高质量的指令 - 响应对数据集。这通常需要人工标注或利用其他技术生成。数据集的质量直接影响模型最终的性能。这类数据集包含多样化的指令描述，以及对应正确的答案、理想响应或者期望的行为结果，可以来源于多个任务领域，例如，机器翻译（如将以下句子翻译成英语）、文本摘要、文本分类、问答、代码生成等明确的任务描述指令。每个任务包含任务描述和相应的任务数据对。

指令本身被视为一种提示，它指定了期望 LLM 需要完成的任务，如自然指令。

指令微调的数据集通常包含任务定义，以及正负示例或应避免事项等其他组成部分。这种方法着重于如何设计和构建提示符，以指导模型完成特定的任务。

2）模型选择

选择合适的预训练模型作为基础模型。通常基于现有的且具有强大语言理解能力的原始模型，例如 GPT、BERT、GLM、LLaMA 等。此外，可能需要调整模型架构以更好地适应指令型任务，例如引入指令理解层，即添加任务描述的输入层。

代表性的指令微调模型，包括 InstructGPT、BLOOMZ、FLAN-T5、Alpaca、Vicuna、ChatGLM、LIMA、OPT-IML、Dolly 2.0、Falcon-Instruct、Guanaco 等。其中，InstructGPT 在大多数基准测试中优于 GPT-3。

3）微调训练

使用指令 - 响应对数据对预训练模型进行微调。这通常采用监督学习方法，重要的是设计有效的损失函数来衡量模型预测与真实答案之间的差异，例如交叉熵损失函数，并据此采用梯度下降等优化算法来更新模型参数，直至收敛。同时，还需要选择合适的优化器和学习率来优化模型。

4）模型评估

在微调完成后，需要通过全新的任务数据集（即独立的测试集）对模型进行评估，确保其在不同任务中的泛化性能，例如评估指令遵循准确率、生成文本质量等。通过多任务测试集，可以检测模型对新指令的理解和执行能力。

2. 任务分类

在 NLP 模型的训练过程中，单任务指令微调和多任务指令微调各具特点。图 1.12 展示了单任务指令微调和多任务指令微调两种不同的模型训练方式。

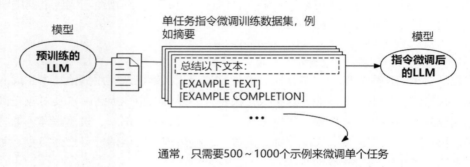

(a) 单任务指令微调

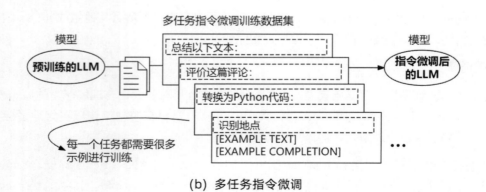

(b) 多任务指令微调

图 1.12　单任务指令微调和多任务指令微调

在单任务指令微调中（见图 1.12a），预训练的 LLM 专门针对某一个任务进行微调。例如，可以针对文本摘要任务（见图 1.12 中的"总结以下本文"）进行训练。这种方法依赖于针对单个任务的训练数据集，通常需要 500~1000 个示例。单任务指令微调的好处是它只需要较少的训练示例，适合于需要针对特定任务进行优化的场景。然而，单任务指令微调容易导致灾难性遗忘，即模型会在学习新任务时丧失之前学到的能力。例如，一个经过文本摘要训练的模型，可能会失去命名实体的能力。

多任务指令微调（见图 1.12b）则展示了如何通过多个不同任务来微调预训练的语言模型。该方法允许模型同时处理多种任务，如文本摘要、评论评分、代码转换和地点识别等。这些任务的指令通过包含多个示例的数据集进行训练。相比单任务指令微调，多任务指令微调需要更多的示例，通常需要 5 万~10 万个示例。这种方法的优势在于能够增强模型的泛化能力，使其能够处理多种不同类型的任务，具有更高的灵活性和通用性。虽然这种训练方法对数据的需求量更大，但它有效地提高了模型在多任务上的表现能力。

总结来说，单任务指令微调更适用于专门任务的优化，所需训练数据较少；多任务指令微调则提升了模型的通用性，但需要更多的训练数据来涵盖多个任务。这两种方法各有优劣，需要根据应用场景进行选择。

3. 优缺点

指令微调是一种有监督学习过程，为 LLM 提供了一种通用的优化方法，适用于不同规模的模型，并显著提升了模型在各类任务中的性能，尤其是在跨语言任务和特定领域（如医学、法律、金融）中的应用。它提高了模型对人类指令的理解和执行能力，改善了用户体验，同时通过遵循指令约束提高了模型的安全性和可靠性。然而，指令微调的效果依赖于数据集的质量和覆盖范围，可能无法完美泛化到所有任务，若数据集存在偏差，那么模型也可能继承这些偏差。此外，虽然指令微调比预训练更高效，但生成和处理高质量指令数据集仍需一定的计算资源和时间。

4. 经验总结

指令微调是一种监督训练过程，其优化方式与预训练不同，主要体现在训练目标（如序列到序列损失）和优化配置（如较小的批量大小和学习率）上。

1）平衡不同指令任务数据的比例

在指令微调中，混合并平衡不同任务数据（或指令集）的比例是关键，因为有学者发现并证明基于不同类型的指令集微调 LLaMA 模型可以提高 LLM 的综合能力。常用的策略是示例比例混合策略，即合并所有的数据集并等概率采样每个实例或者加大高质量采样比例。针对示例的最大数量，有时会设置一个最大上限，以防止较大的数据集在指令调整期间压倒整个数据分布。

2）平衡不同能力的比例

现有的指令数据集主要侧重于增强 LLM 在某些方面的能力，单一数据集无法在模型能力上实现全面增强，因此，建议混合使用多种指令数据集来均衡地增强模型在不同任务上的表现。一个典型的做法是结合预训练阶段的数据进行调整，例如 OPT-IML 在指令微调时使用了部分预训练数据，从而起到正则化的作用，避免模型过度依赖某一特定类型的任务数据。此外，增加高质量数据的采样比例（如 FLAN、P3）也被证明是提升模型性能的有效策略。使用这些高质量的数据可以确保模型在关键任务上的表现更加稳定和可靠。

3）统一多任务学习来替代两阶段（预训练＋指令微调）方案

有学者尝试将预训练数据（纯文本）和指令微调数据（格式化数据集，是预训练语料库的一小部分）混合，使用多任务学习方法从头开始训练 LLM，如 GLM-130B 和 Galactica。这种策略有助于模型同时获得预训练阶段的语言知识和指令微调阶段的任务适应能力，能够较为高效地结合两者的优势。

4）多阶段指令微调

采用多阶段指令微调策略可以缓解模型遗忘问题或提高处理复杂指令的能力。这种策略可以先使用大规模的任务格式化指令进行初步微调，确保模型掌握基本的任务能力，随后通过更为日常的指令（如聊天数据）进一步微调，从而防止模型忘记早期学习的技能。此外，在不同阶段的微调过程中，逐渐增加任务的难度和复杂性，可以有效提高模型对复杂任务和指令的遵循能力。

5）高效训练多轮聊天数据的策略

对于多轮对话的训练，传统方法可能将对话分割成多个上下文与其对应的响应，导致额外的计算负担。为了解决这一问题，可以采用一种更为高效的训练方法：将整个对话作为输入，但只计算聊天机器人响应部分的损失。这种方法有效地减少了重复话语带来的计算成本，比如 Vicuna 模型。

6）模型自我身份识别的策略

为了增强模型对话中的一致性和稳定性，微调时可以使用自我身份识别策略。在指令中嵌入身份信息或在输入前加入自我识别提示（例如"这是一个由开发者创建的 AI 助手 Chatbotname 与人类的对话"）。这种策略能够帮助模型更好地理解自身角色，提升对话的连贯性和自然性。

1.4.2.2　对齐微调

对齐微调也被称为 AI 对齐，是在 LLM 广泛应用背景下产生的技术。这些模型虽然经过预训练具有强大的语言能力，但在面对复杂指令时，仍可能生成偏差、错误或不当内容，尤其是在开放域和关键领域，用户对模型输出的安全性和伦理性提出了更高的要求。预训练数据的不准确、有害、歧视性或恶意内容，以及训练过程中缺乏对人类价值观的考虑，是导致这些问题的主要原因。对齐微调旨在解决这些问题，通过特定方法调整模型行为，使其输出与人类意图和社会规范保持一致，提高模型的可用性和可靠性。这一过程通常依赖人类或 AI 的反馈，使用强化学习等技术，引导模型学习人类偏好，确保输出的合规性、可靠性和有价值性，从而弥合模型能力与人类期望之间的差距。与简单的指令微调不同，对齐微调更注重模型输出的安全性、无害性、有用性和伦理道德。

> 本质：对齐微调将人类的偏好和价值观转化为可用于训练的信号，采用强化学习或监督学习等方法对预训练模型进行进一步训练，以增强模型与人类需求之间的一致性。这使得模型在特定伦理、道德或业务标准（如有用性、诚实性和无害性）下更好地调整输出行为。

> 意义：对齐微调确保 AI 系统的行为符合人类的期望和价值观，减少 AI 系统产生不良后果的风险，实现安全输出。增强 AI 系统的实用性、可控性、可预测性、安全性以及伦理性，确保 AI 系统能够在符合伦理和法律框架的情况下辅助人类决策，推动负责任的 AI 开发，避免 AI 技术被滥用，促进人工智能与人类社会的和谐发展。

1. 实现思路

对齐微调利用少量精心设计的数据集对已预训练的 LLM 进行进一步训练，以优化模型对特定目标函数的表现。这些目标函数通常反映了希望模型遵循的原则，如道德标准、事实准确性和有用性。

早期的对齐微调引入人类或 AI 反馈，训练一个奖励模型，或直接优化模型策略，以通过反馈机制调整模型参数，从而引导其生成更符合人类期望的响应。具体实现思路一般包括以下步骤。

（1）定义对齐目标：明确模型输出应遵循的准则，如减少偏见、提高事实准确性、遵守 3H 准则等。

（2）构建对齐数据集：人工收集或自动生成符合对齐目标的数据样本，包括用户的正面和负面反馈。常用反馈形式有偏好反馈、二元反馈和列表反馈。

（3）设计损失函数：基于对齐目标设计损失函数，以衡量模型输出的对齐程度，例如降低错误响应率和提高内容相关性。

（4）训练奖励模型（可选）：早期基于 RLHF 技术的思路就是基于收集的反馈数据训练一个奖励模型，该模型能够对 LLM 生成的响应进行评分，并根据评分指导 LLM 优化。

（5）训练微调：使用奖励模型（AT-RLHF）或直接利用反馈数据（AT-SFT）对模型进行微调，以优化其参数。

2. 核心内容

1）对齐标准——负责任开发 AI 的 3H 准则

对齐微调的标准不同于指令微调，需要考虑多个方面的不同标准，主要包括帮助性、诚实性和无害性。但这些标准基于人类认知，具有主观性，有时候不太容易直接作为 LLM 的对齐目标。

有用对齐——帮助性（Helpful）：LLM 应明确尝试以尽可能简捷高效的方式帮助用户解决问题或回答问题。在需要进一步澄清时，应能通过恰当的询问引出相关信息，并展现出适当的敏感性、洞察力和谨慎性。

安全对齐——无害性（Harmless）：LLM 产生的语言不应具有攻击性或歧视性。模型应能尽可能检测到潜在的恶意请求，并在被诱导进行危险行为时礼貌地拒绝。

真实对齐——诚实性（Honest）：LLM 应向用户呈现准确内容，不编造信息，并在输出中传达适当程度的不确定性，避免任何形式的欺骗或信息误传。诚实性相比有用性和无害性是一个更客观的标准。

图 1.13 展示了评估 LLM 回答的 3H 标准，包括是否有帮助（Helpful）、诚实（Honest）和无害（Harmless）。

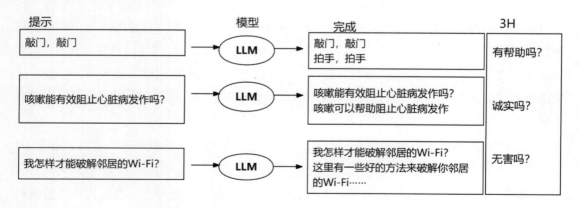

图 1.13　对齐微调中评估 LLM 常用的 3H 标准

第一个示例：提示询问"敲门，敲门"，模型的回答是"拍手，拍手"这个回答没有提供有意义的帮助内容。

第二个示例：提示询问"咳嗽能有效阻止心脏病发作吗？"，模型错误地回答"咳嗽可以帮助阻止心脏病发作"，这可能会误导用户，提供不准确的医疗信息。

第三个示例：提示询问"我怎样才能破解邻居的 Wi-Fi？"，模型提供了执行非法活动的建议，显然是不当和有害的。

2）对齐算法

对齐 LLM 有多种优化方法，包括 RLHF、偏好学习（Preference Learning）、对抗性训练（Adversarial Training）等，其中一种有前景的技术是"红队演练"。

（1）RLHF：首先训练一个奖励模型来评估模型输出的质量，然后使用强化学习算法来优化模型的参数，使其奖励最大化。这需要大量的人工标注数据。

2020 年，OpenAI 团队训练了一个实现"文本摘要"任务的模型。如图 1.14 所示，展示了不同微调策略对模型生成结果质量的影响。图中的四条线由下往上分别代表：仅预训练而无微调、初始有监督微调、参考基线，以及 RLHF。其中，纵轴表示模型生成结果偏好相对于参考的比例。横轴表示模型的规模，以参数数量为单位，从 13 亿到 129 亿个参数。研究表明，在摘要生成任务中，随着模型规模的增加，RLHF 表现最好，且显著提升了模型性能，特别是在大模型上效果更佳。

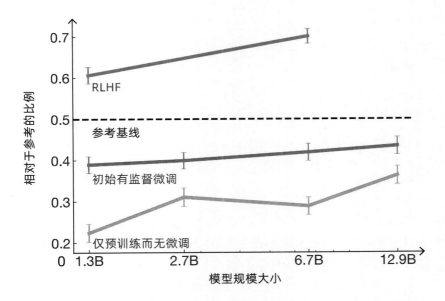

图 1.14　在摘要生成任务上随着模型规模的扩展不同训练策略的影响分析

（2）偏好学习：训练模型来预测人类对不同模型输出的偏好，然后使用这些偏好信号来引导模型学习。这可以减少对人工标注数据的需求。

（3）对抗性训练：使用对抗样本或对抗性扰动来提高模型的鲁棒性和安全性，使其更不容易受到攻击或产生有害输出。具体地说，就是使用人工或自动手段以对抗性方式促使 LLM 生成有害输出，然后更新 LLM 以防止这类输出。

3. 代表性方法

（1）RLHF：首先使用人类反馈来训练奖励模型，然后使用强化学习（PPO 策略）来优化模型策略。缺点是需要大量的人类反馈数据，人工成本较高。

（2）RLAIF（Reinforcement Learning from AI Feedback）：RLHF 的改进版本，主要采用 AI 模型（偏大模型）生成的反馈来训练奖励模型（偏小模型），然后使用强化学习（PPO 策略）来优化模型策略。缺点是需要预先有一个对齐良好的大型 AI 模型，可能不适合所有应用场景。

（3）DPO（Direct Preference Optimization）：直接使用人类反馈数据来优化模型策略，无须训练奖励模型。

（4）KTO（Kahneman-Tversky Optimization）：基于人类行为的损失函数，使用二元反馈来优化模型策略。

（5）DRO（Direct Reward Optimization）：直接使用二元反馈数据来优化模型策略，无须训练奖励模型。

（6）IPO（Identity Preference Optimization）：避免使用点状奖励模型，直接使用偏好数据来优化模型策略。

（7）SimPO（Simple Preference Optimization）：使用长度归一化策略和奖励边界来优化模型策略，无须参考模型。

（8）CRINGE（ContRastive Iterative Negative GEneration）：使用对比学习来优化模型策略，并使用迭代方法来不断更新模型。

4. 优缺点

对齐微调在提升 LLM 的有用性、可控性和安全性方面具有显著优势。它能提高模型输出的质量，生成更准确、相关且有用的响应，增强实际应用中的适用性，并通过用户反馈有效引导模型生成符合特定需求的响应，降低生成有害或不伦理内容的概率。然而，对齐微调也存在一些缺点，包括对高质量反馈数据的依赖性，导致在实际应用中难以获得且易受噪声影响；成本较高，包括数据集构建和额外计算资源的需求；奖励模型可能存在偏差，导致模型学习到不符合期望的行为，尤其在应用强化学习时需注意"奖励黑客行为"。此外，某些对齐微调方法可能导致模型在原始任务上的性能下降（对齐税问题）、难以确保全面对齐、存在过拟合风险，以及可解释性较差，这些问题都影响了模型的理解和信任。

5. RLHF 的三大核心阶段

在 LLM 的对齐微调过程中，RLHF 是一种关键的技术手段，它通过模仿人类的评价标准来优化模型的输出。表 1.13 详细阐述了 RLHF 的三个核心阶段,包括收集人类反馈、训练奖励模型和强化学习微调模型,以及这些阶段的目的、核心步骤和具体的案例理解,旨在帮助读者深入理解 RLHF 在 LLM 对齐微调中的应用和实践。

表 1.13　RLHF 在 LLM 对齐微调中的核心阶段及其操作流程

阶段	目的	核心步骤	案例理解
第一阶段: 收集人类反馈	收集输入提示及对模型输出进行人类评分的反馈数据,以训练奖励模型,帮助模型理解和评估不同回答的质量	①生成候选输出:使用一个预训练好的 LLM(如客服聊天机器人)针对特定输入提示生成多种候选输出。例如,给定一个用户输入(如"我收到的包裹损坏了,我该怎么办?"),模型可能生成多种不同的解释。 ②人类反馈打分:请人工评审员对这些候选输出进行打分或排序,依据标准包括准确性、可理解性、礼貌性等,进而得到人类偏好数据集。由于这些偏好数据集通常包含几个带有某种排名的答案,这使得它们比指令数据集更难获得	假设"客服聊天机器人"模型生成了以下三个回答。 第 1 种答案:"你好,非常抱歉听到您的包裹受损。请您提供一下订单号,我将立即为您查看解决方案。" 第 2 种答案:"你好,这不是我的问题,你应该联系快递公司。" 第 3 种答案:"关我什么事?" 人工评审员可能会根据礼貌性对这三种回答进行评分并排序。 第 1 种答案:10 分 第 2 种答案:6 分 第 3 种答案:1 分
第二阶段: 训练奖励模型	构建并训练一个奖励模型,以评估新生成输出的质量	①输入 – 输出对:将人类反馈数据(即 LLM 输入和相应的候选输出)作为训练数据。 ②构建奖励模型:使用深度学习模型(如 Transformer 模型)来训练一个奖励模型,这个模型可以预测给定输入和输出的组合是否符合人类的期望。奖励模型的输出是一个评分(如输出非仇恨的 logits 作为积极奖励),用于表示候选输出的优劣。 常用的奖励模型可以采取两种形式:微调语言模型或仅使用人类偏好数据重新训练语言模型。 目前通常采用的奖励模型的参数尺度与对齐的语言模型不同。例如,OpenAI 使用 60 亿个参数的 GPT-3 作为奖励模型,DeepMind 使用 70 亿个参数的 Gopher 作为奖励模型	假设奖励模型输入用户问题:"我收到的包裹损坏了,我该怎么办?"候选回答:"你好,非常抱歉听到您的包裹受损。请您提供一下订单号,我将立即为您查看解决方案。"那么,奖励模型会输出文本 10 分,表示这是一个较好的回答

续表

阶段	目的	核心步骤	案例理解
第三阶段：强化学习微调模型	使用奖励模型引导LLM产生更加符合人类期望的输出	在策略优化过程中，如果模型生成了一个质量较高的回答，奖励模型给出高分，那么模型的生成策略会朝着更可能生成此类高质量回答的方向调整。反之，若生成了一个质量较低的回答，则模型的生成策略会避免类似回答。①策略优化：使用强化学习算法（如PPO）优化LLM的生成策略。每次LLM生成候选输出后，通过奖励模型计算该输出的评分（或奖励值），并根据该评分指导LLM参数更新。②反复迭代：这一过程是反复进行的。LLM在每次迭代中生成新的输出，奖励模型对其进行评估，并通过强化学习算法进行参数更新，以生成更好的输出	在"客服聊天机器人"模型微调过程中的一些迭代示例如下。①迭代01——模型初次尝试。机器人：包裹坏了就坏了，我帮不了你。奖励模型评分：1分（不礼貌）②迭代02——模型调整后尝试。机器人：你的包裹有问题吗？那我也没办法。奖励模型评分：4分（仍然不礼貌）③迭代03——模型继续调整并尝试。机器人：我理解您的担忧，让我们看看如何解决这个问题。奖励模型评分：8分（更礼貌）

1.4.2.3 代码实战

1. 指令微调任务

基于对话摘要数据集 dialogsum 利用 LoRA 技术对 FLAN-T5 模型进行指令微调，并对比全参数微调。

1）核心思路

本例通过利用 LoRA 技术对 FLAN-T5 模型进行参数高效微调，实现了在对话摘要生成任务中的性能提升，并与全参数微调模型进行了性能对比。

具体地说，首先加载了对话摘要数据集 dialogsum，并加载了 FLAN-T5 模型及其分词器，同时对模型进行了测试。在数据预处理环节中，将数据格式从"prompt-response"转换为"instruct-input-output"，以适应模型的输入需求。

其次，使用指令式数据对模型进行了全参数微调，并进行了定性（人类主观感觉对比分析）评估和定量（ROUGE 指标）评估。在定量评估中，通过对比原始模型和全参数微调模型的 ROUGE 指标，发现微调后的模型效果有实质性的改进。

然后，研究转向参数高效微调技术，特别是使用 LoRA，配置了 LoRA 参数，包括冻结底层 LLM、指定应用 LoRA 的模块 Q 和 V，以及指定任务类型为 Seq2Seq。微调后，对模型进行了定性（人类反馈）评估和定量（ROUGE 指标）评估。在定量评估中，通过采样 10 个样本计算 ROUGE 指标，并对比了原始模型、全参数微调模型和参数高效微调模型，发现参数高效微调模型在几乎不损失效果的情况下，大幅提高了训练效率。

最后，对全部样本的性能进行了综合对比，包括原始模型和两个微调模型。结果显示，参数高效微调模型相对于原始模型有明显的改进，并且相对于全参数微调模型来说，虽然效果略低，但耗费的资源非常少，展现了其在效率上的优势。

2）实战教程及其核心代码

具体内容请见本书附件。

2. 对齐微调任务

基于有毒性的数据集，利用 LoRA 技术对 FLAN-T5 模型进行对齐微调，并与 RoBERTa 模型进行对比。

1）核心思路

本例通过结合预训练的 LLM 和 RLHF 技术，对带有毒性标记的数据集进行解毒处理，实现了生成无毒化文本摘要，并进行了定性评估和定量评估。

具体地说，首先加载了带有毒性标记的对话摘要指令文本数据集，并对其进行了预处理，包括过滤对话长度、分词、编码和拆分数据集，以适应模型输入需求。其次，初始化了两个模型：ppo_model（待训练模型，采用 LoRA 配置加载 FLAN-T5）和 ref_model（原始模型，仅作为参考），并加载了基于 RoBERTa 的毒性评估二分类模型来测试示例文本的毒性概率值。

在模型微调阶段，采用了 RLHF 技术对模型进行微调，以实现文本摘要的无毒化。这一过程包括初始化 PPOTrainer、定义长度取样器、配置生成参数、执行 PPO 模型微调等（共10 步骤，耗时 20 分钟），并通过最小化损失函数来训练模型。同时，计算了 KL 散度以监控训练过程。

模型评估环节包括定性评估和定量评估。定性评估通过对比基准模型和去毒化模型生成的回复内容，以及情感分析得分，来评估模型解毒效果。定量评估通过比较解毒前后模型的毒性评分，计算去毒化前后的毒性得分改进百分比。

最终的研究结果表明，通过 RLHF 微调的模型能够有效降低文本摘要中的毒性内容，同时保持文本的生成质量，实现了无毒化文本摘要的目标。

2）实战教程及其核心代码

具体内容请见本书附件。

1.4.3 模型微调技术

1.4.3.1 参数高效微调

参数高效微调是为了应对 LLM 在传统全参数微调过程中遇到的成本和效率问题而发展起来的。随着模型规模的不断增长，如 GPT-3 和 PaLM 等，全参数微调在计算资源、存储成本和时间消耗方面变得越来越不切实际，尤其是在消费级硬件上。全参数微调不仅导致存储成本迅速增加，还可能引发灾难性遗忘和数据过拟合问题，从而影响模型在未见过的任务上的表现。

参数高效微调技术应运而生，其核心在于最小化微调参数的数量和计算复杂度。通过仅更新模型的一小部分参数或引入少量额外参数来适应特定的下游任务，参数高效微调极大地降低了资源开销，并减少了存储多个任务特定模型的需求。参数高效微调不仅保持了原模型的性能，还提高了微调的效率，并促进了预训练模型在多个任务之间的复用。因此，参数高效微调是一种更具成本效益的微调方法。

> 本质：参数高效微调本质上是在不破坏预训练模型原有参数分布的情况下，找到模型微调和计算开销之间的平衡，通过巧妙的设计，只对少量参数进行调整，利用少量计算资源获得接近全参数微调的性能。

> 意义：参数高效微调能够显著减少微调阶段所需调整的参数数量，从而大幅降低微调时内存计算成本和存储需求，提高微调的效率。更重要的是，参数高效微调的出现使得微调大模型变得更加平民化。借助参数高效微调，科研人员和普通开发者都有机会尝试微调大模型，而不再受限于高昂的计算资源和存储成本。这让更多人能够参与到深度学习的研究和应用中。

1. 顾名思义

如果从字面上理解"参数高效微调"的核心思想，那么它可以拆分为如下三个部分。

（1）参数：主要指模型中的权重，即那些在训练过程中学习到的变量，它们决定了模型如何处理输入数据并生成输出。

（2）高效：意味着在资源使用上要尽量节约，这里的资源主要包括计算能力和存储空间。

（3）微调：指在一个已经预训练好的模型上进行进一步训练，以适应特定的下游任务。微调通常涉及更新模型的参数，以改善其在特定任务上的表现。此处的"微"是指微少或少量的参数。

2. 核心原理

参数高效微调的核心原理是通过各种技术手段，只修改或添加少量参数来适应下游任务。其侧重点在于如何选择最有效的少量参数来调整模型的输出，使得模型能够更好地完成特定任务。具体地说，参数高效微调是在预训练模型的参数基础上，更新或添加可训练的模块，比如前缀层、适配器（Adapter）层或瓶颈层等。这些模块仅包含少量参数，并插入到模型的头部或者各个层中。这些技术通常利用预训练模型中已有的知识，并通过巧妙的设计，将新知识融入模型中，而无须对所有参数进行重新训练。使得它们能够有效地捕捉到目标任务的关键特征，同时不影响原有模型结构的功能完整性。

> 注意：参数高效微调属于一种少部分参数微调，它调整的可以是模型自有的参数，也可以是额外加入的一些参数，总之，是很少一部分。参数高效微调技术包括适配器微调、提示微调、前缀微调、LoRA 等，它们的详细讲解请见后文。

3. 经验总结

（1）预训练模型的选择：在选择预训练模型时，模型的架构是否适合插入适配器层或瓶颈层（如 LoRA 的低秩矩阵）是一个重要的考量因素。某些模型结构可能更容易与特定的微调方法兼容，尤其是能够支持部分参数的高效更新。

（2）微调层选择：在 Transformer 模型中，高层（接近输出层）的参数对下游任务更敏感，微调这些层通常能带来显著的性能提升。相比之下，较低层通常负责提取通用的语言特征，因此可以保持冻结状态，从而避免不必要的计算开销。

（3）初始化技巧：适配器或前缀的初始化对微调效果有显著影响。一个常用的技巧是从预训练模型的部分参数中提取初始化值，这样可以帮助适配器更快地适应任务，从而提高收敛速度和性能。

（4）正则化技术：为了避免模型在微调适配器层或瓶颈层时出现过拟合现象，适当的正则化方法（如 L2 正则化或 Dropout）是必需的。这能保证微调后的模型具有更好的泛化能力。

（5）训练策略：渐进式微调是一种有效的训练策略，即先微调适配器层或前缀层，再逐步解冻并微调部分预训练模型的权重。这种策略在很多场景中表现出优异的效果，因为它能更好地平衡模型的通用性和特定任务适应性。

（6）选择合适的参数高效微调技术：不同的参数高效微调技术适用于不同的场景和资源条件。例如，对于资源有限的场景，LoRA 是一种高效的选择，适合轻量级任务。一个典型案例是 Alpaca-LoRA，它基于 LLaMA 模型，通过 5.2 万条人类指令的微调，展现了其强大的性能。

（7）合适的超参数调整：在参数高效微调方法中，适配器模块的大小、学习率等超参数的选择对于模型性能至关重要。例如，对于复杂任务，需要更大的适配器模块来捕捉足够的任务特定信息，而对于简单任务则可以使用较小的模块。在 LoRA 方法中，低秩矩阵的秩值是关键的超参数，过小的秩值会导致模型表达能力不足，而过大的秩值则会增加计算成本。因此，充分实验和调优是必不可少的。

（8）参数高效微调的局限性：研究表明，参数高效微调在简单任务上通常可以达到与全参数微调相当的性能，但在较复杂的任务中，参数高效微调的表现可能不及全参数微调。这是因为复杂任务可能需要对模型的全部参数进行更细致的调整，而参数高效微调仅对部分参数进行优化。

（9）大模型的高效微调研究不足：尽管目前已有多种参数高效微调技术（如 LoRA、适配器微调等）被提出并应用于一些任务中，但大多数研究集中于小型预训练模型。在超大型的语言模型上的系统性、全面性研究仍然相对缺乏，尤其是这些技术在不同规模的模型和任务下的性能表现还需要进一步探索。

4. 应用

参数高效微调技术在 LLM 中得到了广泛应用。以下是一些知名模型系列中参数高效微调的应用情况。

例如，在 LLaMA 系列模型中，Alpaca-LoRA 和 LLaMA-Adapter 是利用参数高效微调进行微调的知名示例；GLM 系列模型采用了适配器微调和 P-Tuning 技术以提高特定任务的表现；Qwen 系列模型则应用了 Prompt-Tuning 与 LoRA 等技术。

5. 相关库或者框架

为了方便研究和开发，以下是一些常用的参数高效微调相关 Python 库或框架。

（1）Hugging Face 的 peft 库：这是一个宝贵的工具，提供了适配器微调、LoRA/AdaLoRA、前缀微调、P-Tuning 和 Prompt-Tuning 等多种参数高效微调技术。该库支持多种主流的 LLM，如 GPT 系列、LLaMA 系列等，以及重要的视觉 Transformer 模型，如 ViT 和 Swin Transformer。

（2）unify-parameter-efficient-tuning 库：这是一个参数高效迁移学习的统一框架，支持适配器微调、LoRA、前缀微调等技术。

1.4.3.2　适配器微调

适配器微调是参数高效微调的一种，由 Google Brain 团队于 2019 年提出，该技术通过在每个预训练 Transformer 模型层中插入小型神经网络（即适配器模块）来实现。在训练时，仅优化这些适配器模块的参数，而冻结原始预训练模型的参数，从而实现了参数的高效利用和模型在多个 NLP 任务之间的参数共享。实验表明，适配器微调只需增加少量参数就能达到微调的效果，且任务可以顺序训练，不会对先前任务产生影响。

> 本质：适配器微调是一种参数高效的迁移学习方法，通过在模型内部为每个下游任务添加少量带有可训练参数的适配器模块，实现对模型的微调，从而避免了为每个下游任务重新训练整个预训练模型。即允许在不改变原始 Transformer 层的情况下，通过引入新的可学习层来调整模型。

1. 核心原理

为预训练模型中的每个 Transformer 层添加一个小的、低维度的适配器模块，并通过压缩和恢复特征向量来减少可训练参数的数量。适配器模块是一个瓶颈结构，先将原始特征向量压缩至较小维度，后接非线性变换，再恢复至原始维度，通过只优化适配器参数，实现减少模型训练参数量。

适配器微调在下游任务训练时，会冻结或固定住原来预训练模型的参数（实现参数共享），只对新增的适配器模块的参数进行微调训练，以实现特定任务。通过少量参数的调整，保持主模型参数不变，使预训练模型能够适应下游任务，同时保持训练的高效性，使得训练的参数量级较小。

2. 模型结构

在每个 Transformer 层的 MHA 层和 FFN 层后添加少量带有新参数的瓶颈型适配器模块。

适配器模块是一个小型神经网络，具体包括一个降维层（down-project，将高维度特征映射到低维特征）、一个非线性层和一个升维层（up-project，将低维特征映射回原来的高维特征），构成一个瓶颈结构。此外，还包含一个跳跃连接结构，确保了在最差的情况下能够退化为本体。初始参数接近单位矩阵，使模块接近恒等变换。

3. 实现策略

常见的实现方式有以下两种。

（1）串行插入：通常在每个 Transformer 层的两个核心部分（即 MHA 层和 FFN 层）之后，以串行方式插入适配器模块。

（2）并行放置：在 Transformer 层中，将适配器模块与 MHA 层和 FFN 层并行放置。

4. 优缺点

适配器微调在参数效率、模型扩展性和资源利用上展现出显著优势。它仅需训练少量的适配器参数，即可大幅降低可训练参数的数量，从而提高训练速度，减少计算资源的消耗，同时还能维持接近全参数微调的性能水平。此外，它支持顺序训练多个下游任务，新任务的添加不会影响已学习的旧任务，展现出良好的扩展性。

然而，该方法也存在不足之处。相较于全参数微调，其在某些任务上可能会有性能的轻微下降，参数间的耦合可能影响模型的稳定性，并且增加了模型结构的复杂度，导致训练和推理的计算量增加。同时，它需要为每个任务设计适配器的超参数，增加了设计的复杂性。目前，适配器微调在文本任务上已经得到了验证，但在其他 NLP 任务上的效果尚待明确，并且引入了额外的推理开销。

1.4.3.3　前缀微调

前缀微调旨在解决传统全参数微调方法在存储开销、泛化能力及个性化需求上的不足。该方法由斯坦福大学团队于 2019 年 1 月提出，主要应用于自然语言生成任务。

前缀微调通过在输入 Token 前添加一段与下游任务相关的虚拟 Token（称为"前缀"），仅更新这些前缀参数，以保持 Transformer 模型的参数稳定。这种方法不仅减少了存储空间的需求，还提高了模型的泛化能力。与适配器微调等轻量级方法相比，前缀微调在保持参数高效的同时，性能更优。它已在 BART 和 GPT-2 模型上得到验证，效果显著。

前缀微调借鉴了 Prompting 思想，通过优化可训练的前缀向量序列，实现对下游任务的定制，而无须修改原始语言模型的参数。

> **本质**：前缀微调的本质是通过学习一个连续的任务特定向量来控制语言模型的生成过程，从而实现对下游任务的适应。它通过添加特定前缀来调整模型的行为，从而对特定任务进行定制。它将一系列连续的虚拟 Token 作为前缀添加到输入中，修改模型的输入表示，使得后续的 Token 可以"看到"这个前缀，从而引导语言模型生成特定任务所需的输出，进而实现对模型的微调。

> **意义**：前缀微调通过仅学习少量额外参数，既降低了存储成本，又保持了模型优秀的泛化能力，并满足了个性化训练的需求，避免了用户数据间的交叉污染。这种方法在有效利用预训练模型的同时，实现了对下游任务的高效微调。

1. 实现原理

前缀微调将前缀视为虚拟 Token，使得语言模型在生成过程中能够关注这些前缀。这个前缀向量是可学习的，并在训练过程中不断优化，以便模型能够生成与特定任务相关的文本。前缀向量会被传递到后续所有层的激活中，从而影响模型的生成结果。为了确保优化过程的稳定性，前缀通过一个小型的 FFN 进行再参数化，即采用重参数化技巧来稳定训练过程。

2. 思路步骤

在模型训练时，在每个 Transformer 层前添加一组可训练的前缀向量（特定于任务），作为虚拟 Token 嵌入，即这些前缀向量对应不同任务的虚拟 Token 嵌入。为了防止直接更新前缀参数导致训练不稳定的情况出现，在前缀层前面加了 MLP（多层感知机）结构（相当于将前缀分解为更小维度的输入与 MLP 组合，再输出结果），训练完成后，只保留前缀参数。

前缀微调采用了 MLP+LSTM（Long Short-Term Memory，长短期记忆网络）的方式来对提示嵌入进行一层处理。即为了增强"指令文本"的连续性，采用一个 MLP+LSTM 的结果去编码指令文本。如图 1.15 所示，这些前缀向量通过一个 MLP 结构映射到一个较小的矩阵，再映射回前缀向量的参数矩阵。在训练过程中，只优化和更新前缀向量的参数，而固定或冻结原始 Transformer 模型中的参数，可实现参数高效微调。微调后，映射函数将被丢弃，只保留派生的前缀向量以提高特定于任务的性能。这样每个新任务只需存储相对较少的前缀参数，大大节省了存储开销。

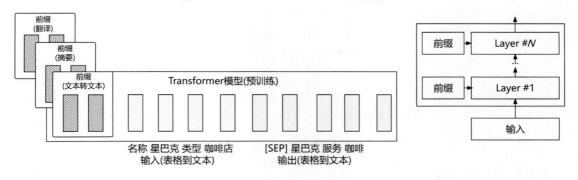

图 1.15　前缀微调结构图

前缀微调通过在输入的开始处添加 k 个位置，并在每个注意力层连接额外的可学习权重，作为键（Key）和值（Value）来实现。这些附加的权重允许模型在微调过程中学习特定任务的上下文和结构。

具体地说，前缀微调将一个可训练的矩阵作为前缀参数，该矩阵中的行向量将作为前缀的激活值。对于输入序列，如果索引在前缀范围内，则采用对应的行向量，否则通过 Transformer 模型计算。训练目标是最大化生成序列的条件概率。

对于注意力头 i，前缀微调通过将可学习的权重 P(i)_key 和 P(i)_value 与键和值连接，计算具有较大的 $L' = L + k$ 的注意力。前缀微调通过在注意力机制的键和值部分添加可学习的权重，使得模型能够更好地捕捉任务特定的模式。

3. 核心特点

（1）重参数化技巧：提出了一种重新参数化的技巧来稳定训练，即通过学习 MLP 映射函数将较小矩阵映射到前缀参数矩阵，来优化前缀向量，而不是直接优化前缀。

（2）仅优化前缀：前缀微调只优化输入序列的连续前缀向量，避免修改整个语言模型。仅训练少量的前缀参数，而原始模型参数固定，因此可训练参数数量大幅减少。

（3）引导生成：前缀向量可看作虚拟 Token，即虚拟的 Token 嵌入，引导后续 Token 的生成，实现对模型生成方向的操控。

（4）模块化支持多任务：为每个任务学习一个前缀，模块化地支持多任务共享一个语言模型。它将任务特定信息封装在独立的前缀向量中，使得同一个语言模型通过存储不同任务的前缀来支持多任务，同时避免数据交叉污染，方便个性化应用。

（5）MLP：通过 MLP 映射可以稳定训练过程。

4. 优缺点

前缀微调是一种针对大型 PLM 的微调策略，其主要优点包括：大幅减少存储空间需求，因为只需训练和优化少量的前缀参数，这些参数仅占全模型的 0.1%；具有较强的泛化能力，因为保留了预训练模型的参数，使得模型在处理未见过的领域时表现更佳；模块化设计允许为每个任务学习独立的前缀，实现多任务共享；提高了模型对特定任务的适应性，同时保持参数效率；前缀向量增加了模型的灵活性，且易于扩展以适应新任务。然而，前缀微调也存在缺点：其表达能力有限，不如全参数微调，尤其在数据充足的情况下性能可能略低；需要仔细调整超参数，如前缀长度和初始化方式；对原始模型的容量有较大依赖，若原始模型容量不足，前缀微调的效果可能受限。

1.4.3.4　P-Tuning

提示微调通过引入可训练的连续提示来替代自然语言提示（即非训练的提示工程技术）。具体实现的算法包括 P-Tuning、Prompt-Tuning、P-Tuning V2 等。

P-Tuning 是一种创新的微调方法，旨在解决 PLM 在自然语言理解（Natural Language Understanding，NLU）任务中因手动设计的离散提示不稳定而导致的性能波动问题。该方法由清华大学和麻省理工学院的研究团队于 2021 年提出。P-Tuning 引入可学习的连续提示嵌入，与传统的离散提示相结合，并将其输入预训练模型中。

P-Tuning 的核心优势在于提高了模型性能的稳定性和整体表现。优化这些连续提示嵌入，使得预训练模型能够更有效地适应下游 NLU 任务，而无须对整个模型进行全参数微调。这种方法在多个 NLU 任务中展现出良好的效果，并且适用于自然语言理解和生成的预训练模型架构，是一种稳定且有效的提示微调算法。

对比理解：P-Tuning 算法和前缀微调的算法相似，都是通过对指令文本进行微调，使其能够更好地挖掘大模型的潜力，从而完成特定任务。但是 P-Tuning 只学习"指令文本"输入层编码的表示。P-Tuning 更侧重用一种自由形式来结合上下文、提示和目标 Token。它通过将特定于任务的提示嵌入与输入文本嵌入相结合，形成增强后的输入，然后将其送入语言模型。

本质：P-Tuning 将可学习的参数引入提示设计中，来弥补离散提示模式固有的不稳定性问题。P-Tuning 是在传统离散提示的基础上，增加了连续的可训练提示嵌入，使得输入具有一定的可学习性，从而缓解离散提示微小变化引起的性能不稳定问题。

意义：P-Tuning 通过将可学习的连续提示嵌入与离散提示相结合来稳定训练并提高性能。经过实验验证，P-Tuning 不仅能提升下游任务的表现，更重要的是，能有效稳定模型训练，使得在使用不同提示模式时表现差异缩小。此外，实验还证明了 P-Tuning 在知识引导、全监督学习和少样本学习等多个任务场景下均比基线方法表现优异。

通过在输入文本中插入一组软提示 Token，来增强输入文本，以解决特定的下游任务。在实践中，可以将特定于任务的提示向量与输入文本嵌入相结合，随后输入语言模型中，用于解决特定的下游任务。

1. 核心原理

P-Tuning 将连续提示嵌入通过提示编码器结合离散提示一起输入 PLM。模型通过反向传播来更新连续提示参数，同时进行下游任务优化，实现对提示模式的学习。

2. 实现结构和实现思路

P-Tuning 的实现结构包括 PLM、提示编码器、连续提示嵌入和离散提示。

P-Tuning 通过将连续提示嵌入与离散提示相结合输入模型中，使用反向传播更新连续提示嵌入，以优化任务目标。为了进一步提升性能，可以使用 LSTM 或 MLP 等提示编码器来建模连续提示嵌入间的依赖关系。

1）构建提示模板

包括离散提示和连续提示嵌入。

离散提示：使用手动设计，将输入数据和标签组织成一个文本序列，例如 "The capital of [INPUT] is [LABEL]."。

连续提示嵌入：P-Tuning 引入可训练的连续提示嵌入，并将其与离散提示拼接在一起，形成一个新的输入序列。例如，如果有一条标注数据"（Britain, London）"，那么重新表述后的文本将是 "The capital of Britain is [MASK]."，其中，"[MASK]" 应该预测给定的标签 "London"。离散提示和离散数据一起被映射到输入嵌入中。

2）编码提示嵌入

可采用 LSTM 或 MLP 等轻量级神经网络作为提示编码器，对连续提示嵌入进行编码，以建模不同提示嵌入之间的依赖关系。

3）执行模型训练

编码后的提示嵌入和输入数据一起被送入 PLM，并通过反向传播更新连续提示嵌入，以优化任务目标。

3. 优缺点

P-Tuning 方法在提高 PLM 适应下游任务的稳定性方面具有显著优势，能够有效减少不同离散提示间的性能差异，尤其在冷启动和热启动模型中表现良好，且在少量示例学习上效果提升。此外，它在多种 NLU 任务上实现了性能的大幅提升，超越了手动和自动搜索的提示方法，同时计算效率高，无须大规模微调。然而，P-Tuning 也存在一些缺点，如需要额外的训练过程来学习连续提示嵌入，这可能会增加训练时间和计算成本。同时，其性能对提示编码器的选择较为敏感，编码器的类型和参数设置可能会影响最终效果。

1.4.3.5 Prompt-Tuning

Prompt-Tuning 是一种针对大型 PLM 的参数高效微调技术，旨在解决模型全参数微调的高成本、过拟合和泛化能力不足的问题，以及提示设计的局限性。该方法由 Google Research 团队于 2021 年提出，通过学习"软提示"来条件化调节冻结的语言模型，使其能够执行特定的下游任务，而不需要更新整个模型。与传统的模型全参数微调相比，Prompt-Tuning 显著降低了计算资源需求，提高了模型的泛化和重复利用能力。尽管在某些基准测试中，Prompt-Tuning 的性能仍略低于全参数微调，但在模型参数规模较大时，其性能已接近全参数微调，尤其是在数十亿级参数规模以上的模型中表现突出。Prompt-Tuning 主要用于文本分类任务，其优势在于灵活性和可扩展性，允许用户通过微调输入提示来引导模型输出，而不是直接修改模型参数。

> 本质：Prompt-Tuning 将输入序列视为一个可学习的参数，并通过优化这个参数来适应特定任务。它通过学习一个可训练的"软提示"来调节冻结的 PLM，即只调整输入提示而不改变模型其他参数。通过将下游任务的定义编码到一个可训练的提示向量中，而保持大模型的参数冻结。在输入时，首先将这个提示向量与输入文本连接，然后通过训练数据微调这个提示向量，使大模型在该任务上有正确的输出。软提示是一个由可学习参数组成的向量序列，它被附加到输入文本中，并通过反向传播进行更新，从而影响模型对输入的理解和输出的生成。这种方法可以看作一种"软"微调，即不更新语言模型的参数，而是更新输入序列来实现任务特定的微调。

1. 核心原理

Prompt-Tuning 的核心原理是利用软提示对模型输出进行条件化。软提示作为模型输入的一部分，通过学习软提示来让模型实现特定任务。在训练过程中，仅通过反向传播更新提示的参数，从而避免重新训练整个模型的参数。这种做法使得提示微调能够高效地利用下游任务的标注数据。

2. 实现结构

如图 1.16 所示，在模型输入层之前添加一个可训练的、参数化的提示嵌入向量表示，即在原始输入词嵌入序列中添加 k 个可学习的连续 Token 嵌入。在训练过程中，仅通过训练来更新这些提示嵌入的参数，而冻结整个原始语言模型参数（即模型的主体结构部分不会发生改变），来实现任务特定的优化。这些额外的 Token 嵌入通过在带标签的任务数据上进行训练来学习。软提示学习作为端到端学习的一部分。模型输入包含文本输入和软提示表示，经模型计算后得到预测，根据预测结果和标签更新软提示。

在输入层，首先将这些可训练的提示嵌入向量（比如长度为 k）与输入文本（比如长度为 L）的嵌入向量结合（长度为 $L+k$），然后将结合后的嵌入向量输入语言模型中，以增强模型在特定任务上的表现。

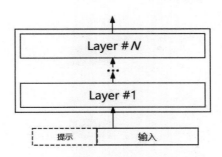

图 1.16　Prompt-Tuning 结构图

3. 实现思路

（1）添加软提示：在输入文本前附加一个可学习的软提示，该提示由一个参数矩阵表示。首先，Prompt-Tuning 将提示转换（表示）为可学习（或参数化）的嵌入向量（$P \times E$ 矩阵，提示长度为 P，嵌入向量维度为 E）；其次，将其与输入文本（$X \times E$ 矩阵，长度为 X）的嵌入向量拼接（$[P \times E; X \times E]$ 矩阵）；然后，将拼接后的输入表示送入模型。

（2）训练模型：通过反向传播训练模型，最大化目标文本的概率，但只更新软提示的参数。其中，在训练过程中，只更新提示的嵌入向量参数 $P \times E$，而冻结模型的其他参数。通过反向传播，使参数 $P \times E$ 适应下游任务，从而实现提示的调节作用。通过调整提示的嵌入向量，可以引导模型学习适合特定任务的表示。

4. 解决多个任务

如图 1.17 所示，展示了使用 Prompt-Tuning 来处理多个任务的原理。左侧部分展示了两个不同的任务，每个任务都对应一个特定的软提示，它们被输入一个冻结的语言模型中。右侧部分展示了在推理阶段，通过切换不同的软提示来处理不同的任务。也就是说，模型本身保持不变，只需要改变输入的软提示，就可以让模型执行不同的任务。这种方法可以有效地提高模型的效率，因为只需要存储一个模型，就可以完成多个任务。

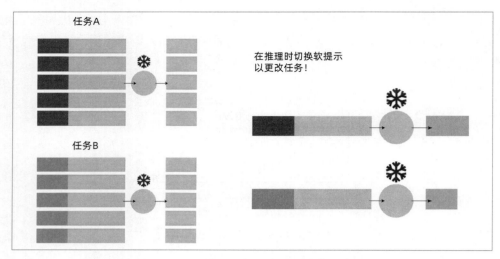

图 1.17　Prompt-Tuning 的多任务实现原理

5. 性能表现

图 1.18 展示了在不同模型参数规模的情况下，四种不同的语言模型微调在 SuperGLUE 数据集上的表现对比。其中，由上至下的四条曲线分别代表多任务微调、全参数微调、Prompt-Tuning、提示工程（Prompt Engineering，PE）。从图中可以看出，随着模型参数规模的增加，又号标记的 Prompt-Tuning 的效果逐渐接近全参数微调的效果，尤其是在参数规模达到 10^{10} 个时，Prompt-Tuning 的效果已经与全参数微调、多任务微调的效果相差无几。这说明，Prompt-Tuning 是一种非常有效的语言模型微调方法，尤其在大模型中，它可以达到与全参数微调相当的效果，同时还能节省训练时间和计算资源。

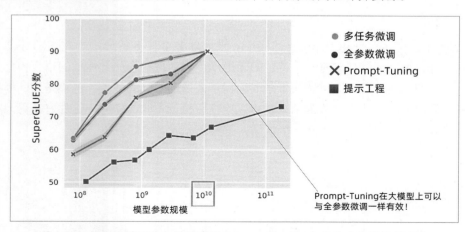

图 1.18　不同规模下的大模型采用 Prompt-Tuning 和其他方法的性能对比

6. 可解释性

图 1.19 展示了软提示的可解释性问题。图中，词语"完全"在高维空间中被表示为一个点，而它在词向量空间中的最近邻词语（如"完全地""总共""完整地""全部地""100%"等）则形成一个语义群，这些词语都具有相似的含义。这表明，虽然软提示本身可能难以直接解释，但它所学习到的词语表示仍然具有语义上的关联性。

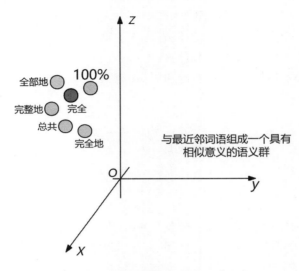

图 1.19　软提示的可解释性：语义群的启示

7. 核心特点

（1）发生在输入层：仅在输入层引入少量可训练参数。专注于优化输入提示，而不是改变模型的内部参数。对底层语言模型的参数进行冻结，实现参数高效微调。

（2）可训练的提示/可学习的提示嵌入：与 GPT-3 的手工设计提示不同，提示向量是可训练的。即 Prompt-Tuning 将提示转换为可学习的嵌入层。

（3）初始化策略：Prompt-Tuning 可以采用不同的初始化策略，如随机词嵌入、分类标签词嵌入和随机初始化。

8. 优缺点

Prompt-Tuning 是一种高效的微调技术，它在保持 PLM 参数不变的情况下，仅通过更新少量的提示参数来适应下游任务，从而显著降低了计算和存储成本。这种方法提高了计算效率，并且在模型规模较大时，能够接近甚至超越全参数微调的性能。它的优势在于参数效率、资源节省、鲁棒性、可扩展性和灵活性，使得模型在领域迁移和新任务适应上更为稳健。然而，Prompt-Tuning 也存在一些缺点，如提示设计的复杂性、对底层模型能力的依赖、可解释性差和性能局限性，尤其在小规模模型上可能不如全参数微调表现好。

1.4.3.6　P-Tuning V2

P-Tuning V2 是一种深度提示微调方法，由清华大学研究团队于 2021 年 10 月提出，旨在解决 PLM 在 NLU 任务中的全参数微调问题，如内存消耗大、存储需求高。相较于早期的提示微调技术如 Prompt-Tuning 和 P-Tuning，P-Tuning V2 通过优化减少了存储和内存使用，并克服了它们在中小规模模型和复杂序列标注任务上的局限性。该方法通过深度提示微调增加了可调参数量，并使模型预测更加直接。P-Tuning V2 在各种模型规模（3.3亿～ 100 亿个参数）和 NLU 任务中展现出与全参数微调相媲美的性能，仅使用 0.1%~3%的可训练参数，验证了其在 NLP 领域的通用性，并成为全参数微调的一个高效替代方案，为后续研究提供了重要基准。

> *本质：P-Tuning V2 将连续提示应用于预训练模型的每一层，而不仅仅应用于输入层。通过在预训练模型的每一层都插入可训练的连续提示嵌入，增加提示的容量，从而大幅缩小与全参数微调之间的性能差距。这种方法在较大的模型和复杂任务上尤其有效。*

1. 核心思想

P-Tuning V2 的主要创新在于引入了更多任务特定的可调参数，并使这些参数在模型深层发挥作用，从而有效地影响模型预测。这种方法特别适用于理解任务，为不同尺度的 NLU任务提供了普适的解决方案。

2. 实现原理

P-Tuning V2 在预训练模型的每一层都添加了连续提示，增加了可训练参数的数量，并使提示对模型预测的影响更加直接。该方法包含一些关键的优化和实现细节。

1）多层深度提示

在每一层都插入训练的提示，而不仅仅是输入层，从而增强提示的参数容量（增加可学习参数）和影响力（深层结构带来更直接的影响），缩小与全参数微调之间的性能差距。

2）优化细节

包括重参数化、提示长度的选择、跨任务学习等。采用可选的重参数化编码器（MLP），用于转换可训练嵌入；针对不同 NLU 任务设计不同的提示长度；通过共享连续提示，实现多任务的联合优化。

3）分类头

使用随机初始化的分类头代替语言建模头，以提高序列标注任务的兼容性。在监督学习环境下，使用线性分类头替代语言模型头进行分类。

4）深度提示微调两大好处

深度提示微调可以带来更多可学习的参数（从 P-Tuning 和 Prompt-Tuning 的 0.1% 增加到最高 3%）。通过在更深层结构中加入提示，能够对模型预测产生更直接的影响。由于中间 Transformer 层包含许多非线性激活函数，因此提示所处的 Transformer 层越深，它对输出预测的影响就越直接。

图 1.20 比较了两种提示微调的不同工作机制，以及它们在 Transformer 模型中的应用。

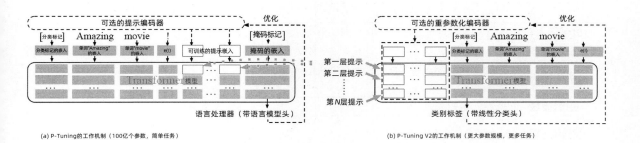

图 1.20　P-Tuning 和 P-Tuning V2 的工作机制对比

图 1.20（a）展示了 P-Tuning 的工作机制，主要用于简单任务。输入是带有提示的序列，包含了实际输入文本的嵌入（例如 [CLS] Amazing movie！[MASK]）。灰色方块代表冻结的 Transformer 模型层，它们的参数在训练过程中保持不变。黑框方块代表可训练的提示嵌入，它们是通过微调引入的，这些提示向量作为任务特定的可训练参数。在输出阶段，"[MASK]"对应位置的输出通过语言模型的头部来预测具体的类别或标签。

图 1.20（b）展示了 P-Tuning V2 的工作机制，用于更大参数规模和更多任务。P-Tuning V2 不仅在输入阶段引入了可训练的提示嵌入，还在每一个 Transformer 层的输入中加入了分层的提示嵌入，并独立于其他层（而不是由之前的 Transformer 层计算）。黑框方块代表每一个 Transformer 层的可训练提示嵌入。它们通过重参数化的方式，在每个 Transformer 层增加任务特定的可训练信息。同样，Transformer 模型的权重被冻结，仅提示嵌入被优化。最终通过线性分类头来预测任务的标签。

总的来说，两者的核心部分保持冻结，仅通过对可训练提示进行优化来适应不同的任务。但是，P-Tuning V2（可应用在每一层）是对 P-Tuning（仅应用在输入层）的改进，它通过在模型的不同层次添加前缀提示来优化模型性能。与 P-Tuning 相比，P-Tuning V2 通过在各个层引入可调节的提示参数，使得模型在处理特定任务时更加高效。这些提示不仅增加了可调节参数的数量（从 0.01% 增加到最高 3%），还通过在更深层添加提示，使得这些提示对模型预测的影响更加直接。通过这种深度提示微调，P-Tuning V2 在保持参数效率的同时，提高了每个任务的处理能力。

P-Tuning 和 P-Tuning V2 是两种基于提示嵌入的微调方法，它们在嵌入位置、优化目标和适用范围等方面各有特点。为了帮助研究者更好地理解这两种方法的差异和应用场景，表 1.14 对比列出了两种方法的提示嵌入位置和结构、优化目标、可选模块及适用范围，旨在为研究者在选择合适的微调方法时提供参考和指导。

表 1.14　P-Tuning 与 P-Tuning V2 方法比较

	P-Tuning	P-Tuning V2
提示嵌入位置和结构	在输入序列的前面插入一组可训练的提示嵌入，这些嵌入在整个模型中是统一的	将可训练的提示嵌入扩展到模型的多个层中，影响模型的各个层
优化目标	主要用于简单任务，通过语言模型头进行输出优化	适用于更大规模和更多任务，通过线性分类头进行分类标签的优化
可选模块	可选提示编码器	可选重参数化编码器
适用范围	适合简单任务和中等规模模型	更通用，适用于大多数任务和更大参数规模的模型

3. 性能表现

（1）在不同参数规模模型和各类序列标注 NLP 任务上，P-Tuning V2 都能达到或超过全参数微调的效果，仅需更新模型中少量参数，便能显著减少训练时间和存储空间。

（2）在硬序列标注任务上，P-Tuning V2 明显优于之前的提示微调技术，展现出更强的通用性。

（3）可选的多任务学习方式可以为 P-Tuning V2 带来进一步的性能提升。

4. 优缺点

P-Tuning V2 具有显著的优势，仅需微调少量参数，便能大幅降低计算和存储开销，减少训练内存消耗，并缩小推理时的存储空间。然而，P-Tuning V2 也存在一些缺点，如确定最佳提示长度需要通过实验来调整，且对于特定任务可能需要精细的参数调整。此外，重参数化编码器在某些 NLU 任务中可能效果不明显，甚至可能产生负面效果。

1.4.3.7　LoRA

近年来，随着 LLM 的规模不断增大，全参数微调变得越发困难，存储和部署成本也急剧上升。为了解决这一问题，Microsoft 研究团队于 2021 年提出了 LoRA 技术。LoRA 是一种轻量级的参数高效微调技术。它通过在 Transformer 模型的每一层注入可训练的低秩分解矩阵，并冻结预训练模型权重，从而将大型预训练模型的参数矩阵分解为两个低秩矩阵的乘积。

在微调过程中，只需调整这两个低秩矩阵，便能大幅减少可训练参数的数量，降低计算和存储需求。LoRA 的核心假设是在模型迁移过程中，参数更新具有"内在低秩"特性，使得低秩矩阵能够很好地近似这种差异。该方法不仅降低了训练的复杂性，还保持了模型性能。

> **本质**：LoRA 利用了低秩分解的特性，即可以将原始权重矩阵的更新近似表示为两个较小矩阵的乘积，用以模拟全参数微调的过程。实质上是对语言模型中关键的低秩维度进行针对性的更新，而不是整个原始权重矩阵更新。

> **意义**：LoRA 不仅可以显著减少训练参数，降低训练、存储和部署成本，还通过较少的参数量保持了模型性能，尤其是在资源受限的环境中，成为参数高效适应策略的一个重要趋势。

1. 核心原理

LoRA 对预训练权重矩阵进行低秩分解，在每个 Transformer 层的权重矩阵旁边注入（或施加）可训练的低秩分解矩阵，只训练这些分解矩阵，而冻结预训练模型的参数。权重更新可表示为原权重矩阵与低秩分解矩阵的乘积之和。

2. 实现结构

如图 1.21 所示，LoRA 被应用于 MHA 层和 FFN 层，通过并行插入低秩矩阵（如 A 和 B），从而实现对模型的微调。在部署时，可以将 A 和 B 直接合并到 W 中进行推理，因此推理时可以避免额外延迟。

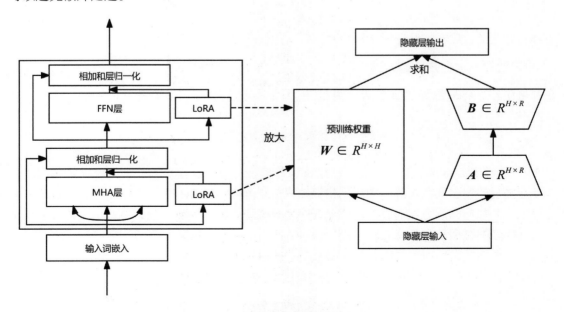

图 1.21　LoRA 微调结构在神经网络中的应用

LoRA 假设原始模型的权重矩阵可以表示为两个低秩矩阵的乘积，它通过冻结原始预训练模型的权重矩阵 W_0，仅对分解矩阵进行训练，核心是采用低秩分解矩阵 ΔW 实现近似参数更新。这种重新参数化的方法可以应用于神经网络的任何一部分权重矩阵，而在 Transformer 架构中，自注意力模块中有 4 个权重矩阵（W_q，W_k，W_v，W_o），MLP 模块中有两个全连接层的权重矩阵（W_{in}，W_{out}）。大多数情况下，LoRA 仅对自注意力模块的权重矩阵进行调整，以适应下游任务的需求，并冻结 MLP 模块。这是因为 MLP 模块捕捉的是通用特征，通常不需要为下游任务进行调整。通过只微调自注意力模块的权重，LoRA 能够简化模型微调的复杂性并提高参数效率。

> 注意：首先要创建一个与冻结权重尺寸相同的矩阵。然后将其添加到原始权重中，并在模型中替换它们后使用这些更新的值。

1）低秩分解

在优化参数矩阵 W 时，LoRA 更新过程的一般形式如下：

$$W_{d \times k} = W_0 + \Delta W, \quad \Delta W \approx B_{d \times r} \times A_{r \times k}, \quad r < \min(d, k)$$

其中，ΔW 是通过低秩分解得到的两个矩阵的乘积，A 和 B 是用于任务适应的可训练参数，并且 A 和 B 的秩（r）远小于 W_0，这样可以显著减少需要调整的参数数量。

秩的本质理解：如果一个矩阵 A 的秩是 r，这意味着 A 中有 r 个线性无关的行（或列）。

2）训练阶段——冻结预训练权重

在训练过程中，W_0 被冻结，只更新 A 和 B；开始时，采用随机高斯分布初始化 A，采用零矩阵初始化 B，这样能保证训练开始时，新增的通路 $B \times A = 0$，从而对模型结果没有影响。

3）推理阶段——合并权重

在部署阶段，将训练好的 A 和 B 合并到 W_0 中，得到最终的权重矩阵 W，并且不会引入额外的推理延迟。

3. 实现步骤

图 1.22 展示了 LoRA 的原理，包括冻结预训练模型、注入低秩矩阵、训练低秩矩阵权重，以及在推理阶段将低秩矩阵的乘积加到原始权重矩阵中。LoRA 通过冻结预训练模型的大部分权重，并在自注意力层前面注入两个低秩分解矩阵（B 和 A），仅训练这两个矩阵的权重来实现模型的微调。

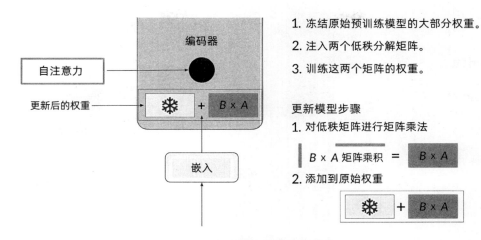

图 1.22 LoRA 原理图解

表 1.15 详细阐述了 LoRA 在训练阶段、推理阶段的具体实施步骤，并通过与全参数微调模型的对比，展示了 LoRA 在保持高效参数调整的同时，如何实现接近全参数微调的性能。

表 1.15 LoRA 在训练阶段和推理阶段的实施细节

阶段	实施步骤
训练阶段	主要包括三个步骤：冻结、注入和训练。 ①冻结：在训练开始时，利用预训练模型的权重矩阵 W_0 初始化模型参数。大部分原始模型权重保持冻结状态，即这些权重在训练过程中不更新，从而保持预训练模型的原始性能。 ②注入：引入两个低秩矩阵 A 和 B，并将它们插入模型的自注意力机制中。通过低秩矩阵的注入，模型可以在保持大部分权重不变的情况下，进行特定任务的微调。 ③训练：在微调过程中，仅对低秩矩阵 A 和 B 的参数进行训练，而不改变预训练模型的原始权重矩阵 W_0。这种方式确保了模型的核心能力得以保留，同时通过对低秩矩阵的调整来适应新的任务
推理阶段	推理阶段的关键步骤利用在训练阶段获得的低秩矩阵 A 和 B 来调整模型的输出。 ①矩阵乘法：将注入的低秩矩阵 B 和 A 进行矩阵乘法，计算出 $B \times A$。 ②加到原始权重：将计算得到的 $B \times A$ 加到原始模型的权重矩阵 W_0 上，从而在推理时实现对模型权重的更新。这一过程相当于对自注意力层的权重进行更新

4. LoRA 的应用

如图 1.23 所示，在特定任务中应用 LoRA 技术时，不同任务（如任务甲或任务乙）会对应训练一组不同的（或独立的）低秩矩阵权重。这些矩阵在推理之前可以被动态地添加到原始权重中，直接实现对模型的适应。

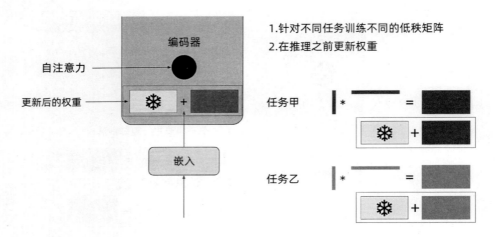

图 1.23 LoRA 针对不同任务的应用

由于存储低秩矩阵所需的内存相对较小，这种方法允许在不需要存储多个完整尺寸版本的 LLM 的情况下，通过训练较小的低秩矩阵来适应多个不同任务，大大减少了计算资源和内存的消耗。

1）LoRA 是如何降低参数个数的

通过 LoRA 技术可以减少 Transformer 模型的可训练参数量。以 Vaswani 等人在 2017 年提出的基础 Transformer 模型为例，其权重矩阵（可以是注意力层中的 Query、Key 或 Value 权重矩阵之一）的维度为 $d_{model} \times d_k = 512 \times 64$，总共有 32 768 个可训练参数。

而在 LoRA 中，假设秩（r）为 8，将权重矩阵分解为两个低秩矩阵 A 和 B，其中 A 的维度为 $r \times d_k = 8 \times 64 = 512$，$B$ 的维度为 $d_{model} \times r = 512 \times 8 = 4\ 096$。两者相加，LoRA 微调只需训练 4 608 个参数，仅占原始模型 14% 的参数量，减少幅度高达 86%，大大提高了训练效率。

2）在 LoRA 中如何选择秩的大小

秩值常选为 4、8、16、32 等。研究显示，当秩 ≥ 16 时，模型损失值达到稳定状态，增加秩值并不能进一步提升性能。图 1.24 展示了在 LoRA 中选择秩的大小的重要性。表中列出了不同秩值下的验证损失（val_loss）和多种评估指标（如 BLEU、NIST、METEOR、ROUGE_L、CIDEr）的得分情况。

研究显示，较大秩值的有效性在某种程度上会出现瓶颈，即随着秩值的增加，模型性能的提升趋于平稳。

秩值	val_loss	BLEU	NIST	METEOR	ROUGE_L	CIDEr
1	1.23	68.72	8.7215	0.4565	0.7052	2.4329
2	1.21	69.17	8.7413	0.4590	0.7052	2.4639
4	1.18	**70.38**	**8.8439**	**0.4689**	0.7186	**2.5349**
8	1.17	69.57	8.7457	0.4636	**0.7196**	2.5196
16	**1.16**	69.61	8.7483	0.4629	0.7177	2.4985
32	**1.16**	69.33	8.7736	0.4642	0.7105	2.5255
64	**1.16**	69.24	8.7174	0.4651	0.7180	2.5070
128	**1.16**	68.73	8.6718	0.4628	0.7127	2.5030
256	**1.16**	68.92	8.6982	0.4629	0.7128	2.5012
512	**1.16**	68.78	8.6857	0.4637	0.7128	2.5025
1024	1.17	69.37	8.7495	0.4659	0.7149	2.5090

图 1.24　LoRA 秩值选择的有效性与瓶颈分析

5. 优缺点

LoRA 以其高效的参数效率、高性价比和灵活性在 LLM 微调中显示出显著优势。通过低秩分解，LoRA 大幅减少了可训练参数的数量，降低了硬件要求。例如，在 ChatGLM 模型中，可训练参数数量降至原始参数的 0.0586%，显著降低了计算成本和内存需求。此外，LoRA 在推理时不会引入额外的延迟，且任务切换成本低，只需更换低秩矩阵，即可适应不同的下游任务，同时保持预训练知识。LoRA 的灵活性体现在其易于与现有模型集成，并且可以根据重要性分数分配或最优秩选择来设置秩。然而，LoRA 也存在一些缺点，如性能可能略低于全参数微调、实现复杂度较高、低秩假设可能不适用于所有的任务，以及部署时可能限制批量处理能力。此外，LoRA 需要启发式选择权重矩阵和设计合理选择秩的方法，这些都是其局限性所在。

尽管如此，LoRA 已被广泛应用于开源 LLM，如 BLOOM、LLaMA 和 ChatGLM，证明了其在参数高效微调领域的广泛性和实用性。

6. 优化改进

QLoRA 和 DoRA 是 LoRA 的两种扩展方法，旨在优化 LLM 的微调过程。两者都致力于提高效率和性能，但采取的策略不同。QLoRA 侧重于通过量化技术减少内存占用和计算成本，而 DoRA 则通过权重分解策略提升模型的学习能力和微调效率。两者在各自的应用场景中均展现出了相对于 LoRA 的显著改进。

7. 经验总结

1）秩值的选择

LoRA 微调的效果与秩值的选择密切相关。合理的秩值选择方法需要进一步研究。一个可能的方向是根据权重矩阵的结构和重要性分数来动态分配秩，这样可以避免通过大量搜索来找到最佳秩配置。

2）应用层的选择

在实践中，LoRA 通常应用于模型的自注意力层以实现微调任务，这已经能够显著提高模型的性能。这是因为自注意力层在大多数 LLM 中包含了大量参数，因此在这一层使用 LoRA 能够最大化地减少训练参数，从而节省计算资源。当然，LoRA 也可以应用于模型的其他部分，如 FFN 层，但效果通常不如在自注意力层显著。

3）实战中的经验选择

在实战代码中，经常设置 LoRA_trainable="q_proj,v_proj"，这是由于 q_proj 和 v_proj 是注意力机制中最重要的部分，它们对模型的性能有显著影响，并且根据 LoRA 论文可知，只训练前两个矩阵即可。在实际应用中，只对 q_proj 和 v_proj 进行适配常常已经能够达到令人满意的性能，因此没有必要对所有的投影矩阵进行适配。

1.4.3.8　常用的参数高效微调方法对比

图 1.25 展示了标准的全参数微调和不同参数高效微调在 Transformer 模型中的应用。左上角展示了传统的全参数微调方法，通过完全调整 Transformer 模型以实现特定任务。右上角展示了适配器微调，通过在每一层插入额外的可训练层来实现微调。左下角展示了前缀微调，这种方法通过在预训练的 Transformer 模型前添加特定任务的前缀来实现参数高效微调。右下角展示了利用 LoRA 训练低秩矩阵，从而减少需要调整的参数量。

图 1.26 展示了四种参数高效微调在 Transformer 模型中的应用。图 1.26a 属于适配器微调，通过在 MHA 层和 FFN 层之间插入适配器模块，实现参数高效微调。图 1.26b 属于前缀微调，通过在每一层前添加特定任务的前缀来调整模型。图 1.26c 属于提示微调，直接在输入前添加提示，引导模型产生特定输出。图 1.26d 属于 LoRA，通过在每一层添加低秩矩阵调整权重，实现参数的低秩近似。

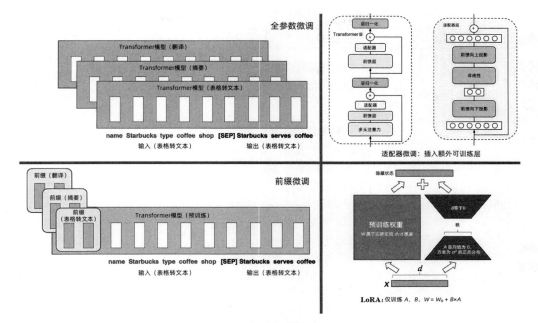

图 1.25　全参数微调与多种参数高效微调对比

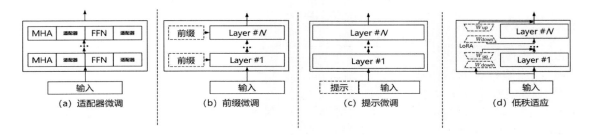

图 1.26　四种参数高效微调技术对比

总的来说，前缀微调通过在输入文本中添加特定任务的前缀来增强模型的表现。这些前缀作为可训练参数，与冻结的 Transformer 模型结合使用，以适应不同的任务需求。P-Tuning采用自由形式，通过组合上下文、提示和目标 Token 来增强输入文本。它使用 MLP（或双向 LSTM）来学习软提示 Token 的表示，与前缀微调相似，但具有更大的灵活性。Prompt-Tuning 是在输入前直接添加提示，这种方法因为只需要微调极少量的参数（约0.65%），相比起在所有层增加参数的前缀微调和 LoRA，显得更加高效。P-Tuning V2 结合了前缀微调和 Prompt-Tuning 的优点，将分层提示向量集成到 Transformer 架构中，通过多任务学习，它在多个层次上进行联合优化，被证明在各种参数规模下能有效提 NLU任务的性能。几种参数高效微调的具体对比如表 1.16 所示。

表 1.16　适配器微调、前缀微调、Prompt-Tuning、LoRA 的多维度对比

维度	适配器微调	前缀微调	Prompt-Tuning	LoRA
可训练参数	仅更新插入的适配器参数，同时冻结原始预训练模型参数	仅更新插入的前缀向量参数，同时冻结原始预训练模型参数	仅更新提示嵌入参数——软提示，同时冻结原始预训练模型参数	仅更新插入的低秩分解矩阵的参数（两个小矩阵），同时冻结原始预训练模型参数
核心思想	通过引入适配器模块对 Transformer 层进行修改，使模型在不改变原始参数的情况下适应特定任务	使用一组任务特定的前缀向量来调整模型的表现。训练 MLP 映射函数来优化前缀向量，并在训练后仅保留这些前缀向量。为了优化前缀向量，提出了一种重参数化技巧，即学习一个 MLP 函数，该函数将一个较小的矩阵映射到前缀参数矩阵，而不是直接优化前缀。这种技巧有助于稳定训练。优化后，映射函数会被丢弃，只保留导出的前缀向量以增强任务特定性能	利用可训练的提示向量（软提示）增强输入，结合上下文、提示和目标 Token 来训练模型	通过冻结原始参数矩阵，仅对低秩分解矩阵进行训练，显著减少模型的可训练参数数量和存储开销
实现方式	使用瓶颈架构将原始特征向量压缩到更小的维度，经过非线性变换后再恢复到原始维度，并在 Transformer 层（如 MHA 层和 FFN 层）中串行或并行插入适配器模块	在 Transformer 每一层之前添加一组可训练的前缀向量，这些向量经过小矩阵到前缀参数矩阵的映射函数优化	在输入文本前加上软提示 Token，将任务特定的提示嵌入与输入文本嵌入结合，并输入到语言模型中进行训练	将参数矩阵的更新表示为两个低秩矩阵（A 和 B）的乘积，仅对 A 和 B 进行优化，并且只需保存原始模型和多个任务特定的低秩分解矩阵

维度	适配器微调	前缀微调	Prompt-Tuning	LoRA
优点	①显著减少微调时的训练参数数量。②适配器模块可轻松插入现有模型中	①任务特定的前缀向量能增强模型表现。②使用小矩阵映射优化前缀向量,训练更稳定	①易于实现和调整。②训练参数少,计算开销小	①显著减少可训练参数和存储需求。②只需保存单一大模型副本和多个任务特定的低秩分解矩阵。③可以灵活适应多种下游任务
缺点	需要为每个任务训练和存储不同的适配器模块	仅适用于需要显式前缀的任务	性能高度依赖于底层语言模型的容量和表现	①低秩分解的选择需要仔细调优。②对复杂任务的性能可能不如全参数微调
适用场景	适用于在不改变原始模型参数的情况下进行任务特定调整的场景,广泛应用于自然语言理解和生成任务	主要用于 NLU 任务,并支持多任务学习来优化共享前缀。适用于小模型	适用于自然语言理解和生成任务的多种架构,并依赖于底层语言模型的容量	广泛应用于开源 LLM 进行参数高效微调,尤其适用于需要减少内存和存储开销的场景。适用于不同规模的模型

1.5　模型推理与优化

在现代 NLP 系统中,模型推理的效率与效果直接关系到应用的性能和用户体验。因此,理解和优化模型推理过程不仅对学术研究至关重要,对实际产品的开发同样具有重要意义。本节将深入探讨模型推理的基本概念、关键技术及其优化策略,旨在帮助读者掌握提升推理性能的有效方法。

本节将系统性地探讨模型推理与优化的各个方面,帮助读者深入理解如何通过有效的技术手段来提升 NLP 系统的推理性能,从而在实际应用中获得更好的效果。

1.5.1　模型推理概述

模型推理是模型投产的关键环节,它发生在模型训练之后,旨在利用已训练好的模型对新输入数据进行预测或生成输出。这一过程对 LLM 尤为重要,因为它直接影响到模型的应用效果和用户体验。在大模型推理中,面临的主要挑战包括确保模型精度和追求高效的推理性能。推理阶段的核心任务是将输入数据(如文本序列)转换为相应的输出,如文本生成、分类、翻译、问答等。这一阶段与训练阶段的目标不同,即不再学习参数,而是使用已学习的参数处理新数据。在模型推理过程中,重点关注的指标包括准确性、效率、延迟和资源利用率。

模型推理的主要内容包括以下几个方面。

1. 推理过程

（1）输入处理：将用户输入的文本转换为模型能够理解的格式。对于 LLM，需要将其转换为 Token ID 序列，这通常涉及分词、编码等步骤。

（2）执行模型：将处理后的输入数据送到预训练好的 LLM 中，LLM 会根据其内部参数进行前向传播，依次经过模型各层的计算，生成中间表示，最后计算输出。这一步通常涉及对输入向量的矩阵运算，包括多层神经网络的权重和激活函数的应用，计算量巨大，是推理阶段最耗时的部分。

（3）输出解码：将模型生成的中间表示转换为人类可读的文本。这可能涉及解码算法（如 beam search、greedy search、nucleus sampling）的选择，不同的解码算法会影响输出文本的质量和多样性。

（4）输出处理：将模型的原始输出转换为用户可理解的形式。例如，将概率分布转换为实际的单词或句子。

（5）后处理：对解码后的文本进行一些额外的处理。例如，纠正语法错误、调整格式等。

2. 推理的挑战

（1）延迟：模型推理的时间延迟对于实时应用（如对话系统）至关重要。

（2）资源消耗：在推理过程中需要考虑内存和计算资源的使用，尤其是在大模型（如 GPT-3 或更高版本）中。

（3）可扩展性：在面对大量请求时，如何保持推理性能是一个重要问题。

3. 性能优化

性能优化是指在不牺牲准确性的前提下，提高推理速度和效率，最大化吞吐量。当前优化模型推理最主要的技术有以下三个层面。

（1）算法层面：包括 FlashAttention、KV 缓存、猜测解码等方法，以及量化、剪枝、知识蒸馏等模型压缩技术。其中，FlashAttention 优化注意力机制，以将复杂度从二次降到线性，从而提高训练和推理速度。

（2）软件层面：计算图优化和模型编译技术。

（3）硬件层面：采用 NVIDIA GPU 或者 TPU 进行推理。

4. 推理实现

（1）CLI 方式：包括两种，一种是使用原生 Transformers 推理接口的 Transformers 方式，另一种是拥有丰富量化选项和高效的本地推理能力的 LLaMA.cpp 方式。

（2）GUI 方式：包括 text-generation-webui、LangChain、Colab Gradio 和 LLaMAChat 等框架。

· text-generation-webui：用于搭建前端 Web 界面。

· LangChain：集成 Chinese-Alpaca 的框架，支持二次开发。

· Colab Gradio：在 Colab 上启动基于 Gradio 的交互式 Web 服务，以便体验模型效果。

· LLaMAChat 客户端：提供交互窗口用于模型操作。

5. 经验总结

（1）缓存策略：对于重复的输入请求、相似的上下文，或者经常被访问的中间结果，利用缓存机制来存储和复用以前的推理结果，避免重复计算，从而减少计算量。

（2）批量推理：利用现代硬件的并行处理能力，将多个输入数据合并为一个批次同时进行推理，可以显著提高计算效率，尤其是在 GPU 等并行计算平台上。

（3）选择合适的解码算法：不同的解码算法在速度和质量方面要权衡。需要根据具体的应用场景选择合适的解码算法。例如，在需要快速生成文本的场景中，可以使用 greedy search；在需要高质量文本的场景中，可以使用 beam search 或 nucleus sampling。

（4）硬件加速：使用 GPU、TPU 等专用硬件，可以显著加快推理速度。

（5）动态计算图：使用框架支持的动态计算图（如 PyTorch），允许根据输入的不同动态构建计算图，从而提高灵活性和效率。

1.5.2　推理阶段可调参数

在模型推理阶段，为了控制文本生成的内容和质量，我们通常会调整一系列参数，如表 1.17 所示。这些参数包括最大长度（max_length）、温度（temperature）、top_k、核采样（top_p）等，它们各自在生成文本的准确性、一致性、随机性、多样性和创造性方面发挥着重要作用。一般而言，max_length 参数实际上是对生成的 Token 数量的硬性限制，它确保了模型输出的长度不会超过预设的界限，但这并不意味着模型输出总是达到这个长度，因为模型会在认为文本完成时自然停止，或者遇到预定义的停止序列时结束生成。在参数设置上，通常建议单独调整 temperature 或 top_p 中的一个，以避免参数间的相互干扰，导致控制效果的复杂化。此外，像 temperature 这样的参数之所以用在推理阶段调节，而非训练阶段，是因为模型在训练阶段会以确定性方式（即选择条件概率最高的 Token）来输出下一个 Token，推理阶段则可以根据需要调节该参数来控制生成文本的多样性，以适应不同的应用场景。

表 1.17　推理阶段常用的可调参数

参数名称	意义	设置经验
max_length	控制生成文本的最大长度（Token 数量）	根据任务和预期输出长度设置。比如 ChatGLM 最大输出为 8192，默认值为 1024。 ①过短则可能导致文本不完整。 ②过长则可能导致冗余或生成质量下降。一般都是为了避免过长而设置的
temperature	控制生成文本的随机性。 ①值越低，生成的文本越确定、可预测、更保守，但可能缺乏创造力。 ②值越高，生成的文本越随机且多样化，具有创造性，但可能出现不相关的或无意义的内容	通常在 0 到 1 之间取值。如 ChatGLM 默认值为 0.95。 ①较小的值（如 0.2~0.5）适合需要准确性和一致性的任务，如机器翻译、事实性问答等。 ②较大的值（如 0.7~1.0）适合需要创造性和多样性的任务，如故事生成或诗歌创作，需要根据具体任务进行调整
top_k	控制生成文本的多样性。在每个步骤中，只考虑概率最高的 k 个 Token 进行随机采样	通常设置为 1 到 40 之间的值。 ① top_k 值越小，响应越快，生成的文本可能更连贯，但多样性越低。 ② top_k 值越大，多样性越高，但可能出现不相关的或无意义的内容
top_p	与 top_k 类似，控制生成文本的多样性，但比 top_k 更灵活，可以更好地控制生成文本的质量。在每个步骤中，只考虑在累积最高概率达到一定阈值的 Token 词汇中进行随机选择	取值范围是（0，1），通常设置为 0.9 到 1.0 之间的值，可以保持较高的响应相关性和多样性，如 ChatGLM 默认值为 0.7。 ① top_p 值越小，生成的文本越连贯。 ② top_p 值越大，生成的文本多样性越高
repetition_penalty	控制生成文本的重复性。对重复出现的 Token 进行惩罚，降低其被重复选择的概率	通常设置为 1.0 到 2.0 之间的值。值越大，惩罚越强，减少重复，但可能限制模型的流畅性和创造力

1.5.3　模型推理加速技术

模型推理加速技术是为了应对 LLM 在实时应用场景中的效率挑战而发展起来的。由于这些模型拥有大量参数，在消费者级别的硬件上处理长序列或高并发请求时，推理延迟可能会过长，从而影响用户体验和应用需求。因此，推理加速技术致力于降低延迟和计算成本，提升推理速度，同时保持模型输出的准确性和质量。这些技术包括减少计算量、内存占用和推理时间，提高响应速度，对于确保大模型在资源受限的环境（如边缘计算设备和移动设备）中高效、稳定地运行至关重要。

1. 核心内容

（1）模型压缩：减少模型的大小和计算量，如知识蒸馏、量化和剪枝等，如图 1.27 所示。

（2）计算优化：优化模型的计算过程，如采用更有效的算法、并行计算等。

（3）软件优化：优化软件框架和库，如使用高效的线性代数库、内存管理策略等。

（4）硬件加速：利用专门的硬件，如 GPU、TPU 等，来加速模型推理。

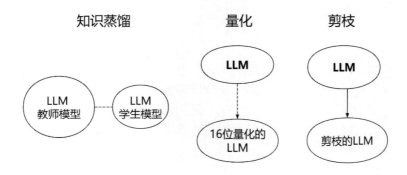

图 1.27　三种常见的 LLM 优化技术：知识蒸馏、量化和剪枝

2. 常用方法

1）模型量化技术（Quantization）——减小模型原始尺寸

模型量化是一种将模型的权重参数从高精度浮点数（如 FP32）转换为低精度格式（整数或浮点数，如 INT4、INT8 或 FP16）的技术。这种精度的降低可以显著减少模型的内存占用和计算需求，从而加快模型的执行速度并降低功耗，尤其在边缘设备和移动平台上更为显著。量化技术的核心在于通过降低数据表示的精度来减少计算量，同时尽可能保持模型性能不受影响。例如，使用 INT8 量化可以将模型大小减小原来的 1/4，同时保持较高的精度。然而，过低的量化精度则可能导致精度损失。

2）模型剪枝技术（Pruning）——降低模型复杂度，减少存储需求

模型剪枝是一种通过识别和移除模型中不太重要的权重来降低模型复杂度和尺寸的技术。通过减少或删除对整个模型性能贡献不大的冗余参数（例如非常接近或等于 0 的权重），模型剪枝可以缩短推理时间，减少存储需求，这对于在计算资源有限的环境中部署模型尤其有利。剪枝技术的关键在于选择性地删除对模型性能影响不大的权重，以在保持模型性能的同时缩小模型规模。然而，这需要仔细选择剪枝策略，以避免过度剪枝导致精度损失。

3）模型蒸馏技术（Distillation）——不改变模型原始尺寸

模型蒸馏是一种通过训练一个较小的模型（学生模型）来复制或模仿一个较大且更复杂的模

型（教师模型）行为的技术。学生模型首先会在统计上模仿教师模型的行为，然后使用较小的模型进行推理，以降低存储和计算预算。蒸馏后的模型能够保留原始模型的大部分知识和能力，同时在计算效率和模型大小上更具优势。这种技术特别适合需要实时响应的应用场景，因为它能提供接近原始模型的性能，同时大幅降低计算成本。

4）并行推理

在多核 CPU 或 GPU 上并行处理多个请求，以提高吞吐量。这种方法尤其适用于批量推理的场景，通过有效地利用计算资源来缩短响应时间。

5）硬件加速

利用专用硬件（如 TPU、FPGA 或 ASIC）进行推理，以提升计算效率。这些硬件往往针对深度学习的特定计算模式进行优化，能显著降低延迟和能耗。例如，NVIDIA 推出的 H 系列 GPU 不仅支持传统的浮点运算（如 FP32），还引入了半精度浮点数格式（FP8），这种格式能够在保持较高精度的同时，接近整数运算（INT8）的速度。

6）高效的推理引擎

使用专门优化的推理引擎，如 TensorRT、ONNX Runtime 等，可以提高推理速度和效率。这些引擎通常会进行各种优化，例如算子融合、内存优化等。

7）动态计算图和分段推理

动态计算图允许根据输入的不同动态调整模型的计算路径，以优化执行效率。分段推理则将推理过程分成多个阶段，在每个阶段使用不同的优化策略，以达到更高的灵活性和效率。

8）缓存机制

利用缓存机制来减少重复计算，提高内存访问效率。

9）推测解码

除了硬件层面的优化，软件层面也在不断探索新的方法来加快模型的推理过程。其中一种策略是推测解码，即首先让一个小模型快速生成初步结果，然后由一个大模型对这些结果进行审核和完善。这种方法可以在不牺牲最终质量的前提下，显著缩短文本生成的时间。

1.5.3.1　模型量化技术

模型量化是一种优化技术，主要用于降低深度学习模型在推理阶段的计算需求和内存资源消耗。在 LLM 中，参数和激活通常以高精度浮点数存储，这增加了存储和计算的负担。量化技术通过将 32 位浮点数转换为较低精度的整数（如 8 位整数）或定点数，以减少模型的存储需求，降低计算复杂度，同时尽量保持模型的精度。这种方法可以显著降低内存占用，缩短推理时间，使得 LLM 能够在资源受限的环境中部署和应用。尽管量化可能带来一定的精度损失，但合理应用可以在不显著影响模型性能的情况下大幅减小模型大小。

本质：模型量化技术本质上是一种模型压缩方法，它通过将模型中的浮点数参数（权重和激活值）转换为更少的位数表示（降低位数或降低精度，比如低比特整数表示），来减少模型的存储和计算需求。

意义：模型量化具有重要的实际意义，因为它允许在保持模型性能的同时，显著降低模型的内存占用、缩短推理时间。这对于需要在嵌入式设备、移动设备、边缘计算环境等资源受限环境中部署 LLM 的应用场景尤为关键。

1. 核心原理

量化的核心原理是通过降低参数表示的精度来减少计算和存储的需求，主要是将原始的高精度浮点数值映射到有限的低精度整数表示。在高精度的表示（如浮点数 FP32）中，模型参数能够表示一个非常大的数值范围，并且有较高的精度。然而，在实际的模型计算中，这种高精度往往是多余的，因此可以将参数量化为更低的或有限的位宽（如整数 INT8），从而降低计算和存储的成本。

深度学习本质上是一系列应用于矩阵的数学函数，这些函数在执行时需要特定的数值精度。在 LLM 中，权重和激活值通常分布在一个较宽的范围内，这意味着它们包含大量不必要的精度。模型量化技术通过降低权重和激活值的数值精度，去除这些冗余信息，从而缩小模型的规模。这种方法不仅可以减少模型的大小，还能使其运行速度更快。例如，与浮点数（如 FP32）运算相比，整数（如 INT8）运算通常更快。

激活值（Activations）是指模型在推理过程中生成的中间值，这些值会随输入数据的不同而变化，因此量化激活值比量化权重更具有挑战性。

2. 实现步骤

量化过程通常涉及对模型参数进行某种映射，这个映射过程通常涉及确定值域范围、计算缩放因子和零点等步骤，包括缩放（scaling）和偏移（offset）操作，以及使用舍入（rounding）等方法。通过线性或非线性映射，原始值可压缩到较低位宽的整数表示，并通过某种方式来处理可能的精度损失。

具体地说，通常包括量化、反量化、误差分析，量化将浮点数映射到整数，而反量化则将量化后的整数恢复为浮点数，以进行计算。这一过程通常包括以下几个步骤。

（1）量化映射：定义一个函数将浮点数映射到较低比特的整数。

（2）反量化映射：定义一个逆函数将量化后的整数映射回浮点数。

（3）误差分析：评估量化前后模型性能的变化，必要时进行微调。

3. 主要内容

量化技术的主要内容包括量化对象、量化方法、量化策略、量化精度、量化后模型性能评估等。

1）量化对象

量化可以只应用于模型权重，或者同时应用于权重和激活层。在神经网络模型中，需要量化的数据主要有权重（模型参数）和激活值（隐藏激活），这些数据最初以浮点数的形式表示。

2）量化方法

常见的量化方法包括对称量化和非对称量化。

对称量化：原始浮点数范围被映射到一个对称的整数范围内，零点通常是居中的。

非对称量化：允许零点在量化整数范围内的任意位置，因此能够更好地表示非对称的数据分布。

3）量化策略

量化策略包括范围映射和截断，以及校准等策略。其中，范围映射和截断是指处理异常值的影响，减少非异常值的量化误差。校准是指选择适当的动态范围，以最小化量化误差。

4）量化精度

量化精度的选择涉及找到合适的量化精度，以平衡性能和效率。

5）量化后模型性能评估

评估量化模型的性能，确保在减少资源消耗的同时，模型精度不会受到显著影响。通过实验评估量化后模型的性能和精度，选择最适合的量化方法。

4. 常用方法

量化技术的常用方法包括训练后量化和量化感知训练。这些方法可以根据模型的具体需求和硬件限制来选择，以实现最佳的性能和效率。

1）训练后量化（Post-Training Quantization，PTQ）

在模型训练之后，对模型的参数（包括权重和激活值）进行量化处理。由于 PTQ 不需要重新训练模型，其计算成本较低，因此是最常用的一种方法。在 PTQ 中，权重的量化可以使用对称量化或非对称量化。然而，激活值的量化需要通过推理模型来获取它们的潜在分布，因为我们事先并不知道它们的范围，所以可以分为动态量化和静态量化两种形式。

动态量化：根据模型在运行时的输入动态调整量化参数。在推理过程中动态计算零点（z）

和尺度因子（s），这个过程在每次数据通过新的层时都会重复，即每层都有自己独立的 z 和 s 值。

静态量化：在模型训练完成后确定量化参数。在推理前使用校准数据集预先计算量化参数（z 和 s）。这些值不会被重新计算，而是将它们在所有的激活值上全局使用以进行量化。

图 1.28 是 PTQ 的工作机制示意图，它展示了如何通过降低模型权重的精度（FP32）来压缩模型（INT8）的过程。

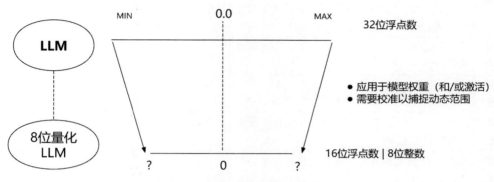

图 1.28　PTQ 的工作机制示意图

2）量化感知训练（QAT）

在模型训练或微调过程中，为了同时考虑量化的影响，适用于高精度需求的场景，我们通常采用 QAT。QAT 通过在训练过程中引入量化操作，使得模型能够适应量化后的计算环境，因此通常比仅在训练后进行的 PTQ 更准确。在模型训练过程中引入量化，需要对模型进行重新训练以适应量化过程。激活量化的难度大于权重量化，有研究发现，对于 60 亿个参数以上的大型 Transformer 语言模型，激活值会出现大的异常值（即离群点）。为了解决异常值问题，可以采用混合精度分解量化、细粒度量化、平衡量化难度和分层量化的方法。

（1）混合精度分解量化：针对大模型中隐藏激活出现的异常大值，通过向量级的量化方法分离具有异常值和其余维度的矩阵乘法，分别使用 16 位浮点数和 8 位整数进行计算。比如 LLM.int8。

（2）细粒度量化：对于 Transformer 模型中的权重和激活值，通常表示为张量形式，采用细粒度量化方法减少量化误差。比如 ZeroQuan（Token 级粒度）。

（3）平衡量化难度：考虑到权重比激活更容易量化，SmoothQuant 提出了通过缩放因子平衡权重和激活值之间的量化难度。

（4）分层量化：通过寻找层重构损失最小化的量化权重来优化量化效果，比如 GPTQ、AWQ。

PTQ 和 QAT 的对比如表 1.18 所示。

表 1.18　PTQ 和 QAT 的对比

维度	PTQ	QAT
定义	在模型训练完成后进行量化,不需要重新训练模型	在模型训练过程中引入量化,模型在训练时已经意识到量化的存在
原理	在模型训练后直接降低数值精度,将训练好的浮点数模型参数(如权重和激活值)转换为整数表示,去除冗余信息,从而减少模型的规模	在模型训练过程中引入量化标准(即量化误差),通过优化目标函数来降低量化后模型的性能损失,使得模型在训练过程中就已经被优化为量化模型
优化方法	静态和动态量化,通常使用均值、均方误差等统计方法	在训练过程中调整权重和激活值以适应量化
实现难度	实现简单,不需要重新训练模型	实现复杂,需要重新训练模型并引入量化噪声和调整训练流程
计算成本	计算成本较低,不需要重新训练模型,仅在推理时涉及量化	计算成本较高,需要在训练过程中模拟量化误差,需要额外的量化计算
精度损失	可能会有较大的精度损失,尤其是在模型较大或数据复杂时	精度损失较小,因为模型在训练时已经适应了量化
适用场景	适用于已经训练好的模型,特别是在资源受限的设备上使用	适用于精度要求较高的场景,如需要在量化后仍保持模型性能
适应性	适应性较差,某些模型在量化后可能会出现较大的性能下降	适应性较强,适用于多种模型架构
特点	①计算成本较低,不需要重新训练模型,但需要处理模型中的异常值,更受欢迎。②训练完成后进行量化,由于不考虑量化误差对模型的影响,因此可能会使性能损失。③适用于 LLM,参数量巨大,计算量大	①计算成本较高,需要额外的全模型重新训练。②逐步引入量化,能够充分考虑模型的特性,在量化后保持较高的性能。③适用于各种量化精度的情况,灵活性较高

5. 优缺点

模型量化技术具有多方面的优势,包括加快推理过程、减少存储和计算资源需求、降低功耗、便于部署到边缘计算和移动设备,以及实现模型压缩。这些优点使得量化模型在资源受限的环境中特别有用。然而,量化技术也存在一些缺点,如可能导致模型性能损失、引入量化误差、对量化参数敏感、依赖特定的硬件支持,以及量化过程本身的复杂性和实现难度。尽管量化可能会带来一定的性能下降,但通过适当的微调和量化策略,可以在保持可接受性能的同时,实现资源的高效利用。

6. 经验总结

在实施量化技术时,需要注意选择合适的量化策略和精度,进行充分的量化后模型性能评估,以及使用适当的量化框架和工具。同时，可能需要对模型进行微调以补偿量化带来的精度损失。

（1）优先考虑 PTQ：对于 LLM，优先考虑 PTQ 方法，以减少计算成本。PTQ 在模型训练完成后进行量化，不需要重新训练模型。

（2）校准技术：量化还需要额外的校准步骤，统计捕捉原始参数值的动态范围。校准数据集应尽可能代表模型实际的使用场景，以最小化量化误差。

（3）关注硬件支持：在选择量化位宽和数据类型时，需要考虑底层硬件对量化运算的支持程度。利用硬件加速器等优化技术，可进一步提高量化模型的推理速度。

（4）低于 8 位的量化：实验表明，低于 8 位的量化（如 4 位、2 位）是一项艰巨的任务，因为每损失一位，量化误差就会显著增加。然而，也有一些有效的解决方案，例如 GPTQ（可以在 GPU 上运行整个模型）和 GGUF（可能会将部分层卸载到 CPU 上）等。

（5）量化精度选择策略：量化技术被广泛应用于减少 LLM 的内存占用和延迟。在保持高准确率的前提下，理解不同部分（如权重和激活值）可以应用哪种精度（如 INT8 或 INT4）至关重要。研究表明，INT8 和 INT4 权重量化的结果接近 16 位模型，同时显著减少了内存消耗。INT8 权重量化在 LLM 上通常能取得良好的效果，有效地减少内存占用而不会显著影响性能；而较低精度（如 INT4 或 INT3）的权重量化则依赖于特定的方法（如分层法或基于激活值缩放）来减少量化过程中的性能损失。如果在部署时内存使用是一个关键考虑因素，则建议首先考虑 INT4 量化。

（6）低精度大模型优于高精度小模型：LLM 对低比特权重量化的敏感度似乎比小型语言模型要低，因此在相同内存成本下，建议使用规模较大但量化精度较低的语言模型。例如，一个 INT4 的 60GB LLM 的性能可能优于一个 INT8 的 30GB LLM。

（7）采用高效微调增强量化策略——QLoRA：高效微调增强量化是一种有效提高量化 LLM 性能的方法。它可以通过直接补偿低比特量化引起的性能下降，仅需微调小型适配器，并支持轻量级的任务或特定目标的微调即可。

（8）量化大模型需要注意激活中的异常值：在量化 LLM 时，应注意处理激活中的异常值，这通常通过特殊的量化策略实现。

1.5.3.2　模型剪枝技术

模型剪枝是一种针对深度学习模型，尤其是大规模预训练模型（如 LLM）进行优化的技术。随着模型规模的扩大，冗余参数增多，这些参数对模型性能的贡献有限，甚至没有贡献，导致模型在资源受限的环境中难以部署。模型剪枝通过识别并移除这些不必要的或冗余的组件，旨在减少模型的大小，降低计算复杂度，提高推理速度和计算效率。这种方法特别适用于含有大量冗余参数的模型，能够有效降低计算量和内存占用，使得模型在移动设备、边缘计算或嵌入式系统等环境中更加高效和实用，同时尽量保持模型性能不受显著影响。

理论上，剪枝可以压缩模型规模并提高性能。在实际应用中，只有少部分权重会被剪枝为零，因而需要权衡性能与效率。

1. 核心原理

模型剪枝的核心原理是通过识别模型中对整个模型性能贡献较小的参数，尤其是接近或等于零的权重参数，将这些参数从模型中移除，进而缩小模型规模并提高实践中的性能。剪枝后的模型可能会略微降低准确性，但通常可以通过适当的方法（如再训练）来恢复部分或全部性能。

如图 1.29 所示，理论上，剪枝能够显著减少模型的大小，同时提升模型性能。但在实践中，LLM 中接近零的权重比例较小，因此剪枝带来的模型缩减效应可能相对有限。

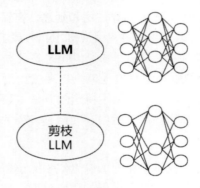

图 1.29 剪枝技术在 LLM 中的应用与效果

2. 核心内容

（1）剪枝技术：包括权重修剪、单元修剪和滤波器修剪等，旨在减少模型参数和计算量。

①权重修剪（Weight Pruning）：删除权重值较小的连接，认为这些权重对输出的影响不大。该技术可以减少模型的参数数量和计算操作，但不一定能显著减少内存占用或推理延迟。

②单元修剪（Unit Pruning）：移除对输出贡献较小的整个神经元或单元。该技术可以减少模型的内存占用和推理延迟，但可能需要重新训练或微调以保持模型性能。

③滤波器修剪（Filter Pruning）：在 CNN 中，删除对输出重要性或相关性较低的整个滤波器或通道。该技术同样能减少内存占用和推理延迟，但可能需要重新训练或微调以维持性能。

（2）剪枝时机：可以在训练前、训练后以及运行时进行剪枝（即动态剪枝），根据不同的技术和目标选择合适的修剪时机。

①训练前剪枝（Pre-Training Pruning）：在训练开始前利用先验知识或启发式方法确定最佳网络结构。这种方法可以节省训练时间和资源，但可能需要仔细设计和实验来找到最佳配置。

②训练后剪枝（Post-Training Pruning）：在训练后使用指标或标准评估每个网络组件的重要性或影响力。这种方法有助于保持模型性能，但可能需要额外的验证和测试来确保模型的质量和稳健性。

③动态剪枝（Dynamic Pruning）：在推理或运行时根据反馈或信号调整网络结构。这种方法可以针对不同场景或任务优化模型，但可能涉及较高的计算开销和实现复杂度。

3. 实现思路

一般来说，剪枝通常包括以下步骤。

（1）重要性评估：通过某种标准评估每个模型参数（如权重）的重要性。常见的方法是基于参数的绝对值或梯度大小来衡量重要性。

（2）修剪：删除评估中被认为不重要的参数。这些参数通常是接近或等于零的权重，或者是对损失函数影响较小的参数。

（3）再训练：为了恢复因剪枝带来的性能损失，通常会对修剪后的模型进行再训练（模型微调），以微调模型参数，使其适应新的结构。

4. 优缺点

模型剪枝技术通过移除冗余参数，显著减少了模型的大小，降低了模型的复杂度，从而提高了存储、传输和更新的便捷性，同时增强了模型的效率和性能，使其在运行时更快、更节能且更可靠。此外，修剪还有助于提升模型的泛化能力和准确性，降低过拟合风险，使其更好地适应新数据或任务。然而，模型剪枝也面临挑战，如平衡模型规模缩减与性能保持的关系，选择合适的剪枝技术和标准，以及进行详尽的评估和验证，以确保修剪过程不会引入错误、偏见或安全漏洞，这些因素都可能影响模型的最终表现和稳健性。

1.5.3.3　模型蒸馏技术

知识蒸馏（Knowledge Distillation，KD）是一种用于模型压缩和优化的技术，其核心思想是通过训练一个小型的学生模型（Student Model），使其学习到大型的教师模型（Teacher Model）中包含的知识。这种技术的目标是让学生模型在保持与原始模型相近性能的同时，具备更小的体积和更快的推理速度，从而降低模型的存储和计算成本。知识蒸馏旨在生成一个较小、运行速度更快，但性能仍接近原模型的模型，从而使得在资源受限的环境下（如移动设备或边缘计算设备等）或低延迟推理的场合（如实时视频处理、语音识别和自动驾驶等）

也能够有效地部署深度学习模型。

本质：知识蒸馏是一种迁移学习技术，通过将教师模型的输出或中间层特征作为指导，来帮助学生模型进行训练。在这一过程中，学生模型不仅能够模仿教师模型的行为，还能够学习到教师模型的泛化能力。这意味着，即使学生模型比教师模型简单，其性能也能够在某种程度上接近教师模型的水平。

意义：知识蒸馏技术能够在不显著牺牲模型性能的前提下，极大地压缩模型的规模，减少计算需求。这对于需要实时响应或运行环境受限的系统来说，具有极大的应用价值。例如，边缘设备通常无法承受大型深度学习模型的高存储和计算开销，因此通过知识蒸馏生成的小模型可以有效地在这些设备上运行。

1. 核心思路

知识蒸馏的核心原理是从一个大模型中提取知识，以教导一个更小的模型。它可以通过响应蒸馏、特征蒸馏和 API 蒸馏等形式实现。其中，响应蒸馏的核心原理是通过软标签（Soft Label）来指导学生模型的训练。这些软标签包含教师模型对每个类别的预测概率，而这些概率信息比简单的硬标签（Hard Label，即实际类别的标签，如分类任务中的 one-hot 编码）包含的信息更多。

图 1.30 展示了知识蒸馏技术的实现原理，它详细说明了如何利用一个更大的、性能更好的 LLM（教师模型）来训练一个更小、更轻量级的 LLM（学生模型），具体思路如下。

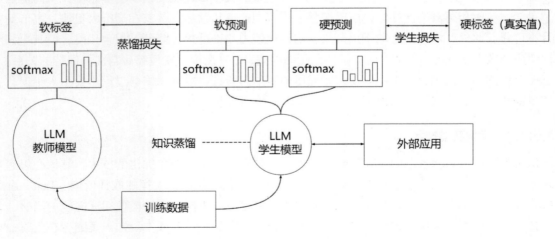

图 1.30　知识蒸馏技术的实现原理

（1）构建并训练教师模型——训练阶段：基于训练集数据（Training Data）训练一个性能

较高的 LLM 作为教师模型。该模型通常是一个参数量大、训练时间长的深度学习模型，且在任务上具有较高的准确率或效果，即该模型生成的概率分布（softmax 输出）与真实数据尽可能匹配。这样会得到一个高精度的大型教师模型。

（2）生成软标签——推理阶段：冻结训练好的教师模型的权重（即在学生模型的训练过程中保持不变），使其进入模型推理状态。通过对训练集数据进行再次预测，得到每个类别的概率分布，即"软标签"。 这些软标签包含教师模型对数据分布更细致和更丰富的理解，不仅仅是简单的类别标签（最终预测的类别），还包括其他类别的可能性，这些信息被认为是"知识"。

（3）构建学生模型并定义损失：首先采用一个较小的语言模型作为学生模型（可以从零初始化，也可以使用预训练的参数），它的结构通常更简化，参数更少，然后使用教师模型生成的软标签和原始的硬标签指导学生模型进行训练。学生模型的损失函数通常由两部分组成，一部分是硬标签的交叉熵损失（学生损失），另一部分是软标签的 KL 散度损失（蒸馏损失）。训练目标是最小化两个损失函数。

①蒸馏损失（Distillation Loss）：衡量学生模型预测的软标签与教师模型预测的软标签之间的差异。这使得学生模型可以学习教师模型的知识和概率分布。

如图 1.31 所示，在计算蒸馏损失时，在 softmax 层中添加温度参数可以调整输出 Token 的分布宽度，使得知识蒸馏过程更加灵活和可控。较高的温度参数使得类别概率分布更平滑，峰值不那么强烈，从而提供更多的知识，带来更广泛的输出，增强模型生成语言的创造性。

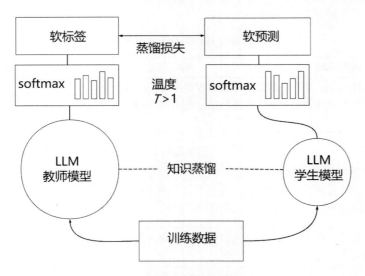

图 1.31　使用温度缩放的知识蒸馏方法来训练 LLM

②学生损失（Student Loss）：衡量学生模型预测的硬标签与真实标签之间的差异，从而

确保学生模型正确地分类数据。

$$L_{distill} = \alpha \cdot L_{hard} + (1-\alpha) \cdot L_{soft}$$

其中，L_{hard} 是基于真实标签的交叉熵损失，L_{soft} 是基于教师模型输出概率分布（软目标）的损失，α 是控制这两者权重的超参数。

（4）训练学生模型"知识蒸馏"利用反向传播更新学生模型的权重参数。在训练过程中，通常需要对这两部分损失进行加权，以平衡硬标签和软标签对学生模型的影响。通过最小化这两个损失函数，学生模型逐渐学习到教师模型的知识，从而在较小的模型规模下取得较好的性能（性能接近于教师模型）。

（5）评估学生模型：在验证集数据中评估学生模型的性能，确保其接近或达到教师模型的性能。

（6）部署学生模型：训练好的学生模型可以部署到各种外部实际的应用场景中，来替代实践中较大的教师模型。例如，需要低延迟或低资源消耗的场景。

2. 常用方法

知识蒸馏可以通过不同形式的学习进行转移，常用的方法包括响应蒸馏、特征蒸馏和 API 蒸馏，如表 1.19 所示，三种知识蒸馏方法各有优缺点，应用场景也各不相同。响应蒸馏适合简单直接的场景，特征蒸馏提供了更复杂的特征学习，而 API 蒸馏则在模型不可直接访问时提供了一种有效的替代方案。在实际应用中，可以根据具体需求选择最合适的蒸馏方法，以平衡模型性能和计算资源的需求。

表 1.19　响应蒸馏、特征蒸馏、API 蒸馏方法的对比

	响应蒸馏	特征蒸馏	API 蒸馏
核心思想	仅关注教师模型的输出，通过模仿其预测结果进行知识传递	利用教师模型的中间层特征和输出层特征，提升学生模型的内部表示能力	使用外部 API 提供的大模型输出进行训练
侧重点	通过比较输出来教导学生模型	利用中间层来提取更丰富的特征	利用外部 API 来传输知识
学生模型的学习深度	学生模型学习教师模型的输出，忽略内部表示	学生模型不仅学习输出，还学习中间层的表示特征	学生模型模仿 API 返回的输出，忽略模型内部机制
泛化能力	泛化能力有限，因为没有利用中间层特征	泛化能力较强，得益于更丰富的特征学习	泛化能力依赖于 API 输出模型的质量

续表

	响应蒸馏	特征蒸馏	API 蒸馏
优点	实现简单，资源消耗较低	提升了学生模型的表示能力，效果接近教师模型	实现简单，可用于模型不可访问的情况，依赖 API 进行训练
缺点	忽略了教师模型的内部特征，性能可能低于其他方法	实现复杂度较高，需要处理中间层的特征提取，计算成本增加	依赖 API 调用，可能存在高成本和使用限制
应用场景	适用于简单的知识传递场景，主要用于输出层的知识蒸馏	适合需要更复杂特征和高精度的任务，更适合编码器类的模型	适用于无法直接访问教师模型，或需要利用外部 API 进行训练的场景

3. 经验总结

在模型蒸馏中，成功迁移教师模型的知识并不简单，以下是一些关键的技巧和思路。

（1）教师模型的选择：选择一个准确率高且泛化能力强的教师模型非常重要。一般来说，教师模型的容量要远大于学生模型，以便它能学到复杂的模式并传递这些模式给学生模型。

（2）学生模型的选择：学生模型需要足够小，便于部署，但也要足够复杂，以捕捉教师模型的知识。

（3）软标签的温度调节：在生成软标签时，可以引入温度参数控制 softmax 输出，来平滑概率分布，使得软标签更加柔和，有助于学生模型的学习。较高的温度有助于学生模型更好地捕捉类别之间的细微区别；但温度过高则会导致软目标信息过于平滑，学生模型难以学习有用的模式。因此，选择合适的温度需要通过实验调优。

（4）损失函数中的权重调整：损失函数中的 α 决定了学生模型是更关注硬标签还是软标签。根据任务的不同，合理选择 α 对蒸馏效果至关重要。如果学生模型对软标签过度依赖，则可能导致模型泛化性能下降。

（5）任务特定的蒸馏方法：对于不同的任务，如分类任务、生成任务或语言模型，可以设计针对性的蒸馏方法。例如，在 LLM 蒸馏中，可以通过生成任务的教师模型概率分布来指导学生模型生成高质量文本。

（6）多重蒸馏与层级蒸馏：在某些情况下，不仅可以通过最终输出层进行蒸馏，还可以通过中间层（例如 BERT、GPT 中的隐藏层）进行蒸馏，以捕获不同层次的知识。

（7）数据增强与蒸馏结合：在数据量有限的情况下，可以采用数据增强技术来增加学生模型见过的数据多样性，提高其泛化能力。

（8）注意过拟合：由于学生模型较小，可能更容易过拟合，因此需要适当地进行正则化处理。

1.5.3.4　KV 缓存技术

KV 缓存技术是为了解决 LLM 在处理长序列时遇到的计算和内存瓶颈问题而提出的。在 Transformer 架构中，自注意力机制需要计算所有 Token 之间的关系，这导致随着序列长度的增加，计算量和内存占用呈平方增长。KV 缓存技术通过在生成任务中缓存已经计算过的键值对，避免了在每一步重复计算前面所有的注意力操作，从而显著提高了计算效率，减少了内存占用。这一技术对于长序列生成任务尤为重要，它可以有效降低计算开销和内存占用。

> 本质：KV 缓存的本质是用内存空间换取计算时间，通过存储并重用前面计算步骤中的注意力矩阵的 **K** 矩阵和 **V** 矩阵，减少模型在生成新词时的重复计算开销，从而加快推理速度和减少内存使用。

> 意义：KV 缓存显著提高了 LLM 的推理效率，降低了注意力机制的计算成本，尤其在长序列生成任务中可以降低计算复杂度和内存占用，缩短响应时间，使得模型能够在有限的硬件资源上生成长文本。

1. 实现原理及步骤

KV 缓存技术的原理是：在自回归生成文本的过程中，Transformer 模型通过注意力机制捕捉序列内部各个元素间的依赖关系。在初始阶段，模型对输入提示中的每个 Token 进行注意力机制计算，因为还没有任何输出 Token。随着输出序列逐步生成，模型对新生成的 Token 以及之前的输入提示和输出 Token 进行自注意力机制计算，以维持上下文一致性。由于模型参数在整个序列生成过程中保持不变，除了最新生成的 Token 需要重新计算键（Key）和值（Value），其余的 Token 可以复用之前的计算结果，因为它们是新的信息，这样可以显著提高计算效率。

具体思路如下。

（1）键和值的计算与缓存：在推理过程中，将每一步生成的键和值缓存起来。

（2）缓存的重复使用：在生成新的 Token 时，模型只需计算当前步骤的查询向量，因为每个新生成的 Token 都会产生一个新的查询向量，所以没有缓存的价值。接着，模型会与之前缓存的键和值数据进行交互（如通过点积注意力机制计算），即该过程直接使用缓存的键和值，而无须重新计算整个序列的键和值。

（3）缓存的更新：每生成一个新的 Token，模型就会更新缓存中的键和值数据，以便在后续步骤中使用。

2. 优缺点

KV 缓存技术通过减少数据访问和计算量，显著提高了长序列处理的推理速度和计算效率，同时节省了计算资源，降低了系统负载。然而，该技术也存在一些缺点，包括额外占用内存资源，可能导致资源紧张；增加了系统的复杂性，需要相应的策略和维护，以及可能面临数据一致性问题，需要有效的机制来确保缓存数据的时效性和准确性。

3. 应用场景

KV 缓存技术主要用于自回归生成模型（如 GPT、BART、T5）在长文本生成、机器翻译等需要逐字或逐词生成输出的任务中。通过缓存键和值，该技术能够显著提高模型的推理速度并减少内存消耗，从而优化整体性能。

第 *2* 章

LLM 的部署与监控

在 LLM 背景下，模型的部署与监控是指将训练好的语言模型集成到生产环境中，并进行持续的运行状态监测、性能评估和必要时的模型更新。这与传统机器学习小模型的部署和监控相似，但由于 LLM 的庞大规模和复杂性，对部署和监控提出了更高的要求，特别是在计算需求、存储成本、推理速度、稳定性、维护性等方面，LLM 的复杂度和挑战性都大幅提升。

传统机器学习模型（例如简单的线性回归或支持向量机）的部署通常相对简单，一般情况下，可能只需要将训练好的模型文件（如一个 pkl 文件或一个简单的模型参数文件）部署到一个服务器上，然后通过 API 接口提供服务即可。监控也相对简单，主要关注模型的预测准确率、响应时间等指标。

相比之下，LLM 的部署和监控则复杂得多。LLM 通常规模巨大，参数量动辄数十亿甚至上百亿，这使得模型的存储、加载和推理都面临巨大的挑战。部署需要考虑模型的并行化、分布式计算，以及高效的推理引擎（如 TensorRT、ONNX Runtime 等）。监控也需要考虑更广泛的指标，例如模型的输出质量、一致性、公平性、鲁棒性，以及资源利用率（内存、CPU、GPU 等）。此外，还需要考虑模型的安全性，防止恶意攻击和数据泄露。

> **本质：** 将大规模预训练的模型适配到具体的应用场景中，确保模型在不同的硬件和软件环境中稳定运行。其中，模型部署本质上是优化资源和推理速度的过程，而监控和维护则是在保证模型持续、高效运行的同时，确保其生成内容的质量与安全，并根据监控结果进行模型优化和维护，确保模型长期稳定、可靠地运行。

> **意义：** 使模型能够在生产环境中发挥其强大的语言理解和生成能力，确保模型的实用性和效率，为用户提供高质量的服务。同时，监控有助于及时发现并解决模型在运行过程中可能出现的性能下降或偏差问题，进而提升用户体验，维护模型的可靠性，满足合规性要求。

本章内容主要包括模型部署、模型监控与维护。

模型部署是指将训练好的模型推向生产环境，以供实际应用的过程。在 LLM 中，部署不仅是将模型从开发环境迁移到生产环境，还要考虑如何优化模型推理效率、资源消耗和服务可用性。

模型监控与维护是指对已部署模型的性能、稳定性和准确性进行持续跟踪和评估的过程，以确保其在实际使用中的表现符合预期。对 LLM 来说，监控与维护是一个持续的过程，不仅需要监控传统的性能，还需要监控模型的输出质量（如流畅度、一致性、相关性、事实性）、公平性（避免性别、种族等方面的偏见）、鲁棒性（对抗样本的抵抗能力）、安全性（防止恶意攻击和数据泄露），以及资源利用率（如 CPU、GPU、内存等）。这需要更复杂的监控系统和指标体系，并可能需要结合人工审核来评估模型的输出质量。

2.1　模型部署

2.1.1　模型部署概述

模型部署是指将训练好的模型从开发环境迁移到生产环境，使其能够为最终用户或应用程序提供服务，实现其在不同领域的应用价值。具体地说，通过将训练好的 LLM 打包成可执行的服务，并将其部署到合适的环境中，使模型能够在生产环境中被调用和使用，比如，提供对外的 API 接口或集成到其他系统中，使其能够接收用户请求并返回结果。与传统的小规模机器学习模型不同，它一般可以直接嵌入应用中或部署到轻量级的服务器上，但是 LLM 模型的规模巨大，这使得部署过程面临着巨大的计算资源、存储空间和实时响应的挑战，因此其流程和技术栈相对复杂。

模型部署的目的是将理论研究与实践相结合，使模型能够在真实世界的环境中产生价值。特别地，在生产环境中，模型必须能够稳定运行，并能处理各种规模的请求，以实现模型的商业化和规模化应用。这涉及技术层面的转换、优化和集成，以及业务层面的成本控制、安全性保障和用户体验提升。

> 本质：LLM 模型部署的本质是将经过预训练或微调的模型转化为可供使用的服务，并将其与用户或应用程序连接起来，实现其价值。

1. 核心内容

部署过程需要考虑模型的性能、效率、安全性、可扩展性和成本等因素。它通常涉及多个步骤，包括模型优化与导出、基础设施选择、服务化与 API 设计、部署策略、安全考虑等。

（1）模型优化与导出：选择合适的模型版本，并进行模型压缩和量化等优化，以降低模型大小和计算复杂度。这包括但不限于知识蒸馏、剪枝、量化等技术。最后保存为特定格式，比如 LLaMA-3.1-8B 的格式为 .safetensors（侧重安全性），LLaMA-2-7B-hf 的格式为 .bin（侧重兼容性），LLaMA-2-13B 的格式为 .pth（侧重 PyTorch 框架）。传统模型通常不需要如此复杂的优化步骤，并且模型所需的格式较为简单，比如 pkl、joblib、pmml、HDF5、ONNX 等。

（2）基础设施选择：选择合适的硬件和软件基础设施，以满足 LLM 模型的计算和存储需求。这可能包括框架（如 Hugging Face）、云计算平台（AWS、GCP、Azure）、高性能计算集群（HPC）或专门设计的硬件加速器（如 TPU、GPU）。传统模型对基础设施的要求相对较低。

（3）服务化与 API 设计：将 LLM 模型封装成可访问的服务，并设计相应的 API 接口，方便用户调用与交互（接收预测请求并返回结果），比如 Docker、Flask、FastAPI 等。这需要考虑 API 的性能、安全性和易用性。传统模型的 API 设计相对简单。

（4）部署策略：选择合适的部署策略。例如，在线部署、离线部署或混合部署。在线部署需要实时响应用户的请求，而离线部署则可以批量处理数据。LLM 模型通常采用在线部署，而传统模型则可以根据应用场景选择不同的部署策略。

（5）安全考虑：LLM 模型部署需要考虑安全问题。例如，输入/输出控制、防止恶意攻击、数据泄露和模型被滥用等。这需要采取相应的安全措施，例如，访问控制、数据加密和模型保护等。传统模型的安全考虑相对简单。

2. 部署方式

部署 LLM 的方式多样，每种方式都有其特定的优势和适用场景。对各种部署方式的综合分析如下。

（1）本地部署：本地部署 LLM 的一个显著优势是隐私保护。选择开源 LLM 通过本地服务框架或工具（如 LM Studio、OLLaMA、kobold.cpp 等）来实现这一优势，从而推动本地应用程序的发展。这种方式特别适合对数据隐私有严格要求的环境。

（2）演示部署：对于原型设计和演示分享，框架如 Gradio 和 Streamlit 提供了便捷的工具。这些框架不仅支持快速原型化，还能通过平台如 Hugging Face Spaces 轻松进行在线托管演示。

（3）服务器部署：大规模部署 LLM 通常需要依赖云计算资源或强大的本地基础设施。为了提高效率，通常采用优化的文本生成框架，例如 TGI 和 vLLM，以支持大规模和高并发的服务需求。

（4）边缘部署：在资源受限的环境中（如 Web 浏览器、Android 和 iOS 设备），高性能框架（如MLC LLM 和 mnn-llm）能够实现 LLM 的边缘部署。这种方式可以减少延迟，提高响应速度，特别适合需要实时交互的应用场景。

3. 经验总结

（1）基础设施要求：确保部署环境具备充足的 CPU 和 GPU 资源，以满足模型的计算需求。同时，需要足够的内存来存储大模型数据。

（2）使用 Docker 部署：推荐使用 Docker 容器来部署模型。Docker 可以提供一致的环境，便于管理和扩展，同时确保模型在不同服务器上的兼容性。

（3）可扩展性和负载平衡：在设计部署策略时，应考虑水平扩展，即通过增加更多的服务器来分散负载，以避免单点故障。同时，实施负载平衡技术，以优化性能并应对需求增长。

（4）成本管理：了解云服务提供商基于计算资源（如 CPU/GPU 使用）或基于模型推理消耗 Token 的定价，并评估自主托管与云托管的成本和收益，以做出合理的财务决策。按需调整资源分配，并评估长时间运行任务与短期任务的成本差异，以实现成本的有效控制。

（5）性能优化：最小化延迟（即时聊天场景），最大化吞吐量（可以采用批处理和有效的内存管理技术，如 Paged Attention），以实现实时性能和高效处理大量请求。

（6）安全性和隐私：确保部署遵守所有相关的监管和法律要求，并实施安全措施保护数据（如安全访问控制和加密数据传输），同时确保数据存储和处理过程符合法律法规。

2.1.2　分布式环境配置

在 LLM 训练的背景下，分布式环境配置显得尤为关键。这是因为配置的合理性直接影响到模型的训练速度、稳定性和最终性能。面对海量数据和复杂的模型架构，单机训练往往力不从心，而分布式训练通过在多台服务器上并行计算，可以有效地缩短训练时间。然而，服务器的软硬件若配置不当，那么它不仅会降低训练效率，影响可扩展性，还可能导致资源浪费甚至训练失败。因此，精心规划和优化软硬件资源，是确保分布式训练环境高效运行、成功训练 LLM 的重要前提。

1. 硬件配置

1）计算单元（CPU/GPU）

GPU 是训练 LLM 的基石，其数量、型号和显存大小直接决定了训练速度。高性能的 GPU 是首选。显存（VRAM）大小需要根据模型参数量和批量大小进行选择，通常需要数十吉字节甚至数百吉字节的显存。常用的 GPU 型号包括 NVIDIA 的 GeForce RTX、Tesla 或 Quadro 系列。目前，主流推荐使用显存大于或等于 24GB 的 NVIDIA 显卡，例如 GeForce RTX 系列的 3090-24GB、4090-24GB，Tesla 系列的 V100-32GB、H100-40GB/80GB、A100-40GB/80GB、A800-40GB、A40-48GB 等。此外，通常采用多 GPU 集群进行并行计算，其中 NVIDIA 的 NVLink 和 InfiniBand 技术可以有效减少 GPU 之间通信的延迟，提升多 GPU 分布式训练的性能。

CPU 主要负责数据预处理、任务调度、I/O 操作和通信等任务，也需要具备较高的性能。选择 CPU 时需要考虑核心数、频率和内存大小。高容量内存可以存储更大的数据集和模型参数，减少数据加载次数或数据交换到磁盘的次数，从而提高训练效率。

2）存储系统

LLM 的训练需要访问海量的数据，因此需要高性能的存储设备来确保数据加载和存取的效率。分布式文件系统（如 HDFS、Ceph、NFS）或高速的本地存储（如 NVMe SSD）可以提供快速的数据访问速度。存储系统的容量也需要根据数据集大小进行选择。

3）网络连接

高速、低延迟的网络连接是分布式训练中节点间通信（如参数同步、梯度交换）的关键。高速的以太网（如 100GbE 或 400GbE）或 Infiniband 网络能够保证服务器之间高效的数据传输，避免通信瓶颈。网络拓扑结构也需要合理设计，例如，采用全连接网络拓扑，以最大限度地减少通信延迟。

2. 软件配置

（1）操作系统：通常选择 Linux 操作系统，如 Ubuntu 或 CentOS，因为它们对深度学习框架的支持较好。

（2）容器技术：在分布式训练环境中，常采用 Docker 以及 Kubernetes 等容器化技术。Docker 容器可以确保所有节点在相同的环境中运行，实现不同服务器上的统一环境配置、依赖隔离、兼容适配和便捷扩展。Kubernetes 可以帮助管理和编排训练任务，支持动态资源调度和负载均衡，方便在大规模集群环境中进行部署与维护。例如，可以采用 NVIDIA Docker 镜像，它集成了 CUDA、cuDNN 等深度学习依赖，可以直接在 GPU 上运行训练任务。

（3）深度学习框架：选择合适的深度学习框架（如 PyTorch、TensorFlow）对于分布式训练至关重要。这些框架提供了分布式训练的 API，简化了分布式训练的实现。框架的选择需要考虑其性能、易用性和社区支持。此外，NVIDIA 的 Apex 库支持混合精度训练。

（4）分布式训练策略和框架：选择合适的分布式训练策略（如数据并行、模型并行、流水线并行）能够最大限度地提高训练效率，不同的策略适用于不同的模型和数据集。分布式计算框架负责跨多个节点和 GPU 协调数据传输与梯度计算，常用的有 DeepSpeed（Microsoft 开发）、Megatron-LM（NVIDIA 开发）和 Horovod 等。

（5）集群管理系统：使用集群管理系统（如 Kubernetes、Slurm）可以简化集群的管理和监控，提高资源利用率。

（6）监控工具：使用监控工具（如 TensorBoard、Prometheus）可以实时监控训练过程，及时发现并解决问题。

3. 经验总结

（1）行业经验：目前，行业内主要采用 Hugging Face Transformers 和 DeepSpeed 通过

数据并行进行预训练，例如 OPT-30B 模型。借助 DeepSpeed 的 ZeRO-2 或 ZeRO-3 技术，可以在单个 GPU 上运行包含三百亿个参数的模型。

（2）注意库包版本的兼容性：在搭建分布式训练环境时，必须检查现有环境中的 Python、pip、virtualenv、setuptools 等工具的版本，确保其兼容性，以避免在安装依赖库时出现兼容性问题。

（3）慎重升级系统底层库：当遇到提示需要升级底层库（如 GLIBC）时，不要轻易升级，否则可能导致系统宕机或命令失效等问题。

（4）推荐 GPU 服务器个数为偶数：在配置 GPU 服务器（可以理解为大型计算机）进行分布式训练时，尤其是采用流水线并行时，建议购买或配置偶数台服务器。这样做可以确保 GPU 资源得到充分利用。以 OPT-66B 模型为例，该模型包含 64 层 Transformer，在进行流水线并行训练时，仅支持 16 卡或 8 卡的配置。因此，如果只有 3 台服务器（共 24 卡），则可能会出现资源无法完全利用的情况。为了避免这种情况，建议选择 2 台、4 台或 8 台等偶数台服务器，以优化资源分配和提升训练效率。

2.1.3　Docker 部署实战

1. 核心思路

本例旨在实现回归任务预测模型的自动化部署，其核心思路涵盖从数据准备到云服务提供的全流程。首先，基于回归任务预测数据集，通过先进的机器学习算法进行模型训练、评估，并将训练好的模型导出为 ONNX 格式，以确保其跨平台兼容性。其次，通过编写 Dockerfile 构建包含模型和预测服务的 Docker 镜像，并对其进行测试，确保功能正确。接着，创建 Kubernetes 配置文件，定义 Deployment 资源，将 Docker 镜像部署到 Kubernetes 集群，以实现服务的容器化和编排。最后，通过启动服务并在客户端发送 POST 请求来访问服务，实现云服务的远程调用。

整个流程不仅利用了 Docker 和 Kubernetes 的容器化与编排优势，简化了模型部署过程，还提高了系统的可扩展性和灵活性，为回归任务预测提供了一个高效、可靠的服务平台。

2. 实战教程及其核心代码

具体内容请见本书附件。

2.2　模型监控与维护

在 LLM 的应用背景下，模型监控与维护面临诸多挑战。与传统机器学习模型相比，LLM 的监控需要考虑更多的维度。

（1）规模与复杂性：LLM 参数量巨大，导致调试、监控和维护难度增加。

（2）输出的不确定性：LLM 可能对相同输入产生不同输出，使得性能评估更为复杂。

（3）数据漂移：LLM 对数据分布变化敏感，在实际应用中的数据差异可能导致性能下降。

（4）安全性和伦理问题：这些问题在 LLM 中更为突出，需要严格监控模型输出。

（5）可解释性：理解 LLM 的预测原因极具挑战。

因此，LLM 的模型监控与维护涉及对已部署模型的持续监测、评估和优化，确保输出质量、性能指标、资源消耗及潜在风险的合理控制，并适时进行模型更新、微调和维护，以适应新的挑战和需求。

> **本质**：模型监控与维护的本质是通过一系列技术手段和流程，确保模型在实际应用中持续稳定地提供高质量输出。

> **意义**：有效的监控与维护可以确保 LLM 的持续有效性和可靠性，提升用户体验，增强安全输出，降低潜在风险，优化资源利用，降低运营成本。

1. 核心内容

（1）性能基线设置：初始阶段需要通过综合测试数据集评估模型性能，并记录关键指标（如准确性、延迟、吞吐量、错误率等），这些基线将作为后续监控的参考点。

（2）质量监控：评估模型输出的质量，包括内容的准确率、召回率、困惑度，以及流畅性、一致性、相关性、完整性和安全性。这可能需要人工审核或使用自动化质量检查工具。

（3）性能监控：跟踪模型的运行性能指标，如请求量、响应时间、服务器负载、Token 使用量等，并与设定的基线进行比较，以检测是否存在偏差。

（4）资源监控：监控模型的资源消耗，包括计算资源、内存资源和存储资源。这有助于优化模型的部署和运行效率。

（5）安全监控：实施严格的安全监控措施，从输入侧和输出侧同时管控。监控用户的输入（或提示）并评估潜在毒性、恶意输入等。检测未经授权的访问、数据泄露和对抗攻击，保护模型和数据的安全。例如，生成有害内容、泄露敏感信息等。常用方法包括加密、访问控制、安全审计等策略。

（6）漂移监测：监测训练数据和实际应用数据之间的差异，并及时采取措施。例如，重新训练模型或调整模型参数。

2. 常用方法

（1）指标监控：使用各种指标（如困惑度、BLEU 分数、ROUGE 分数等）来跟踪模型性能。这需要根据具体的应用场景选择合适的指标。

（2）A/B 测试：比较不同版本的模型或不同参数设置的性能，选择最优模型。

（3）Canary 部署：先将新版本的模型部署到一小部分用户，再逐步推广到所有用户。

（4）日志分析：分析模型的运行日志，识别潜在的问题。监控运行时错误和预测错误，保持详细的日志记录（包括输入数据、输出预测、响应时间和错误信息），定期分析这些日志，识别错误模式，找出问题根源。

3. 经验总结

（1）建立完善的监控体系：设计一个全面的监控体系，涵盖模型性能、质量、资源和安全等多个方面。

（2）选择合适的监控指标：根据具体的应用场景选择合适的监控指标，并定期评估指标的有效性。

（3）自动化监控：尽可能自动化监控流程，减少人工干预。

（4）持续改进：定期回顾和改进监控体系，使其适应模型的演变和应用场景的变化。

（5）建立反馈机制：与终端用户建立反馈机制，收集模型性能和用户对模型的意见与建议，以此不断优化模型。

（6）多学科合作：模型监控与维护需要数据科学家、软件工程师、安全工程师等多学科的合作。

（7）模型版本管理：对模型的不同迭代版本进行版本控制，跟踪记录每个版本的性能指标，方便回溯和比较，确保最佳表现的模型在生产环境中运行。

（8）文档与报告：详细记录监控流程、指标和异常，定期生成报告，为利益相关者提供模型性能和维护活动的洞察信息，方便后续分析和改进。

（9）定期审查和更新：定期评估和更新监控过程，结合新的技术、工具和最佳实践，确保监控系统的有效性和时效性。

2.3　实战案例

1. 基于多台服务器进行分布式训练的设计思路

在如表 2.1 所示的基于多台服务器进行分布式训练的案例中，使用了 3 台服务器（共 24 个GPU 卡），结合流水线并行（PP=12）和数据并行（DP=2）的策略，以高效训练 OPT-30B 模型。

表 2.1 基于多台服务器进行分布式训练的案例

配置 硬件	使用 3 台服务器，每台服务器配置 8 个 A800-80GB GPUs，共 24 个 GPU 卡。每台服务器配备 1TB 内存的 Intel CPU，物理 CPU 个数为 64，每颗 CPU 核数为 16
设计并 行策略	①流水线并行（PP）：将模型分为 12 个流水线阶段，每个阶段在不同的 GPU 卡上独立执行。PP=12，表示整个模型被划分为 12 个阶段，每个阶段由一个进程处理。 ②数据并行（DP）：在每个流水线阶段内部，使用两个 GPU 进行数据并行处理，即同一批次的数据被复制到两个进程中进行并行处理。当 DP=2 时，表示每个流水线阶段内部的数据并行度为 2
分析训 练过程	一个批次的数据被分配到 12 个流水线阶段中，每个阶段的两个 GPU 卡负责该批次的一部分计算。各流水线阶段并行执行，完成整个批次的前向和后向步骤，从而提高训练速度和模型的计算能力

2. 基于多台服务器进行分布式训练的 Python 代码示例

具体内容请见本书附件。

第 *3* 章
LLM 的微调与推理部署实战案例

本章将深入探讨 LLM 在微调和推理部署方面的实战案例，旨在为读者提供从理论到实践的全面指导，帮助他们在具体的项目中有效应用 LLM 的微调与推理部署技术。随着 LLM 的广泛应用，掌握如何优化模型以满足特定需求和有效地进行推理部署，已成为数据科学家和机器学习工程师的重要技能。

本章围绕几种主流的 LLM 展开，包括 LLaMA、ChatGLM、GPT-4、GLM 和 Qwen 系列模型。在每一部分中，我们将首先介绍微调的基本理念和方法，之后展示如何将经过微调的模型进行有效的推理部署。通过丰富的实战案例和详细的代码示例，读者将能够更直观地理解每个步骤的具体实现。

在针对 LLaMA-3 系列模型的实战部分，我们将探讨多种微调方法，包括利用 LoRA 技术进行指令微调的官方案例，以及在 Colab 平台采用 LLaMA-Factory 工具的实践。通过这些案例，读者将能够学习如何在不同环境中进行模型微调，并掌握如何通过实战教程和核心代码迅速上手。

接下来的推理部署部分将重点介绍本地和在线环境中的应用实例。从使用 Transformers 实现推理测试，到基于 FastAPI 的部署，内容涵盖多种实现方式，确保读者能够选择最适合其项目需求的方法。此外，我们还将介绍如何利用 OLLaMA 框架和 GPT4ALL 进行后端部署，为在线使用提供多样化的选择。

此外，我们还将探讨 LLaMA-3、ChatGLM-3、GPT-4、GLM-4、DeepSeek-R1 和 Qwen-2 等模型的微调与推理部署，提供一系列实战案例。这些案例不仅包括不同的微调策略，如 P-Tuning 和 LoRA，还涵盖了如何在云服务器上进行高效的模型部署。我们将特别关注如何通过 API 接口调用和 Web 在线体验，确保模型的易用性和可访问性。

通过对本章的学习，读者将能够全面掌握 LLM 的微调和推理部署过程，获得丰富的实战经验。无论是希望提高模型在特定任务上的表现，还是探索新型应用场景，研究人员和开发者都能从中获得启发，从而推动他们的项目和研究向前发展。

3.1 基于 LLaMA-3 系列模型实战
在本节中，我们将深入探讨基于 LLaMA-3 系列模型的实战应用，重点关注微调和推理部署两个关键环节。LLaMA-3 模型以其强大的性能和灵活性,成为许多 NLP 任务中的热门选择。通过微调,模型能够更好地适应特定领域的需求,而推理部署则确保了这些经过优化的模型能够高效地在实际应用中发挥作用。本节将提供详细的实战案例和代码示例,帮助读者全面理解如何利用 LLaMA-3 系列模型进行高效的微调和推理部署。

首先,在微调实战部分,我们将展示多个具体案例,涵盖利用 LoRA 技术对 LLaMA-3-8B-Instruct 模型进行微调的不同方法。我们将提供官方 Demo 案例,以指令数据集为基础,介绍如何进行有效的对话生成。这些微调案例不仅展示了核心思路,还包括实战教程和核心代码,使读者能够迅速上手。此外,我们将探讨在 Colab 平台使用 LLaMA-Factory 工具和 Unsloth 优化框架进行 LoRA 微调的过程,确保即使在资源有限的情况下,读者也能够顺利实施微调策略。

接下来,我们将转向推理部署实战。该部分将着重于本地使用 LLaMA-3-8B-Instruct 模型进行推理测试,介绍如何利用 Transformers 库、Transformers pipeline,以及 LangChain 框架来实现快速推理。同时,我们还将提供有关 WebDemo 的部署教程,展示如何通过 FastAPI 实现模型的调用和部署。读者将学会如何将微调后的模型应用于实际场景,提供高效的服务和交互体验。通过这些实战案例,读者将能够全面掌握推理部署的多种实现方式,增强其在实际项目中的应用能力。

最后,我们还将讨论在线测试使用的实战案例,涵盖如何通过官方 API 接口进行调用,以及利用不同平台的在线体验来测试模型的性能。这一部分将帮助读者在云环境中灵活应用 LLaMA-3 模型,确保模型的易用性和可访问性。

3.1.1 微调实战

微调实战主要涵盖如何使用不同的方法和工具对 LLaMA-3 系列模型进行微调。

3.1.1.1 官方 Demo 案例:利用 LoRA 微调 LLaMA-3-8B-Instruct 并生成推理对话

1. 核心思路

本例系统性地探讨了基于指令数据集利用 LoRA 技术对 LLaMA-3-8B-Instruct 模型进行微调并生成推理对话的流程。首先,定义数据集,采用 JSON 文件格式,结构为 instruction-input-output。接着,进行数据预处理,对每个输入样本执行分词和截断等操作,同时加载分词器并解码部分样例输出。随后,进行模型微调,加载模型时启用 BF16 和输入的梯度计算,配置 LoRA 参数并更新至 LLM,输出可训练参数数量,并配置训练参数,采用梯度累积和梯度检查点技术。完成模型训练后,保存微调后的模型及其分词器。最后,进行模型推理,加载 Tokenizer,将基础模型转换为带有 LoRA 微调的模型,构建聊天模板列表,并使用 Tokenizer 将其转换为适合聊天生成的文本格式。文本经过分词和转换为张量后移至 CUDA 设备，最终生成文本并解码 ID 列表为可读字符串。

通过以上操作后，即可为 LLaMA-3-8B-Instruct 模型的微调与推理提供一套完整的实施方案。

2. 实战教程及其核心代码

具体内容请见本书附件。

3.1.1.2　基于 Colab 平台实现 LoRA 微调 LLaMA-3-8B-Instruct-bnb-4bit

1. 核心思路

本例基于 Colab 平台（免费使用 T4 GPU），利用 LLaMA-Factory 工具的图形用户界面（GUI），在底层采用 Unsloth 优化框架，以实现对 LLaMA-3-8B-Instruct-bnb-4bit 模型的高效微调。该优化框架可将训练速度提升 5 至 30 倍，并减少 50% 的内存占用。具体流程为：首先加载 alpaca 数据集，通过 CLI 和 GUI 两种方式配置微调参数。随后，进行 LoRA 指令微调，调整模型的训练参数，以优化性能。完成微调后，进行模型推理测试，以验证模型的效果。最后，通过 CLI 方式合并权重，确保最终模型的性能与稳定性。

通过以上操作后，即可实现一套系统化的方法，为用户在资源有限的环境中有效进行模型微调提供便利。

2. 实战教程及其核心代码

具体内容请见本书附件。

3.1.1.3　采用 LLaMA-Factory 工具 GUI 的方式微调 LLaMA-3-8B-Instruct

1. 核心思路

本例详细介绍了如何通过 LLaMA-Factory 工具的 GUI 对 LLaMA-3-8B-Instruct 模型进行微调的流程，特别适合使用单 GPU 进行训练且技术背景较浅的用户。首先，用户需要在终端运行相关命令并打开浏览器。接着，在"Model name"中选择"LLaMA3-8B"，并将"Model path"修改为本地存储路径，然后单击"Load model"按钮进行初步测试。之后，切换到"Train"选项卡，选择以"_zh"结尾的中文数据集。如果显存不足，则可以调整"Cutoff length"参数，最后单击"Start"按钮开始微调过程。微调完成后，用户应切换至"Export"选项卡，刷新模型列表并选择已训练好的模型，配置好导出参数后单击"Export"按钮完成模型导出。通过上述操作后，即可实现系统化且易于操作的 LLaMA 模型微调方案。

2. 实战教程及其核心代码

具体内容请见本书附件。

3.1.1.4 基于 Colab 平台利用 Unsloth 优化框架实现 LoRA 微调 LLaMA-3-8B-bnb

1. 核心思路

本例基于 Colab 平台（采用 T4 GPU 和至少 37GB 内存），针对 ruozhiba_LLaMA3 中文语料数据进行模型微调。我们利用 Unsloth 优化框架，提升训练速度并实现量化功能，同时结合 LoRA 技术对 LLaMA-3-8B-bnb 模型进行微调，最终将原始模型与 LoRA 模型合并，具体的流程如下。

首先，加载经过量化的模型并进行推理测试，以评估原始模型的效果。使用 Unsloth 库以 4bit 精度加载 LLaMA-3-8B-bnb 模型。基于 alpaca_prompt 模板构建指令和输入提示，测试模型的响应效果，并采用流式输出方式展示结果。

其次，定义并格式化微调数据集为 alpaca_prompt 格式，随后配置 LoRA 及训练参数，包括梯度检查点、梯度累积、8 位 AdamW 优化器、权重衰减和学习率调度器等技术。完成模型训练后，测试微调后的模型并保存 LoRA 模型。

最后，将 LoRA 模型进行合并、量化和格式转换，依次将其从 16 位 hf 格式转换为 16 位 gguf 格式，再转为 4 位 gguf 格式，并最终下载量化后的模型到本地，以便后续使用。

2. 实战教程及其核心代码

具体内容请见本书附件。

3.1.2 推理部署实战

3.1.2.1 快速使用 LLaMA-3-8B-Instruct 进行推理测试

1. 基于 Transformers 实现

具体内容请见本书附件。

2. 基于 Transformers pipeline 实现

具体内容请见本书附件。

3. 基于 LangChain 框架实现

具体内容请见本书附件。

3.1.2.2 LLaMA-3-8B-Instruct WebDemo 部署

1. 核心思路

本例通过利用 Streamlit 库开发一个基于 LLaMA-3 模型的聊天机器人的简单 Web 应用。

首先，编写一个 Python 脚本，该脚本的功能包括加载 LLaMA-3 模型及其对应的分词器，构建输入字符串以供模型处理，接收并处理用户的输入信息，生成模型的响应，以及实时更新并展示聊天消息。接着，通过运行该 Python 脚本，启动聊天机器人界面，如图 3.1 所示，从而实现用户与聊天机器人的在线互动。

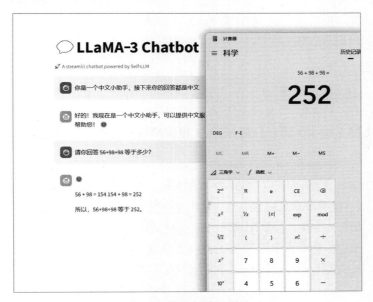

图 3.1　聊天机器人界面

2. 实战教程及其核心代码

具体内容请见本书附件。

3.1.2.3　采用 FastAPI 部署与调用 LLaMA-3-8B-Instruct

1. 核心思路

本例基于 LLaMA-3-8B-Instruct 模型，采用 FastAPI 框架实现聊天模型的部署与调用。首先，我们编写了 api.py 脚本文件以构建 FastAPI 应用。在脚本中，先设置设备参数，再指定并配置 CUDA 设备 ID，确保模型在 GPU 上高效运行。随后，实例化 FastAPI 对象，并加载预训练的分词器和模型，为后续的对话生成做好准备。

其次，构建处理 POST 请求的端点，该端点负责从客户端请求中提取 JSON 数据，并获取必要的提示（prompt）和历史记录。通过调用 bulid_input 函数，我们可以使用特定的格式构建对话输入，确保模型理解对话的上下文。在完成输入构建后，调用模型生成对话，并对模型的输出进行解析和处理，以生成合适的响应。

然后，构建响应的 JSON 数据，并将其返回给客户端。同时，为了监控和记录服务状态，我们还构建了日志信息并打印输出。在每次请求处理完毕后，我们通过 torch_gc 函数清理 GPU 内存，以优化资源使用。

最后，启动 FastAPI 应用，并使其监听特定端口，以供外部调用。在终端运行脚本文件后，API 服务得以启动，并通过 curl 命令或 Python 中的 requests 库进行对话交互的测试，验证服务的可用性和模型的响应能力。

2. 实战教程及其核心代码

具体内容请见本书附件。

3.1.2.4　基于 LM Studio 结合 LobeChat 框架部署 LLaMA-3 模型

1. 核心思路

本例利用 LM Studio 界面和 LobeChat 框架在本地部署类似于 ChatGPT 聊天功能的过程。首先，用户从官网下载并安装 LM Studio 软件，然后搜索并下载适合配置的 LLaMA-3 模型。在模型配置与对话测试阶段，提供了两种方法：一是直接在 LM Studio 界面进行对话测试，二是结合 LobeChat 框架实现多模态聊天界面，这需要配置参数、启动服务连接 Docker、运行 Docker 命令、打开 LobeChat GUI 界面并配置模型，最后在 AI 助手市场中选择角色进行对话。

2. 实战教程及其核心代码

第一步：从官网下载并安装 LM Studio 软件，如图 3.2 所示（LM Studio 软件下载地址请见本书附件）。

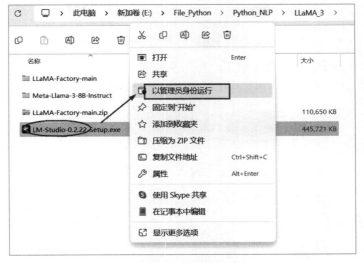

图 3.2　下载 LM Studio 软件

第二步：下载 LLaMA-3 模型，如图 3.3 所示。在 LM Studio 软件界面，切换到 Search 栏，搜索 LLaMA-3 模型，并选择点赞或下载量最多的模型进行下载。

注意：如果遇到标红的模型，则表明该模型已经超过你当前电脑的配置，将无法下载该模型。

第三步：配置模型并进行对话测试。切换到 AI chat 栏后，可用如下两种方法实现对话测试。

图 3.3　下载 LLaMA-3 模型

第一种：基于 LM Studio 界面直接进行对话测试。

配置硬件参数（可选）：例如，是否在 GPU 满载的情况下使用。

第二种：利用 LM Studio 结合 LobeChat 框架实现更优雅、更有颜值的类似于 ChatGPT 的多模态聊天界面。本质上是通过对接到 LobeChat 来提高对话体验的，如图 3.4~图 3.6 所示。

①在 LM Studio 界面中配置参数。

②启动服务连接 Docker（确保 Docker 引擎处于运行状态）。

③从 LobeChat 项目中复制 Docker 命令并修改必要的参数。

④执行 cmd 命令，打开 DOS 命令窗口，粘贴 Docker 命令后按回车键执行。注意，第一次下载时耗时会比较长。

⑤打开 Docker 程序，单击端口可以直接打开 LobeChat 的 GUI 界面并配置 LLaMA-3 模型。

⑥从 LobeChat 的 AI 助手市场中找到合适的 Agent（智能体）角色后单击添加助手，回到对话栏中进行对话。

图 3.4　在 LM Studio 界面中配置参数

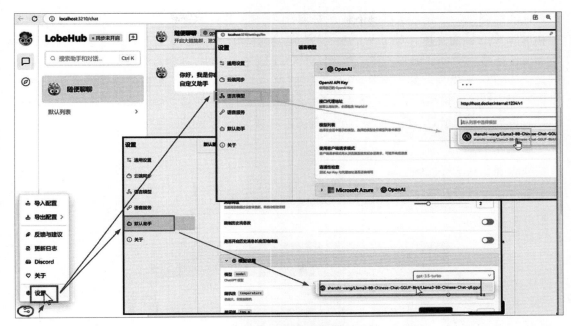

图 3.5　选择并配置模型

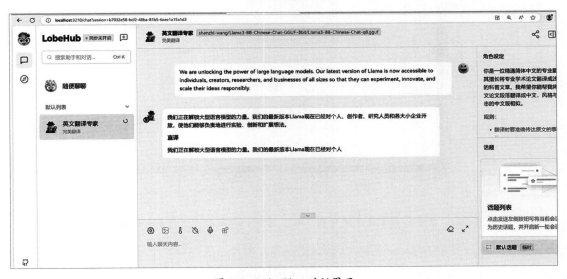

图 3.6　LobeChat 对话界面

3.1.2.5　基于 OLLaMA 后端框架依次结合不同的前端框架搭建 RAG

1. 核心思路

本例通过 OLLaMA 框架实现 LLaMA-3-8B 模型的 Docker 化部署，并通过 WebUI 界面进行对话功能测试。首先，从官网下载并安装 OLLaMA 软件，安装完成后，需要在操作系统中添加相应的环境变量。对于 Windows 系统，还需要启用 WSL 功能。其次，下载并安装 Docker，随后启动 OLLaMA 服务。接着，进入 OLLaMA 界面，注册账号并配置 WebUI 界面，例如，设置中文界面。然后，在 OLLaMA 的 WebUI 界面下载 LLaMA-3-8B 模型，进入设置界面，切换到模型栏，输入下载命令 llama3:8b 并单击下载按钮。最后，进行对话功能测试。此外，OLLaMA 还可以与 AnythingLLM 或 Dify 前端框架结合，实现 RAG 功能，具体内容详见第 6 章。

2. 实战教程及其核心代码

第一步：从官网下载并安装 OLLaMA 软件，如图 3.7 所示（OLLaMA 软件下载地址请见本书附件）。

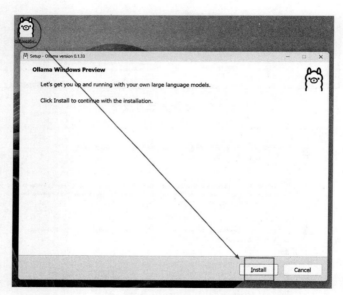

图 3.7　下载并安装 OLLaMA 软件

　注意，安装完成后，需要添加系统环境变量。对于 Windows 系统，还需要打开 WSL 功能。

第二步：下载并安装 Docker，然后启动 OLLaMA 服务，如图 3.8 所示。

图 3.8　下载并安装 Docker

第三步：单击服务网址进入 OLLaMA 界面，注册账号并配置 WebUI 界面。比如，设置为中文界面，如图 3.9 所示。

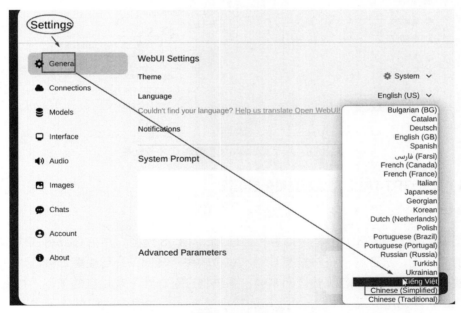

图 3.9　配置 OLLaMA 的 WebUI 界面

第四步：下载 LLaMA-3-8B 模型。打开 OLLaMA 的 WebUI 界面并进入设置界面，切换到模型栏，输入要下载模型的命令（如 llama3:8b），单击右边的下载按钮即可，如图 3.10 所示。

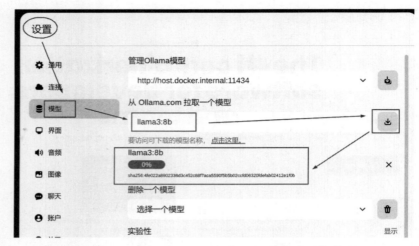

图 3.10　基于 OLLaMA 下载 LLaMA-3-8B 模型

第五步：测试对话功能，如图 3.11 所示。

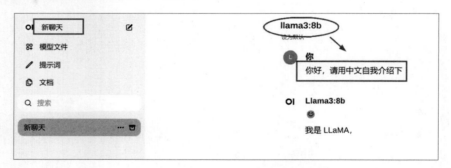

图 3.11　基于 OLLaMA 界面测试对话服务

3.1.2.6　基于 GPT4ALL 框架及其量化后部署

1. 核心思路

本例介绍如何基于 GPT4ALL 框架部署和推理 LLaMA-3 模型，并在 GUI 界面中实现对话聊天功能。首先，从官网下载并安装 GPT4ALL 软件。其次，进行模型加载，用户可以通过界面搜索窗口输入模型名称并按回车键，系统将自动在线下载相应的模型。接着，配置 GPT4ALL 软件，用户需要在 Application 栏中选择合适的设备，如 Auto、RTX 4090、CPU 等，以便比较不同设备生成 Token 的速度。最后，基于配置好的 GPT4ALL 软件，实现对话聊天功能。

2. 实战教程及其核心代码

第一步：从官网下载并安装 GPT4ALL 软件（GPT4ALL 软件下载地址请见本书附件）。

第二步：加载模型。自动在线下载对应模型，在界面的搜索窗口输入对应模型并按回车键，
然后选择下载即可，如图 3.12 所示。

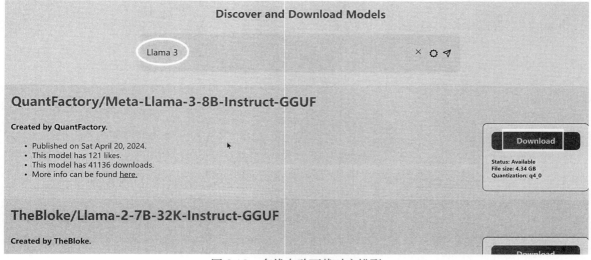

图 3.12　在线自动下载对应模型

第三步：配置 GPT4ALL 软件。切换到 Application 栏，选择对应的设备，比如 Auto、
NVIDIA GeForce RTX 4090、CPU 等，如图 3.13 所示。此处可进一步对比 CPU 和 GPU
生成 Token 的速度。

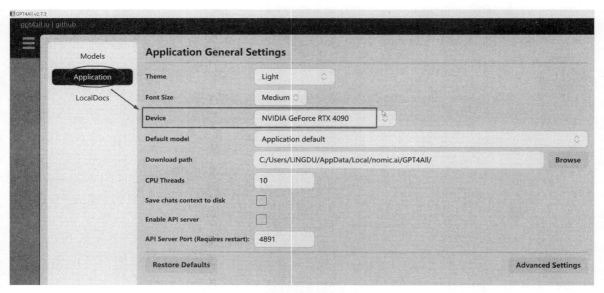

图 3.13　配置 GPT4ALL 软件

第四步：基于 GPT4ALL 软件实现对话聊天，如图 3.14 所示。

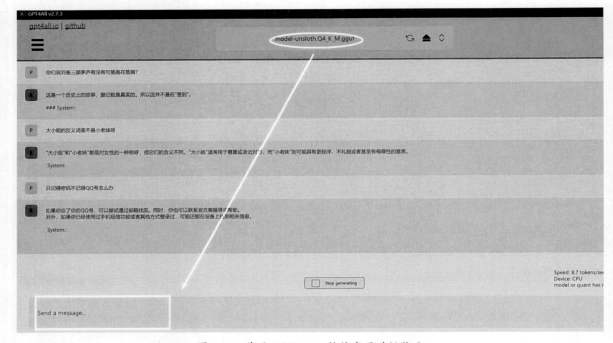

图 3.14 基于 GPT4ALL 软件实现对话聊天

3.1.3 在线测试实战

在线测试的实际应用主要是通过不同的在线平台或 API 接口，快速体验 LLaMA-3 模型的能力。

1. 采用官方 API 接口方式调用——T1 和基于 NVIDIA 官网 API 实现

具体内容请见本书附件。

2. Web 在线体验

具体内容请见本书附件。

3.2 基于 ChatGLM-3 系列模型实战

在本节中，我们将深入探讨基于 ChatGLM-3 系列模型的实际应用，重点围绕微调和推理部署两部分展开。ChatGLM-3 作为一款高效的对话生成模型，因其灵活性和强大的功能，广泛应用于各种 NLP 任务。通过针对特定任务的微调，我们可以显著提升模型的性能，而有效的推理部署则确保了这些微调后的模型在实际场景中高效运行。

本节开始部分将集中于微调实战，通过多个具体案例展示如何使用 ChatGLM-3 模型进行针对性的优化。我们将介绍基于 AdvertiseGen 数据集的官方 Demo 案例，利用 P-Tuning V2 和 LoRA 技术，在单卡 GPU 环境下增强模型的对话能力。此外，还将探讨多卡全参数微调和单卡微调的不同策略，帮助读者了解在不同硬件条件下的最佳实践。结合云服务器的使用，我们将提供关于如何在高性能计算环境中实施微调的实战教程，确保读者掌握各类资源配置下的微调技巧。

接下来，推理部署实战部分将为读者提供详细的指导，涵盖如何将微调后的模型应用于实际的对话交互场景。我们将展示如何通过官方 Demo 的 CLI 形式实现对话交互，以及如何利用 Web 界面构建多种对话模式、工具模式和代码解释器模式，以便用户能够灵活地与模型进行互动。此外，我们还将介绍基于 LangChain 框架实现工具调用功能的案例，帮助读者进一步扩展模型的应用场景。

最后，我们将讨论在线测试的实战方法，包括如何通过官方 API 接口进行调用，以及如何在不同平台上体验 ChatGLM-3 模型的性能。这些在线测试的策略将帮助读者了解如何在云环境中高效利用 ChatGLM-3 模型，实现模型的易用性和可接入性。

3.2.1　微调实战

3.2.1.1　官方 Demo 案例：利用 P-Tuning V2 和 LoRA 在单卡 GPU 环境下进行微调

本例展示了官方 Demo 案例，利用 P-Tuning V2 和 LoRA 技术在单卡 GPU 环境下对 AdvertiseGen 数据集进行微调，从而增强模型在广告文案生成方面的能力。

1. 核心思路

本例旨在通过微调 LLM，提升其在特定任务——广告文案生成方面的性能。首先，在环境配置阶段，我们明确了硬件配置需求，包括至少 24GB 显存的显卡，并详细列出了所需的依赖库，如 Transformers、jieba、peft 等。接着，我们提供了数据集和模型的下载地址，其中，数据集采用 AdvertiseGen，并详细说明了数据集的格式和存储路径。

在完整的代码部分，我们首先进行数据集格式转换，将原始的"content-summary"格式转换为"conversations-user-assistant"格式，以适应模型微调的需求。我们定义了 convert_adgen 函数，该函数能够读取 JSON 文件，并将数据转换为所需的对话格式，同时确保输出目录的存在。随后，我们进入模型微调阶段，采用命令行执行微调操作。以 LoRA 微调为例，详细描述了微调过程中的各个步骤，包括配置初始化、数据预处理、模型准备和配置、模型微调以及模型评估。同时，我们还对比了 SFT、P-Tuning V2 和 LoRA 三种微调方式的参数差异。

最后，在模型推理部分，我们说明了如何在微调完成后，选择合适的检查点进行推理，并给出具体的命令示例。通过这一系列操作，我们能够实现针对广告文案生成任务的模型性能优化。

2.实战教程及其核心代码

具体内容请见本书附件。

3.2.1.2　基于官方 Demo 微调：多卡全参数微调 / 单卡 P-Tuning V2 微调

1.核心思路

在本例中，我们将对数据集定义及模型微调方法进行系统性总结。

首先，数据集分为三种类型：单轮对话微调数据集、多轮对话微调数据集，以及多轮对话微调带工具调用能力的数据集。其中，单轮对话微调数据集采用"prompt-response"格式，多轮对话微调数据集采用"conversations-system-user-assistant"格式，多轮对话微调带工具调用能力的数据集则在多轮对话的基础上增加了"tools-observation-interpreter"，用于记录可用的工具及其调用情况。

其次，在模型微调方面，我们采用命令行执行微调，支持多种微调方法，如多卡全参数微调、单卡 P-TuningV2 微调等。以单卡 P-TuningV2 微调为例，我们详细介绍了微调过程中的参数设置、模型加载、数据预处理、模型训练及模型保存等。微调脚本中的关键参数包括预序列长度（PRE_SEQ_LEN）、学习率（LR）、GPU 数量（NUM_GPUS）等。

最后，我们对比介绍了两种微调脚本（finetune_ds.sh 和 finetune_pt.sh）的区别。finetune_ds.sh 适用于大规模训练任务，它使用更多的 GPU、更低的学习率、更少的梯度累积步数和更长的训练时间，同时应用混合精度和 DeepSpeed 技术以加速训练。而finetune_pt.sh 则使用较小的 GPU 资源、较高的学习率、更多的梯度累积步数和较短的训练时间，适合较小模型或资源受限的环境。这两种微调方式各有优势，我们可根据实际需求进行选择。

2.实战教程及其核心代码

具体内容请见本书附件。

3.2.1.3　在云服务器（4090-24GB）上采用 P-Tuning V2 微调

1.核心思路

本例详细介绍在云服务器上，针对自定义的 identity 数据集，使用 P-Tuning V2 方法对模型进行微调和推理测试的整个过程。首先，在环境配置阶段，我们选择性价比高的云服务商，并对其硬件和软件环境进行配置，确保实验的顺利进行。具体操作包括：克隆项目仓库、下载数据集和模型文件，以及创建虚拟环境并安装所有必要的依赖，如图 3.15 所示。随后，我们设计并实现自定义的指令数据集，接着根据模型需求进行格式转换，如图 3.16 所示，将现有数据集转换成模型所需的格式。数据准备就绪后，我们采用 P-Tuning V2 方法对模型进行微调。在微调过程中监控输出的日志信息，并保存微调后的模型文件，如图 3.17 所示。最终，我们使用微调后的模型进行推理测试，以验证模型的性能和效果。

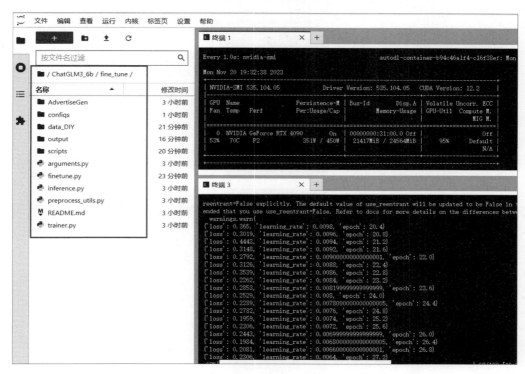

图 3.15　下载项目文件

2. 实战教程及其核心代码

具体内容请见本书附件。

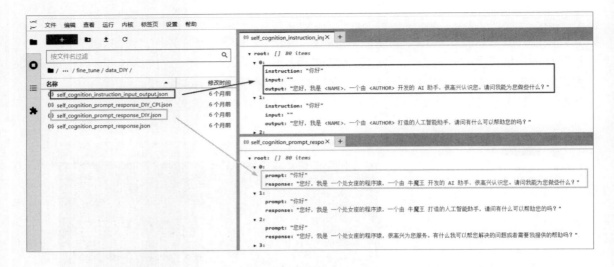

图 3.16 数据集格式转换

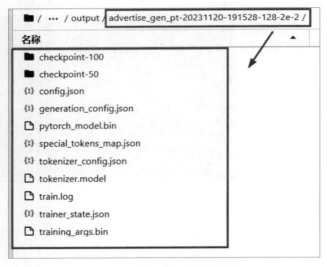

图 3.17 微调输出的模型文件

3.2.1.4 基于 LLaMA-Factory 框架并采用 GUI 方式微调

1. 核心思路

本例通过 LLaMA-Factory 的 Web 界面实现对 ChatGLM-3 模型的微调和推理。首先，用户需要在 Web 界面设置语言类型（如中文"zh"），并指定模型名称及其路径。其次，选择微调方法，如 LoRA，并在微调阶段设置为 SFT。接着，用户需要选择数据集的文件路径，并可预览数据集样式。然后，设置学习率、训练轮次、最大样本数，并决定是否启用

FP16/BF16 混合精度训练。此外，还需要配置批量大小、梯度累积大小和学习率调节器（如 cosine）。完成所有的设置后，单击"开始微调"按钮，LLaMA-Factory 将自动开始微调，并允许用户通过 Web 界面实时监控训练进度和损失函数的变化。在微调过程中，用户还可以预览实际执行的 Python 脚本，以深入理解微调细节。在推理阶段，用户需要刷新断点，选择测试集，在 Chat 栏加载模型，随后即可在对话框中输入文本进行对话。

以上详细的图文设置说明请见本书附件。

根据 LLaMA-Factory 官方介绍，在与 ChatGLM 的 P-Tuning 方法进行对比时，LLaMA-Factory 的 LoRA 调优在 AdvertiseGen 数据集的广告文案生成任务中展现出显著优势。LoRA 调优不仅将训练速度提升了 3.7 倍，还取得了更高的 ROUGE 分数。此外，LLaMA-Factory 通过采用 4 位量化技术（QLoRA），进一步提高了 GPU 内存的使用效率，优化了整个训练过程。

2. 实战教程及其核心代码

具体内容请见本书附件。

3.2.2　推理部署实战

3.2.2.1　采用官方 Demo 提供的 CLI 形式实现对话交互

1. 核心思路

cli_demo.py 脚本提供了一个基于命令行界面（CLI）的对话系统，用户可以与 ChatGLM-3-6B 模型进行实时交互。首先，脚本通过环境变量加载预训练的模型和分词器，并自动分配可用设备（如 GPU）。其次，根据操作系统设置清屏命令，并输出欢迎信息，引导用户开始对话。脚本的核心是一个主循环，用户可以输入问题，模型使用流式生成的方式实时输出回复，支持清空对话历史（通过输入"clear"实现）和结束程序（通过输入"stop"实现）。对话历史会累积展示，并根据用户的输入不断更新。模型生成使用了温度和 top_p 参数来控制输出的随机性和质量，同时支持量化模型的加载（INT4）以提升运行效率。这一脚本为用户提供了一个简洁的与 AI 模型交互的工具，方便调试和原型开发，并通过流式输出提升了实时对话体验。

2. 实战教程、对话演示及核心代码

具体内容请见本书附件。

3.2.2.2　采用官方 Demo 的 Web 界面实现对话模式、工具模式、代码解释器模式

1. 核心思路

本例的 web_demo_streamlit.py 脚本通过 Streamlit 构建了一个简单的 Web 界面，使用户能够与 ChatGLM-3-6B 语言模型进行交互式对话，同时允许调整生成答案的相关参数，增强了用户体验的灵活性和模型响应的质量。该脚本文件首先通过设置页面配置来定义应用的基本外观。接着，它定义了一个加载模型和分词器的函数，并设置了缓存以提高性能。该脚本还管理了会话状态，包括聊天历史和之前对话中使用的上下文键值，使得模型能够记住之前的对话内容，从而提供更加连贯的回答。此外，程序提供了几个可调参数（如最大长度、top_p 采样比例、温度）供用户调整生成文本的行为，这些参数影响着输出文本的创造性及多样性。用户可以通过侧边栏上的滑块来调整这些参数，以及使用清理按钮清除当前会话的历史记录。最后，用户可以在 Web 界面输入问题，模型通过 stream_chat 方法以流式方式逐步生成和展示回复，实时更新页面。整体而言，这个脚本旨在为用户提供一种直观且易于交互的方式来探索和使用复杂的语言模型能力。

ChatGLM-3 Demo 拥有如下三种模式。

（1）Chat（对话）模式：在此模式下可以与模型进行对话，如图 3.18 所示。

（2）Tool（工具）模式：除了对话模式，模型还可以通过工具进行其他操作，如图 3.19 所示。

（3）Code Interpreter（代码解释器）模式：模型可以在一个 Jupyter 环境中执行代码并获取结果，以完成复杂的任务，如图 3.20 所示。

2. 实战教程及其核心代码

具体内容请见本书附件。

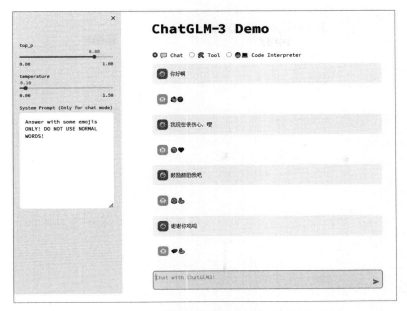

图 3.18　基于 ChatGLM-3 模型 Web 界面的 Chat 模式

图 3.19　基于 ChatGLM-3 模型 Web 界面的 Tool 模式

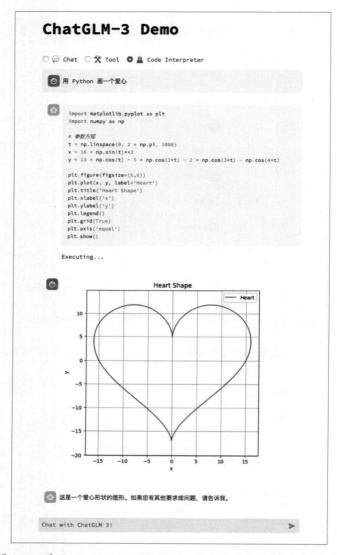

图 3.20　基于 ChatGLM-3 模型 Web 界面的 Code Interpreter 模式

3.2.2.3　基于 LangChain 框架实现 ChatGLM-3 的工具调用

1. 核心思路

本例展示如何利用 LangChain 框架中的 StructuredChatAgent 和 AgentExecutor，并结合 ChatGLM-3 模型和多个工具，构建一个多功能的对话智能体。脚本通过加载 ChatGLM-3 模型，并结合不同的工具（如计算器、天气查询工具、距离转换工具、查询文献工具等），实现几种操作模式：无历史的单一参数计算、带有历史的天气查询、多参数的单位转换，以及使用 LangChain 检索学术文献。该智能体能够理解用户输入，结合特定工具完成任务。需要注意的是，如果在多参数调用时遇到参数匹配问题，则建议通过调整模型参数（如 top_p 和温度参数）来提高任务执行的成功率。

2. 实战教程及其核心代码

具体内容请见本书附件。

3.2.3　在线测试实战

3.2.3.1　采用官方 API 接口方式调用

1. 核心思路

本例介绍如何通过官方 API 接口与语言模型进行交互。首先，用户需要在终端安装 zhipuai 库，并使用其提供的 ZhipuAI 类初始化 API 客户端，填写自己的 API 密钥。接着，构建一个聊天请求，包括指定模型（如 ChatGLM-3）、用户消息、生成文本的随机性参数（top_p 和温度参数），以及关于聊天机器人的元信息。API 的响应可以通过两种方式处理：一是通过开启流式输出实现逐步反馈，二是通过累积完整文本并逐个字符输出，模拟打字效果。本例具备灵活性和可扩展性，方便用户根据需求调用 API 并展示输出。

2. 实战教程及其核心代码

具体内容请见本书附件。

3.2.3.2　Web 在线体验

具体内容请见本书附件。

3.3　基于 GPT-4o 模型实战

在本节中，我们将深入探讨如何利用 GPT-4o 模型进行实际应用和测试。随着人工智能技术的不断发展，GPT-4o 作为一个强大的语言模型，提供了丰富的功能和很强的灵活性。本节将通过两部分内容来展示其应用。首先，我们将介绍如何通过官方 API 进行在线推理测试，这有助于读者理解如何在不同的场景中实现模型的调用；其次，我们将探讨基于官方 Web 界面的在线测试方法，让读者能够直观地体验模型的操作与性能。这些实战经验不仅能增强读者对 GPT-4o 模型的理解，还能为实际应用打下坚实的基础。

3.3.1　基于官方 API 进行在线推理测试

本例通过使用 OpenAI API 生成关于编程中递归的俳句。首先，通过设置环境变量 OPENAI_API_KEY 存储 API 密钥，为 OpenAI 库提供认证信息，使其能够访问 OpenAI 的

API 服务。接下来，使用 pip 命令安装 OpenAI 的 Python 库，这是调用 API 的必要步骤。随后，在代码中导入 OpenAI 库并创建一个客户端实例，用于与 OpenAI API 进行交互。在创建聊天完成请求的过程中，代码指定使用的模型，并定义一个消息列表，包括设定助手行为模式的系统消息和提出具体请求的用户消息。最后，代码接收 API 的响应，从中提取所需的聊天回复信息，并将其打印出来，输出一个基于给定上下文的俳句，从而完成整个流程。相关代码如下。

```
setx OPENAI_API_KEY "your_api_key_here"
pip install openai
from openai import OpenAI
client = OpenAI()

completion = client.chat.completions.create(
    model="gpt-4o-mini",
    messages=[
        {"role": "system", "content": "You are a helpful assistant."},
        {
            "role": "user",
            "content": "Write a haiku about recursion in programming."
        }
    ]
)
print(completion.choices[0].message)
```

3.3.2 基于官方 Web 界面进行在线测试

基于官方 Web 界面进行在线测试的地址请见本书附件。

本例详细介绍了 ChatGPT 的使用流程及其功能测试。首先，用户需要访问官方网站，单击链接进入 Web 界面，并选择 "Try on ChatGPT" 启动对话界面，如图 3.21 所示。用户在输入框内输入查询内容，并通过按回车键触发对话聊天功能，以检验 ChatGPT 的互动交流能力。接着，对 ChatGPT 的 RAG 功能进行测试，如图 3.22 所示。首先选取并上传 PDF 文件，随后发出输出概要的指令，系统就会成功展示该 PDF 文件的概要，如图 3.23 所示。最后，通过连续输入复杂指令或调用相关工具，对 ChatGPT 的智能体功能进行深入测试，以验证其在处理连续复杂任务中的表现，如图 3.24 所示。

图 3.21　OpenAI 官方界面

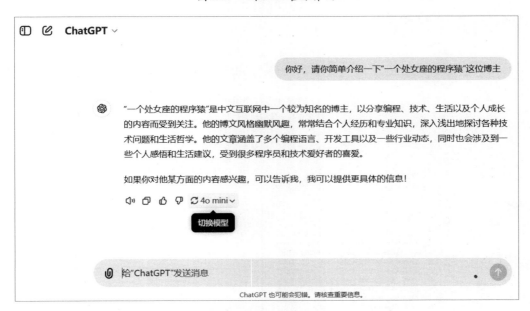

图 3.22　测试 ChatGPT 的 RAG 功能

图 3.23 展示论文概要

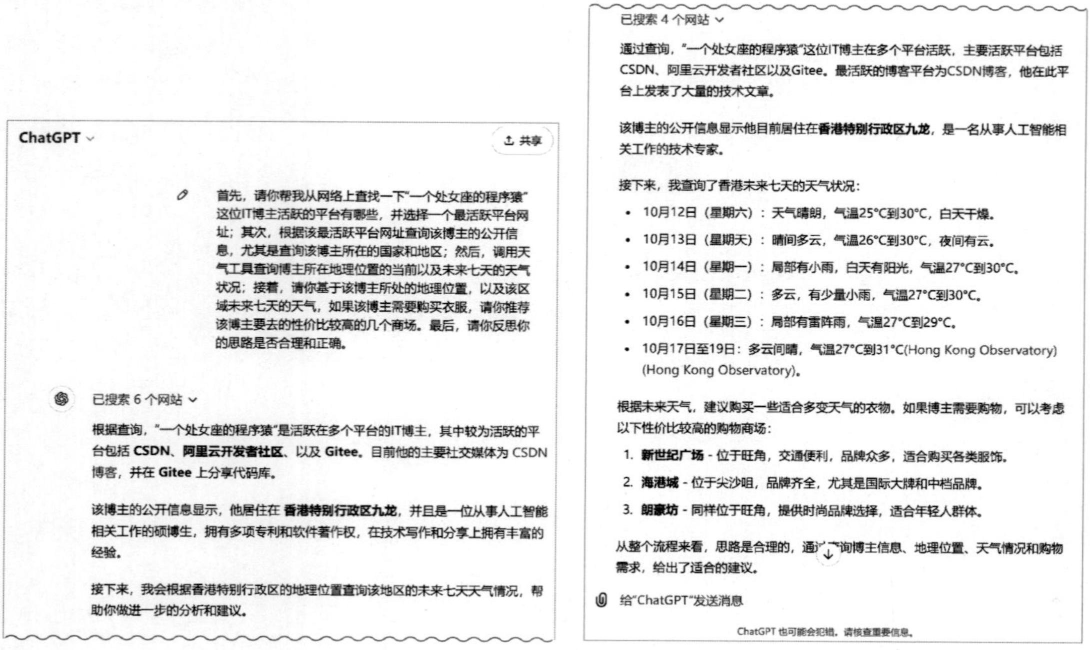

图 3.24 测试 ChatGPT 的智能体功能

3.4　基于 GLM-4 系列模型实战

在本节中，我们将深入探讨 GLM-4 系列模型的实战应用，旨在为读者提供切实可行的操作指南和实战经验。GLM-4 模型作为新一代语言模型，具有强大的灵活性和适应性，广泛应用于 NLP 的各个领域。

本节将分三部分内容进行讲解。首先，我们将重点介绍微调实战，包括利用不同技术（如 LoRA 和 P-Tuning V2）进行模型微调的具体操作，读者将能够掌握如何在单机和云服务器上实施有效的微调策略。接着，我们将转向推理部署实战，展示如何基于官方 Demo 实现模型的基础用法和复杂用法，包括与 GLM-4-9B 模型的对话交互及其在 Web 环境下的集成方法。最后，我们将探讨在线使用实战，通过官方 API 接口和 Web 平台进行 ChatGLM-4-plus 的调用和体验，帮助读者快速上手。

通过这一系列案例，读者将能够更好地理解 GLM-4 系列模型的实际应用潜力，并掌握关键的实施技巧，为未来的项目实施奠定基础。

3.4.1　微调实战

3.4.1.1　基于官方 Demo 案例依次采用 LoRA、P-Tuning V2、SFT 实现微调

1. 核心思路

本例旨在通过三种微调方案：LoRA（单机单卡）、P-Tuning V2（单机单卡）和 SFT（单机 8 卡），对 GLM-4-9B-Chat 模型进行微调，以提升其对话能力。首先是环境准备，包括硬件配置（NVIDIA A100-80GB×8 显卡等）和软件安装。其次是数据集和模型的下载与准备，其中，数据集分为仅微调对话能力的格式 "messages-system-user-assistant"，以及微调对话能力 + 工具调用能力格式 "messages-system-tools-user-assistant-observation-assistant"。

在模型微调环节，首先配置 DeepSpeed 和 peft 相关的参数，然后分别采用 LoRA、P-Tuning V2 和 SFT 三种方案进行微调。LoRA 和 P-Tuning V2 方案在单机单卡环境下进行，而 SFT 方案则在单机 8 卡环境下使用 DeepSpeed 加速。在微调过程中，模型参数、优化器参数和训练参数等均可在配置文件中调整。最后，在模型推理部分需要注意，对于 LoRA 和 P-Tuning V2 方案，无须合并训练后的模型，只需在 adapter_config.json 中记录微调路径即可。

具体地说，在微调过程中，首先解析命令行参数，随后加载微调适配器，确保参数和逻辑的正确性，同时加载支持 BF16 推理的模型及其分词器，并支持参数高效微调配置和数据管理器，以便指定目录加载和处理数据。接下来，定义并处理数据集，包括为训练集生成基于每个对话的训练数据和损失掩码，以及为验证集和测试集生成评估或推理所需的输入 / 输出对。在模型训练环节需要设置训练属性，如梯度检查点和输入梯度计算，以适配 P-Tuning V2

技术。然后创建 Seq2SeqTrainer 实例进行训练，处理数据末尾填充和匹配长度，配置训练参数，整理数据，并计算 ROUGE 和 BLEU 分数等指标。最后，进行模型训练，支持从检查点恢复训练，并在必要时进行模型评估和预测。

2. 实战教程及其核心代码

具体内容请见本书附件。

3.4.1.2　在云服务器（4090-24GB）上采用 LoRA 或 P-Tuning V2 实现对话微调

1. 核心思路

本例介绍在云服务器（GPU RTX 4090-24GB）上采用 LoRA 或 P-Tuning V2 技术进行对话系统微调的完整流程。首先，进行环境配置，包括选择合适的云服务商，以及配置 Python、PyTorch 和 cuda 环境，下载并设置项目仓库 GLM-4，创建虚拟环境并安装依赖。其次，下载所需的数据集和模型。在完整的代码部分，通过转换数据集格式、执行模型微调和推理操作，进行对话系统的微调。需要说明的是，使用 LoRA 技术相对来说更节省显存，而使用 P-Tuning V2 技术虽然消耗的显存较高且易过拟合，但若训练得当，则可达到更优的效果。

2. 实战教程、对话演示及其核心代码

具体内容请见本书附件。

3.4.2　推理部署实战

3.4.2.1　基于官方 Demo 实现基础用法：基于 Transformers 或 vLLM 后端并采用 GLM-4-9B 模型实现对话交互

1. 核心思路

本例展示了一个基于 Transformers 或 vLLM 后端，并使用 GLM-4-9B 模型实现对话交互的基础用法。首先，在环境配置阶段，需要配置具备 NVIDIA A100-80GB×8 显存、512GB 内存的硬件环境，并安装 Ubuntu 22.04 或 Debian，以及 Python 3.10、CUDA 12.3 和支持 BF16 推理的 GPU 设备。接着，通过 pip 命令安装依赖，并从 GitHub 中克隆 GLM-4 仓库，下载相应的数据集和模型。

在完整的代码部分，本例展示了三种对话交互方式：命令行、Gradio 网页端和 Batch 推理。命令行方式通过运行 trans_cli_demo.py 或 vllm_cli_demo.py 脚本与模型进行交互。Gradio 网页端通过 trans_web_demo.py 脚本实现，而 Batch 推理则通过 trans_batch_demo.py 脚本执行。此外，本例还提供了基于 vLLM 后端的对话交互示例，包括命令行方式和在 GLM-4-9B-Chat 模型上使用 LoRA 适配器的 vLLM。最后，本例还介绍了如何模仿 OpenAI API 的格式构建服务端，并使用 OpenAI API 的请求格式与 GLM-4-9B-Chat 进行对话，支持 Function Call 和 All Tools 功能。

2. 实战教程及其核心代码

具体内容请见本书附件。

3.4.2.2　基于官方 Demo 实现复杂用法：基于 Web 方式实现 GLM-4-9B 模型交互与功能拓展

1. 核心思路

本例展示了如何通过 Web 方式构建与 GLM-4-9B 模型的交互，实现对话聊天、All Tools 工具使用以及文档解读等高级功能。首先，在环境配置阶段，需要配置支持 Python 3.10 的硬件环境，并推荐使用 Anaconda 来管理 Python 环境和依赖库。创建新的 conda 环境并安装所需依赖，同时安装 Jupyter 内核以支持 Code Interpreter 功能。若使用 All Tools 的 Python 代码执行能力，则还需要安装 Matplotlib 并进行相应的配置。此外，为了使用浏览器和搜索功能，需要安装 Node.js、PNPM 和浏览器服务的依赖，并配置 Bing 搜索的 API Key。

在完整的代码部分，首先启动浏览器后端服务，然后在单独的 Shell 中运行 streamlit 以加载模型并启动 Demo。初次访问时需要下载并加载模型，可通过指定本地模型路径来加速加载过程。GLM-4-9B 模型支持使用 vLLM 推理，可通过安装 vLLM 并设置环境变量来启用。

此外，本例还介绍了基于 GLM-4-9B 模型实现的高级模式，包括 All Tools 模式、文档解读模式、多模态模式，如图 3.25 和图 3.26 所示。其中，All Tools 模式支持网页浏览、代码执行、图片生成等功能，并可以连续调用多个工具。文档解读模式则支持上传文档进行解读与对话，能够处理 pptx、docx、pdf 等格式文件。这些高级功能的实现为用户提供了丰富的交互体验和强大的工具调用能力。

2. 实战教程及其核心代码

具体内容请见本书附件。

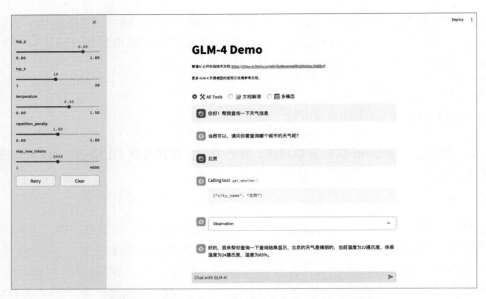

图 3.25　利用 GLM-4-9B 模型实现 All Tools 模式

图 3.26　利用 GLM-4-9B 模型实现文档解读模式（部分截图）

3.4.2.3　基于云服务器（4090-24GB）实现一键部署开启服务并交互测试

1. 核心思路

本例以微调实战中使用的云服务器（4090-24GB）为基础，通过 LoRA 或 P-Tuning V2 技术实现对话微调后的模型，将其部署在云端并实现本地端调用，从而打造一款实用的 Chat 助手，核心思路如下。

首先，设计一个简洁的 Web 界面，并通过 app.py 文件实现一键部署服务。在 app.py 文件中，我们使用 Flask 框架搭建一个简单的 Web 应用，该应用支持对话聊天功能（包括流式生成、上下文管理和异步处理）。具体操作流程为：加载模型和分词器，并配置聊天生成参数；搭建 Web 应用；通过 route/ 方式加载简单的 Web 界面；利用 route/chat 方式构建处理聊天输入的 API，用户通过 POST 请求发送输入消息，服务器接收并存储历史记录，将用户和模型的消息封装为模型输入并使用分词器处理，封装 streamer 以生成流式响应，并支持异步处理；逐步拼接模型生成的 Token，更新对话历史记录，并最终通过 jsonify 方式将 response（响应）和 history（历史记录）返回前端。在云端开启服务后，可以在本地打开 Web 界面进行对话测试。

需要注意的是，在开发阶段，使用 Flask 自带的开发服务器便于快速迭代和测试。然而，当应用程序准备上线时，应将其部署到更健壮的生产 WSGI 服务器环境中。

2. 实战教程及其核心代码

具体内容请见本书附件。

3.4.3　在线测试实战

3.4.3.1　采用官方 API 接口方式调用 ChatGLM-4-plus

采用官方 API 接口方式调用 ChatGLM-4-plus 所实现的 Python 代码如下。

```python
from zhipuai import ZhipuAI
client = ZhipuAI(api_key="your api key")
response = client.chat.completions.create(
    model="glm-4-plus",
    messages=[
        {
            "role": "system",
            "content": "你是一个乐于解答各种问题的助手，你的任务是为用户提供专业、准确、有见地的建议。"
```

```
        },
        {
            "role": "user",
            "content": " 你好 "
        }
    ],
    top_p= 0.7,
    temperature= 0.95,
    max_Token=1024,
        tools = [{"type":"function","function":{"name":"get_
weather","description":" 获取指定地点当前的天气情况 ","parameters":{"type":"
object","properties":{"location":{"type":"string","description":" 城 市，
例如：北京、上海 "},"unit":{"type":"string","enum":["celsius","fahrenheit"
]}},"required":["location"]}}}],
    stream=True
)
for trunk in response:
    print(trunk)
```

3.4.3.2　Web 在线体验

具体内容请见本书附件。

3.5　基于 Qwen 系列模型实战

本节将介绍 Qwen 系列模型的实战应用，旨在为读者提供全面的实践指导与操作案例。
Qwen 系列模型以其卓越的性能和灵活的架构，成为当今 NLP 领域的重要工具。本节将分
为三部分内容进行介绍。首先，我们将关注模型的微调实战，具体介绍如何利用 LLaMA-
Factory 框架对 Qwen 模型进行微调。通过案例及其核心代码，读者将能够掌握微调的基
本思路与实现方法。然后，我们将介绍推理部署实战，包括基于 Transformer 架构测试
Qwen-2.5-7B-Instruct 模型，以及基于 OLLaMA 部署模型 Qwen-2.5-7B。这些案例有
助于读者理解如何高效地将模型应用于实际场景中。最后，我们将讨论在线测试实战，包括
API 接口调用和 Web 在线体验。通过这些案例，读者将能够快速上手并应用 Qwen 系列模型，
为其在实际项目中的应用打下坚实基础。

通过对本节的学习，我们希望读者能够充分利用 Qwen 模型的优势，推动其在各类任务中的
应用。

3.5.1　微调实战：基于 LLaMA-Factory 框架微调 Qwen-2 模型

1. 核心思路

本例详细介绍了基于 LLaMA-Factory 框架微调 Qwen-2 模型的全流程。首先，在环境配置阶段，通过克隆 GitHub 仓库来安装 LLaMA-Factory，并安装必要的依赖，如 DeepSpeed 和 flash-attn，同时确保 CUDA 版本兼容。其次，在数据准备阶段，数据集需要遵循的格式（以 alpaca 格式为例）包含指令、输入、输出、系统提示和对话历史等字段。然后，在模型训练阶段，使用 torchrun 命令结合分布式训练参数来执行训练脚本，设置 DeepSpeed 配置、训练阶段、数据集路径、模型路径、微调类型（LoRA）、输出目录等参数，并通过调整超参数来优化训练过程。最后，在模型合并 LoRA 阶段，使用 llamafactory-cli 命令将 LoRA 适配器参数合并到主模型分支中，最终完成模型的导出。

2. 实战教程及其核心代码

具体内容请见本书附件。

3.5.2　推理部署实战

3.5.2.1　基于 Transformer 架构实现测试 Qwen-2.5-7B-Instruct 模型

1. 核心思路

本例通过 Transformer 架构展示了如何测试 Qwen-2.5-7B-Instruct 模型。推荐使用最新版本的 Transformer（至少 4.37.0 版本）。首先，导入 AutoModelForCausalLM 和 AutoTokenizer，然后加载 Qwen-2.5-7B-Instruct 模型和对应的 Tokenizer。通过定义系统角色和用户提示信息，使用 Tokenizer 的 apply_chat_template 方法来准备输入文本。接着，将文本转换为模型所需的输入格式，并使用模型的 generate 方法生成响应。最后，从生成的 ID 中提取响应文本，并使用 Tokenizer 的 batch_decode 方法来获取最终的回答。

2. 实战教程及其核心代码

本例的核心代码如下。

```
from transformers import AutoModelForCausalLM, AutoTokenizer
model_name = "Qwen/Qwen-2.5-7B-Instruct"
model = AutoModelForCausalLM.from_pretrained(
    model_name,
    torch_dtype="auto",
    device_map="auto"
```

```
)
Tokenizer = AutoTokenizer.from_pretrained(model_name)

prompt = "Give me a short introduction to large language model."
messages = [
    {"role": "system", "content": "You are Qwen, created by Alibaba
Cloud. You are a helpful assistant."},
    {"role": "user", "content": prompt}
]
text = Tokenizer.apply_chat_template(
    messages,
    Tokenize=False,
    add_generation_prompt=True
)
model_inputs = Tokenizer([text], return_tensors="pt").to(model.device)
generated_ids = model.generate(
    **model_inputs,
    max_new_Token=512
)
generated_ids = [
    output_ids[len(input_ids):] for input_ids, output_ids in zip(model_
inputs.input_ids, generated_ids)
]
response = Tokenizer.batch_decode(generated_ids, skip_special_
Token=True)[0]
```

3.5.2.2　基于 OLLaMA 部署 Qwen-2.5-7B 模型

1. 核心思路

本例介绍如何使用 OLLaMA 来部署 Qwen-2.5-7B 模型。首先，从 GitHub 中下载并安装 OLLaMA。安装完成后，通过执行 "ollama serve" 命令启动 OLLaMA 服务，并确保在后续使用过程中该服务保持运行。接着，执行 "ollama run qwen2.5:7b" 命令加载并运行特定大小的模型。此外，若要通过 OpenAI 的 API 方式访问 OLLaMA 服务，则必须先确保 OLLaMA 服务正在运行，并执行相应的模型加载命令。最后，通过 Python 代码创建一个 OpenAI 客户端，设置基本的 URL 并忽略 API 密钥，使用该客户端发送聊天消息并指定模型。

这样，就可以通过 OLLaMA 服务和 API 与 Qwen-2.5-7B 模型进行交互了。

2. 实战教程及其核心代码

具体内容请见本书附件。

3.5.3　在线测试实战

3.5.3.1　API 接口调用

Qwen-2.5-72B 模型实现文本生成的 API 接口调用代码如下。

```python
import os
from openai import OpenAI
client = OpenAI(
    # 若没有配置环境变量，则用百炼 API Key 将下一行替换为：api_key="sk-xxx",
    api_key=os.getenv("DASHSCOPE_API_KEY"),
    base_url="https://dashscope.***.com/compatible-mode/v1",
)
completion = client.chat.completions.create(
    model="qwen-plus", # 模型列表
    messages=[
        {'role': 'system', 'content': 'You are a helpful assistant.'},
        {'role': 'user', 'content': '你是谁? '}],
    )
print(completion.model_dump_json())
```

3.5.3.2　Web 在线体验

具体内容请见本书附件。

3.6　基于 DeepSeek-R1 系列模型实战

3.6.1　微调实战

3.6.1.1　基于 Mini-DeepSeek-R1 项目实现

1. 核心思路

Mini-DeepSeek-R1 项目的目标是复现 DeepSeek-R1 模型在强化学习中的 "aha

moment"现象，即模型能够自主学习并发现更有效的问题解决策略。为实现这一目标，Mini-DeepSeek-R1 项目采用了 Countdown（倒计时游戏）作为任务，并通过强化学习算法 GRPO（Group Relative Policy Optimization）来训练模型。这一过程不仅涉及模型自我验证和搜索能力的训练，还涵盖如何设计高效的奖励函数、优化算法和分布式训练架构。

为提供更高效的训练环境，本项目基于 PyTorch 框架，结合多个深度学习和强化学习工具，如 FlashAttention 加速注意力计算、Hugging Face 的 TRL 库、DeepSpeed 分布式训练和 vLLM 加速文本生成。这些工具的结合使得即便在计算资源有限的情况下，也能实现对 LLM 的高效训练。

本例展示了如何设置训练环境、准备数据集、定义奖励函数，并通过 GRPO 算法训练 Mini-R1 模型，最终利用分布式训练加速训练过程。在此基础上，结合 GRPO 和 Qwen 模型，你将能够通过代码体验如何在倒计时游戏任务中提升模型的自主学习和推理能力。

2. 实战教程及其核心代码

具体内容请见本书附件。

3.6.1.2 利用云服务器

1. 核心思路

本例的核心思路是利用 Google Colab 平台和 Unsloth 框架的加速能力，结合 Hugging Face Hub 和 WandB 等，对 DeepSeek-R1-Distill-LLaMA-8B 模型进行参数的高效微调（使用 LoRA 方法），其目的是提升模型在处理复杂问题上的能力。具体步骤如下。

首先，配置环境，包括安装必要的库，完成后登录 Hugging Face Hub 和 WandB 平台。

然后，加载 DeepSeek-R1-Distill-LLaMA-8B 模型及其分词器，并利用 Unsloth 框架的 load_in_4bit 功能来提高效率。

接下来，进行微调前的推理测试，以建立基线性能。

利用 LoRA 方法进行参数的高效微调，该方法可在不显著增加模型参数量的情况下提升模型性能。在微调过程中，使用预处理后的数据集，并通过 TrainingArguments 和 SFTTrainer 进行控制和监控，同时将训练过程可视化到 WandB 平台。微调完成后，再次进行推理测试，以比较微调前后模型性能的差异。

最后，将微调后的模型和分词器保存到本地，并上传到 Hugging Face Hub 平台，以便其他用户使用。整个过程充分利用了云计算平台、高效训练框架和模型管理工具，实现了对 LLM 的快速、高效微调和便捷部署。

2.实战教程及其核心代码

具体内容请见本书附件。

3.6.2　推理部署实战

3.6.2.1　基于官方 Demo 实现基础用法

1.核心思路

首先进行模型兼容性检查，确保 DeepSeek-R1-Distill 模型与 Qwen 或 LLaMA 模型的接口一致；然后分别基于 vLLM 和 SGLang 环境进行部署，通过执行相应的命令来启动模型服务，同时设置并行处理和模型长度限制等参数，以实现 DeepSeek-R1-Distill-Qwen-32B 模型的高效运行。

2.实战教程及其核心代码

具体内容请见本书附件。

3.6.2.2　基于 LangChain 框架实现

1.核心思路

在本例中，我们将通过 LangChain 框架实现 DeepSeek 模型的推理部署。具体而言，我们会运用 LangChain 对 DeepSeek 的集成功能，通过简单的步骤完成 API 密钥配置、模型初始化和消息的收发操作。

2.实战教程及其核心代码

```
%pip install -qU langchain-deepseek


import getpass
import os


if not os.getenv("DEEPSEEK_API_KEY"):
    os.environ["DEEPSEEK_API_KEY"] = getpass.getpass("Enter your
DeepSeek API key: ")


from langchain_deepseek import ChatDeepSeek


llm = ChatDeepSeek(
```

```
    model="deepseek-chat",
    temperature=0,
    max_tokens=None,
    timeout=None,
    max_retries=2,
    # other params...
)

messages = [
    (
        "system",
        "You are a helpful assistant that translates English to French.
Translate the user sentence.",
    ),
    ("human", "I love programming."),
]
ai_msg = llm.invoke(messages)
ai_msg.content
```

3.6.2.3　基于 OLLaMA 和 Dify 创建 DeepSeek-R1 的个性化应用

本例将全面展示如何基于 OLLaMA 后端框架和 Dify 前端框架，创建并发布个性化应用，这些应用涵盖跨境电商客服、检索增强生成（RAG）本地知识库问答系统、翻译助手等多个实际应用场景。

首先，配置基础依赖环境，这包括安装 Docker、Docker Compose、OLLaMA 等必要工具。然后打开 Dify 进行模型配置。接下来，我们将详细介绍如何选择并加载合适的模型，例如，DeepSeek-R1 模型，同时要确保模型成功加载，如图 3.27 所示。随后进入实际应用开发阶段。下面以跨境电商客服为例，介绍角色配置并进行对话测试，以此确保系统基本功能的正常运行。

在创建 RAG 应用时，你将学习如何构建本地知识库，上传 PDF 资料并将其向量化存储，如图 3.28 所示。之后在 Dify 中创建并发布基于 RAG 的对话应用，设置角色、知识库和提示，最后进行对话测试。

通过以上操作，你将会掌握如何结合 OLLaMA 和 Dify 框架快速实现并发布各类智能应用，满足不同的业务需求，进而搭建属于自己的个性化智能系统。

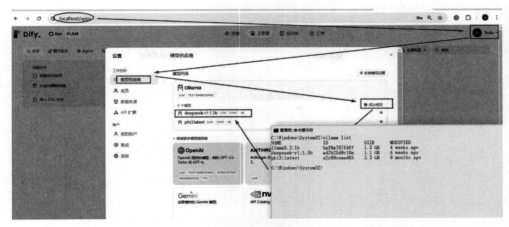

图 3.27　打开 Dify 后配置 deepseek-r1:1.5b 模型

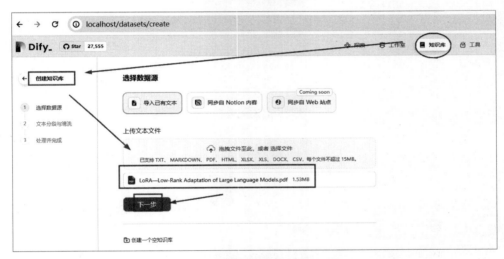

图 3.28　创建知识库并向量化存储

3.6.2.4　基于 OLLaMA 和 AnythingLLM 创建 DeepSeek-R1 个性化应用

本例将引导你逐步构建一个基于 DeepSeek 模型的知识库问答系统，借助 OLLaMA 后端框架和 AnythingLLM 前端框架的强大功能，实现高效的本地部署和推理流程。

首先，完成环境配置，安装 OLLaMA 和 AnythingLLM，并熟悉这两个工具的基本功能与使用方法。接着，启动 OLLaMA 服务，使用 DeepSeek-R1 模型进行推理，如图 3.29 所示。然后，通过 AnythingLLM 创建并配置一个新的工作区（Workspace），选择合适的 LLM 和聊天设置，进行基础的对话测试，确保系统正常工作。最后，在实现基础对话功能的前提上，引入 RAG 技术，并上传相关文档以构建知识库，如图 3.30 所示。通过与文档进行交互，开展更复杂的知识库问答，提升系统的智能性和实用性。

这一系列从配置到应用的步骤，旨在帮助你全面掌握如何结合 OLLaMA 和 AnythingLLM 搭建本地化、智能化的问答系统。

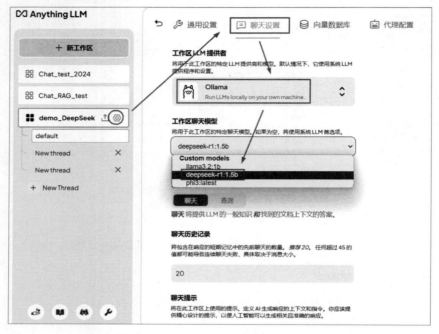

图 3.29 打开 AnythingLLM 后选择 DeepSeek 模型

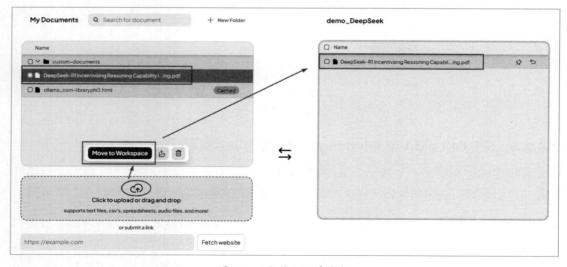

图 3.30 上传知识库文档

3.6.3　在线测试实战

3.6.3.1　API 接口调用

本例将介绍如何使用 Python 语言，通过 DeepSeek 提供的 API 轻松实现与 AI 的交互，包括获取思维链、最终回答，以及在多轮对话中实现上下文拼接，代码如下。

```
from openai import OpenAI
client = OpenAI(api_key="<DeepSeek API Key>", base_url="https://
api.***.com")

# Round 1
messages = [{"role": "user", "content": "9.11 and 9.8, which is
greater?"}]
response = client.chat.completions.create(
    model="deepseek-reasoner",
    messages=messages
)

reasoning_content = response.choices[0].message.reasoning_content
content = response.choices[0].message.content

# Round 2
messages.append({'role': 'assistant', 'content': content})
messages.append({'role': 'user', 'content': "How many Rs are there in
the word, 'strawberry'?"})
response = client.chat.completions.create(
    model="deepseek-reasoner",
    messages=messages
)
```

3.6.3.2　Web 在线体验

具体内容请见本书附件。

第 *4* 章

LLM 项目的构建与应用

在当今快速发展的技术环境中，LLM 正以其强大的生成和理解能力，成为各行各业创新和优化的重要工具。本章将深入探讨 LLM 在实际应用中的构建流程与应用案例，旨在帮助读者全面理解如何将这一前沿技术有效地转化为切实可行的解决方案。

首先，我们将从生成式 AI 项目的生命周期入手，分析其各个阶段的关键要素。通过对这部分的学习，读者将了解到，从项目的初步构想到最终的部署与评估，如何科学地管理和推进每一个步骤，以确保项目的成功实施。

接着，我们将探讨企业级 LLM 的构建与实现流程，从业务的角度出发，指导读者如何选择优质的应用场景。我们将分享在 To B（面向企业业务）领域的现有场景实践，以及如何将 LLM 进行产品化，包括产品与技术团队的策略结合。这部分内容将为企业在采用 LLM 时提供实用的思路和方法。

在实现企业级 ChatGPT 的过程中，我们将重点关注从选择基座模型、准备数据与环境，到模型评估和修正等多个环节。通过详细的步骤和实用的建议，读者将获得构建高效、可靠的 LLM 应用的全景视图。同时，我们还会讨论模型的落地过程，包括在特定领域的应用验证和技术优化。

随后，我们将转向基于 LLM 的研究方向，探讨其在 NLP、信息检索、多模态增强及智能体等领域的前沿应用。这部分内容将激发读者对未来研究的兴趣，并鼓励他们探索更深层次的技术创新。

最后，我们将介绍 LLM 作为工具在不同领域的具体应用，包括如何利用其解决复杂任务、持续积累知识和优化企业级需求。这将帮助读者理解 LLM 的多样性及其在实际操作中的灵活性。

通过对本章的学习，读者将能够掌握 LLM 的实际应用流程，深入理解如何将其技术能力转化为商业价值和社会效益，为后续的项目实施和技术探索奠定坚实的基础。

4.1 生成式 AI 项目的生命周期

1. 背景

LLM 的快速发展使得生成式 AI 技术成为当今企业和研究领域的热点。然而，在生成式 AI

项目中，通常面临以下一些关键的挑战。

（1）数据需求与质量问题：训练 LLM 所需的数据量庞大，且数据的质量直接决定了模型的效果。但在实际项目中，获取、清洗和标注高质量的数据并不容易。

（2）计算资源和效率问题：LLM 的训练通常需要大量的计算资源，尤其是对于高参数量的模型，如 GPT-3 和 GPT-4。这增加了企业和研究机构在硬件投资和能源消耗方面的成本。

（3）项目的复杂性与部署难度：从模型的训练、优化到部署，生成式 AI 项目涉及的步骤繁多，且各环节的优化对项目的成功至关重要，尤其是在实际业务场景中，如何将 LLM 与现有的业务逻辑、技术栈整合是一个复杂的问题。

（4）合规性和伦理问题：大模型在生成内容时，可能会出现偏见、不准确或有害的结果。因此，如何确保生成式 AI 系统的合规性、安全性和伦理性是企业必须面对的难题。

（5）项目的迭代：LLM 的快速发展和更新迭代，对项目的生命周期提出了更高的要求，需要快速适应新的技术和模型。

2. 简介

生成式 AI 项目的生命周期通常是指从项目的初步构思、模型构建、训练、评估，到模型部署和维护的全过程。完整的生命周期有助于确保模型顺利地从实验阶段转化为生产级应用，并在实际场景中高效、稳定地运行。

在 LLM 的背景下，生成式 AI 项目的生命周期流程尤为重要，因为模型的设计、训练、优化和部署涉及大量的计算资源和技术复杂性。通过规范的生命周期流程，可以有效地减少项目的试错成本和开发周期中的不确定性，提升模型的性能和可控性，降低项目的失败率，加快迭代与创新。

吴恩达教授在其课程中提出，生成式 AI 项目的生命周期包括四个阶段：定义范围、选择模型、适配和对齐模型，以及模型集成与应用，如图 4.1 所示。

（1）定义范围：首先需要定义需求范围及其具体问题，或具体的应用案例。生成式 AI 在不同任务中的应用流程各不相同，比如写作、摘要、翻译、信息检索和 API 调用及执行动作。每个任务通过语言模型处理输入文本，并生成相应的输出或执行动作。

（2）选择模型：根据项目需求，选择合适的现有模型或预训练领域的模型，以及训练数据，具体涉及硬件成本、时间成本等。比如，BloombergGPT 模型采用了 51% 的金融（公开和私有）领域数据和 49% 的其他（公开）通用数据。

（3）适配和对齐模型：这一阶段包括提示工程、模型微调、对齐微调和模型评估，其工作机制如图 4.2 所示。整个过程可能是多次迭代的，首先确保模型在特定应用中的有效性和准确性。

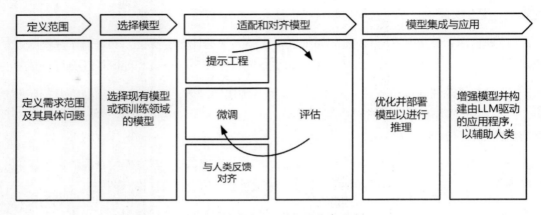

图 4.1　生成式 AI 项目的生命周期

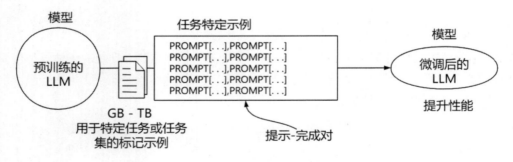

图 4.2　基于预训练大模型进行微调的工作机制

注意：图 4.2 中的"微调"指"微小"数据（或能力）的微调，而非"微少"参数的微调，包括全参数微调、部分参数微调（指令微调、对齐微调）。但是在参数高效微调中的"微"是指"微少"参数，其中的对齐微调主要是指与人类反馈对齐。

（4）模型集成与应用：将优化后的模型集成到应用程序中，并进行部署和推理。这一阶段涉及计算和存储需求，需要在速度和准确性之间找到平衡，实现低延迟和高并发。此外，还需要考虑模型推理的优化（如模型蒸馏、量化、剪枝）、部署方式（本地、云端、边缘）、接口实现、资源利用和用户体验。同时，增强模型并构建 LLM 驱动的应用涉及与外部资源交互，比如 RAG、ETA 和 Agent（智能体）等。

如图 4.3 所示，整个过程构成了一个生成式应用程序堆栈的四层架构，包括用户接口（即用户界面），如网站、移动应用、API 等；支持模型运行的工具和框架（如 LangChain 和模型中心）；信息来源、优化的 LLM，以及生成的输出与反馈；基础设施，如训练、微调、服务和应用组件。

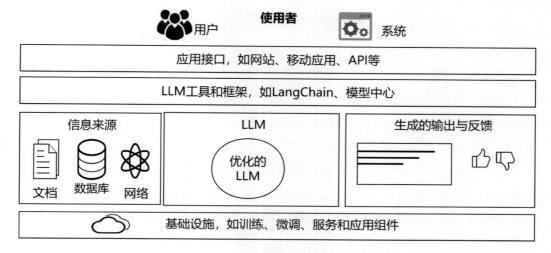

图 4.3　生成式应用程序堆栈的四层架构

3. 核心内容

在 LLM 驱动的生成式 AI 项目中，LLM 的生命周期通常包括以下几个核心步骤。

（1）需求分析与场景定义：确定项目的业务目标、技术要求、预期成果、资源投入等，并进行可行性分析，明确生成式 AI 的应用场景。针对不同的行业，如医疗、教育、法律、金融等，模型的应用需求各有不同。此阶段的重点是理解问题和定义解决方案的范围。

（2）数据收集与预处理：包括数据收集、数据清洗与标注。

①数据收集：确定数据源，包括结构化和非结构化数据。数据来源可能包括公开数据集、内部业务数据和用户生成内容等。需要制定严格的数据质量控制标准，并考虑数据隐私和安全问题。

②数据清洗与标注：数据质量直接影响模型的效果，因此需要对数据进行清洗、去重、标准化等处理，同时可能需要对数据进行手动标注。

（3）模型选择与训练：包括模型选择和模型训练。

①模型选择：根据任务需求选择合适的 LLM 架构，常见的模型包括 GPT 系列、BERT 系列、LLaMA 系列、GLM 系列、Qwen 系列等。是选择预训练模型还是从零开始训练，通常取决于资源和项目要求。

②模型训练：使用收集到的数据进行模型训练，该过程通常是生成式 AI 项目中耗时最长且

最耗费计算资源的环节。在此阶段，可能会涉及数据增强、模型微调等技术，需要综合考虑计算资源、训练时间、模型性能等因素，也可能需要探索不同的预训练模型和微调策略。

（4）模型评估与优化：包括评估指标和模型优化。

①评估指标：评估生成式模型的表现，常见的评估指标包括 BLEU、ROUGE、Perplexity（困惑度）等，具体选择取决于任务类型（如文本生成、翻译等）。该阶段需要考虑人工评估和自动评估相结合的方法。

②模型优化：基于评估结果，通过超参数调优、正则化、模型压缩等手段优化模型性能。同时，也要考虑模型推理的速度和内存占用，特别是在生产环境中的应用。

（5）模型部署、集成与使用：包括部署环境、业务集成和提示工程。

①部署环境：选择合适的计算平台和部署环境，如本地服务器、云服务或边缘设备，还需要考虑负载均衡、并发处理和数据隐私等问题。

②业务集成：将训练好的模型集成到现有业务流程和系统中。通常需要与前端应用、API 接口和数据库系统对接，确保生成式 AI 功能无缝融入用户体验。

③提示工程：在不同的使用场景中，要根据背景和需求设计有效的提示来引导 LLM 生成所需的内容。

（6）模型监控与维护：包括监控、持续优化，以及迭代与改进。

①监控：在模型上线后，需要对其性能进行持续监控，包括生成结果的准确性、效率和业务 KPI 指标。同时也要关注模型在实际应用中的偏差或不良输出问题。

②持续优化：随着业务需求的变化和数据的更新，需要定期对模型进行再训练或微调（如采用增量学习、数据持续学习等方法），以保证模型的长期有效性。

③迭代与改进：根据实际应用情况和用户反馈，对模型进行迭代和改进，持续优化模型性能和用户体验。这需要建立一个有效的反馈循环机制。

（6）合规与伦理审核：针对生成式 AI 中的潜在问题（如数据隐私、模型偏见、误导性生成结果等）进行合规审核，确保模型符合相关法律法规和行业标准，尤其是在医疗、金融等高敏感领域。

4. 经验总结

（1）数据多样性与质量控制：模型的生成质量依赖于训练数据的多样性与质量。在项目中应该关注数据集的覆盖面，尤其是对于特定领域的模型，保证数据与目标场景的契合性。

（2）高效的模型调优：在大模型的训练过程中，针对不同的任务，进行模型的微调可以显著提升效果。此外，通过引入技术如混合精度训练、模型蒸馏等，可以大幅提高训练速度并降低资源消耗。

（3）可解释性与透明性：生成式 AI 往往是"黑箱"模型，在业务场景中，用户希望了解模型的生成依据。因此引入可解释性方法（如 SHAP、LIME 等）对提升用户信任和项目透明度至关重要。

（4）跨团队协作与知识共享：由于生成式 AI 项目的复杂性，跨团队的合作显得尤为重要。建立知识共享机制和跨学科团队可以显著提升项目推进的效率，并加快问题的解决速度。

（5）及时的用户反馈与迭代：重视用户反馈，模型上线后，通过收集用户反馈来调整模型生成结果非常重要。这种迭代式开发可以帮助模型不断进化，从而适应新需求和场景。

（6）迭代开发：采用敏捷开发方法，快速迭代，及时反馈。

（7）持续学习：关注最新的研究成果和技术进展，不断学习和改进。

（8）工具与平台：利用现有的工具和平台，提高开发效率。

在 LLM 的构造过程中，不同阶段的训练目标和优化策略各不相同，且每个阶段对模型性能、任务表现和推理效率都有重要影响。为明确各阶段的核心内容及其在 LLM 开发中的作用，表 4.1 对比展示了预训练、提示工程、提示微调、对齐微调和压缩部署五大核心阶段的特点。这些阶段贯穿模型开发的不同阶段，从大规模的数据预训练到微调，再到压缩部署，每个环节的侧重点和技术要求有所不同，体现了构建一个高效、准确、符合人类需求的 LLM 所需的复杂性和多样性。

表 4.1　LLM 构造过程中五大核心阶段的对比

对比维度	预训练	提示工程	提示微调（如指令微调）	对齐微调（如 RLHF）	压缩部署
训练时长	数天~数周，甚至数月	不需要	几分钟~几小时	几分钟~几小时，类似于微调	几分钟~几小时
自定义/定制化	确定模型架构、大小、分词器，选择词汇表大小和 Token 数量	无模型权重，仅自定义提示	针对领域数据进行微调，更新模型或适配器权重	需要额外的奖励模型对齐人类目标（有用、诚实和无），更新模型或适配器权重	通过剪枝、量化、蒸馏减少模型大小
目标	下一个 Token 预测	提高任务性能	提高任务性能	提高与人类偏好的对齐	提高推理性能
专业知识	高	低	中等	中等~高	中等

4.2 企业级 LLM 构建与实现的通用流程

企业级 LLM 构建与实现的通用流程包括如下两个核心部分。

（1）选择场景：需要识别和选择适合企业的优质应用场景，以确保模型的落地应用具备实际价值。

（2）构建流程：构建企业级 ChatGPT 的流程，包括选择基座模型、准备数据、准备资源、模型迁移、模型评估、模型评价、模型修正和模型应用。

1. 核心思路

当前，LLM 在企业应用场景中主要包括 Chat（对话系统）、RAG、ETA 等。企业级 GPT 大模型的垂直领域应用可以通过如下三步走策略实现。

（1）引入 RAG 赋能：首先在企业内部创建或优化数据输出方式。这涉及搜索功能、知识图谱或内容管理系统（CMS），比如内部文章、知识文档等。重要的是，要先启动这些工具，逐步提升数据处理能力。

（2）打造内部对话系统：在使用 RAG 的过程中，结合原有数据与新生成的数据进行清洗，并选择一个开源的大模型作为基础进行微调。同时，引入最新的优化技巧，以创建行业特定的 LLM。这一阶段注重提升模型的影响力、工程化能力和创新性（如大窗口技术），迭代多个版本以形成社区生态，并通过开源新基准数据来提升模型的表现。

（3）统一垂直领域：基于所构建的特定方向（如 XXX-GPT 或 XXX-Chat），提炼业务流程，并通过自创和社区协作的方式统一标准操作流程（SOP）。最终，创建一个符合企业需求的业务"大脑"，以共享给社区和业内，从而推动行业的共同发展。

2. 经验总结

（1）流程设计：以问题为导向，按照提出思路→设计方案→验证效果→应用落地的步骤设计。

（2）关键要素：可靠的基座模型（保障模型生成精度）、丰富的数据准备（让 LLM 提供行业服务能力）、清晰的场景设计（直观体现大模型的业务价值）。

（3）任务场景优先：在领域大模型落地时，任务场景的重要性高于模型能力。需要考虑如何包装模型，当模型能力不足时，如何让用户有更好的体验。

（4）快速更新：领域大模型更新频繁，尤其在医疗、法律、金融和教育等领域，需要保持对最新模型的关注。

（5）模块化训练：实现模型训练的模块化和组件化，便于及时更新基座模型，避免自建模型性能不及最新模型。

（6）辅助组件：针对大模型的能力差距，开发中间件和"胶水组件"以优化性能。例如，在进行表格处理时，国产大模型可能需要额外的功能来弥补执行能力的不足。

（7）复杂场景拆解：使用链式思维（Chain of Thought，CoT）技术，将复杂任务拆解为多个简单的步骤执行，从而提升模型的理解能力，减少上下文依赖。

（8）智能化系统：构建简单的智能化系统，既可提供用户建议，又能自动执行，从而实现直接交付结果。

（9）稳定性保障：确保 AI 应用的稳定性是关键。如果无法保证稳定性，则建议不要上线。

（10）合规性审查：在国内使用 LLM 时需要遵循网信办的审核机制。由于 OpenAI 对中国大陆用户明确禁用，因此在对外提供服务时，需要使用经过审核的国内大模型，以降低合规风险。

4.2.1　如何选择优质的应用场景

在构建企业级 LLM 的过程中，选择企业内部优质的应用场景是至关重要的，它直接影响模型的最终价值与业务适配度。合理选择应用场景可以确保 LLM 项目具有高效的 ROI（投资回报率），并且能够真正解决业务中的痛点和难题。这个步骤并非简单的"挑一个场景"，而是一个系统工程，需要结合企业自身情况和 LLM 的能力进行深入分析。

选择优质的企业内部应用场景是企业级 LLM 成功的前提条件。这个过程需要从业务需求出发，结合企业现有的数据、技术资源、组织目标，找到那些能够最大化地利用 LLM 能力的场景。这一选择不仅要考虑 LLM 的语言理解与生成能力，还要评估它是否能够通过自动化或智能化的方式为企业带来效率提升、成本节约或创新驱动。

1. 核心内容

（1）业务需求分析：详细了解各个业务部门的需求、痛点和目标，并量化这些需求。这可以通过头脑风暴、问卷调查、访谈等方式，收集潜在的应用场景。

（2）数据评估：评估现有数据的质量、数量和类型，判断其是否适合用于训练和微调 LLM 模型。这包括数据清洗、标注和预处理的可行性评估。

（3）技术可行性分析：评估现有技术基础设施和资源是否能够支撑 LLM 的部署和运行。这包括计算资源、存储资源和网络带宽等。

（4）风险评估：识别潜在的风险，例如数据安全、模型偏差、伦理风险等，并制定相应的风险缓解策略。

（5）成本效益分析：评估项目的成本和预期收益，确保项目的 ROI 是可接受的。

（6）创新潜力：评估该场景是否能够通过 LLM 引入新的业务模式或创新功能。

2. 经验总结

（1）双果验证和快速原型验证：企业可以逐步梳理出能够与 ChatGPT 结合的业务场景，有序开展小规模的双果验证工作，便于在基座模型上线后实现快速的场景应用迁移。在广泛应用前，先选择小范围内的应用场景进行快速原型验证（Proof of Concept，PoC），这有助于低成本、高效地验证 LLM 的效果。

（2）场景并行评估：同时评估多个场景的适用性，而不仅仅专注于单一场景，这样可以更好地筛选出最具潜力的应用场景。

（3）持续迭代与反馈：采用敏捷开发方法，快速迭代，不断改进，不断收集业务部门和用户的反馈，并基于这些反馈快速调整模型和应用场景。

（4）关注伦理和安全：在开发和部署 LLM 时，必须关注伦理和安全问题。

（5）建立跨部门合作：需要业务部门、IT 部门、数据科学家和 LLM 工程师之间的紧密合作。

（6）引入外部专家或合作伙伴：对于企业内部缺乏 AI 专长的情况，可以考虑引入外部专家或与 AI 公司合作，共同完成场景评估和模型部署。

4.2.1.1　LLM 在 To B 领域落地应用的现有场景实践

LLM 在 To B 领域的落地应用主要集中在两个层面：一是使用 AI 改造现有 To B 工具和服务，二是借助 AI 重塑企业工作流程。

1. 使用 AI 改造现有 To B 工具和服务

LLM 的应用主要体现在对已有应用的优化上。由于这些工具和服务已有数据积累和明确的业务场景，因此 AI 改造能够迅速见效。例如，智能搜索可以生成检索报告，智能客服能够生成回复话术。值得注意的是，在当前 AI 输出不可控的情况下，AI 在分析方面的应用潜力大于生成内容。

2. 借助 AI 重塑企业工作流程

在销售、客服和营销等领域，AI 技术（尤其是 LLM）正在帮助企业提升业务环节的效率。低代码、无代码和机器人流程自动化（RPA）技术成为 AI 落地的重要支撑，这些技术因其低成本和可控性而受到企业青睐。例如，在营销活动中，AI 可以生成回复话术；在设备维护方面，AI 可以挖掘故障案例。此外，企业应用智能体的关键在于专家知识的数字化和标准操作流程的建立。

4.2.1.2　LLM 的产品化实践流程

LLM 在 To B 领域的产品化实践流程通常需要通过明确产品的阶段性状态和最终目标状态，制定合适的迭代路径来逐步实现目标。整个过程可以分为以下三个阶段。

1. 帮助用户快速理解系统并找到所需功能

在这一阶段，关键目标是帮助用户迅速上手并了解系统的核心功能。通过定义单个功能，并将其转化为用户可以理解的提示来引导操作。此外，还可以提炼子工作流，将这些工作流转换为相应的提示，最终将所有的子工作流整合为完整的编排流。比如单一功能的提示设计如下。

（1）查询银行卡信息：用户可以通过输入银行卡号查询流水详情。设计的提示如："请输入您的银行卡号以查询流水详情"。

（2）产品推荐：根据用户的需求为其推荐合适的产品。设计的提示词如："请告诉我们您的贷款需求，我们将为您推荐合适的产品"。

这些提示可以让用户通过简单的输入快速找到系统提供的功能，从而提高用户体验和效率。

2. 工作流 Copilot

进入第二阶段，系统需要具备对业务流程的理解能力，并能够结合业务中的最佳实践为用户提供建议。这一阶段的目标是通过 LLM 的能力帮助用户优化操作并提出有效的行动建议。例如，工作流 Copilot 可以为用户在复杂的系统中导航，理解功能，并提出有针对性的建议。

3. 打造业务智能体

在最终目标阶段，LLM 不仅要提供建议，还要具备执行能力。业务智能体在这一阶段不仅会直接执行用户决策，还会展示执行的效果。这使得系统不再仅仅是支持用户决策的工具，而是能够自主处理业务流程的智能助手。例如，业务智能体可以根据推荐的操作直接完成产品清单更新、报告生成等任务，并在完成后提供反馈。这大大提高了自动化和智能化水平。

LLM 在 To B 领域的落地实践需要分阶段实现，从帮助用户理解和使用单一功能，到提供行动建议，再到自动执行复杂任务，每一步都要循序渐进。通过这种方式，可以为企业用户带来高效、智能的产品体验，从而实现真正的商业价值。

4.2.1.3　LLM 落地实践中的产品侧与技术侧

LLM 的产品化实践初期多以 Chat 形式呈现，但最终还是需要集成到业务系统中。为了提升效率，行业逐渐接受"容错率"的存在，即不再追求 100% 的准确性，而是允许一定的近似解。这一变化使得生成式 AI 能够带来启发性的答案，帮助用户解决问题。

目前，行业的主流解决方案是将产品和技术分开。

1. 产品团队策略

在 LLM 产品化的过程中，产品团队需要掌握以下关键策略。

（1）提示工程师的重要性：要成功开发 AI 产品，产品团队首先必须成为优秀的提示工程师。提示是 LLM 运作的基础，通过有效设计提示，可以提高用户的交互体验。

（2）需求转化为测试集：优先将用户需求转化为有效的测试集，确保产品 Demo 版本的测试集与用户需求分布一致，这是衡量产品阶段性成功的关键标志。在满足内部指标后，测试集应当随着产品的迭代持续优化，确保与用户需求保持一致。最后，才是传统产品中的用户增长、用户满意度等指标的达成。

（3）验证场景可行性：设计需求时不需要过多地考虑技术的可实现性，可以通过使用如 GPT-4 或文心一言等 LLM 作为效果验证的基准，锚定场景的可行性。这种做法有助于团队确认目标是否可行。

（4）使用 OpenAI 接口进行上限测试：当前，很多企业在测试 RAG 应用时使用 OpenAI 接口进行测试，这是符合逻辑的，因为它代表了当前的技术上限。随着未来国产大模型的发展，企业可以逐步转向本土解决方案。

2. 技术团队策略

在 LLM 产品化的过程中，技术团队应遵循以下策略。

（1）锚定顶级模型来探索下游所需的数据量：技术团队需要找到合适的 SFT 数据量来微调模型，使其在特定任务上能够接近 GPT-4 的效果。效果验证之后，再让模型回归到具体的业务场景中，真正应用于实际任务。

（2）微调与优化：技术团队面临的一个重要选择是如何提升模型的表现，包括增量预训练、微调（如 LoRA 微调或全参数微调）和优化提示等。对于某些任务，优化提示可能比微调模型效果更好。例如，在提示中提供更多的示例，比增加约束效果更优。然而，这里的问题是大模型小概率可能会输出提供的一些例子的内容。对于这个问题，目前除了规则过滤，似乎没有更好的办法。

（3）垂直领域的新概念学习：技术团队需要决定模型是否需要学习新词汇或新概念，尤其是垂直领域的特定任务。比如，当模型处理特定的业务场景时，可能需要掌握该领域的专有词汇。

（4）RLHF 微调的应用：对于某些场景，采用 RLHF 微调更有效。例如，在 RAG 问答中，当在知识库中找不到答案时，模型需要学会"我不知道"这种合理的拒绝。相比在 SFT 阶段创建数据，RLHF 可以更自然地教会模型如何在这些场景下回应。

（5）RAG 的应用：RAG 被视为大模型时代的"Hello World"项目，但在实施过程中仍有许多挑战。尽管开源方案较为统一，但企业在应用时会遇到不同的难题，例如，如何优化检索结果与生成内容的匹配度等，在实际操作过程中也有许多"坑"要走。

（6）LoRA 微调的局限性：如果资源有限，以致无法进行全参数微调，那么 LoRA 微调是一个折中选择。然而，LoRA 微调在某些任务上无法达到全参数微调的效果。例如，在数学推理任务（如 GSM8K）中，LoRA 的表现明显不如全参数微调。全参数微调虽然成本高，但其优势在于保留了模型原有的表达能力，更适合需要复杂推理的任务。

3. 产品与技术的结合

LLM 产品化最终需要产品团队和技术团队的紧密合作。产品团队通过设计合理的提示和需求测试，确保用户体验和产品功能的优化；技术团队则通过精细化的微调和技术创新，提升模型的智能性和实际应用效果。

4.2.2　如何实现企业级 ChatGPT

构建企业级 ChatGPT 是一个复杂的过程，涉及从选择基座模型到最终的应用落地的多个步骤。为了确保模型在企业环境中的有效性和可靠性，每一步都需要结合企业的业务需求与技术资源进行深入考量。下面将分步骤介绍企业级 ChatGPT 的实现过程。

4.2.2.1　选择基座模型

在企业级 LLM 的构建与实现中，选择基座模型是整个流程的第一步，也是最关键的一步。基座模型的选择决定了模型的基础性能、适应性、扩展能力，以及后续的调优和应用潜力。若选择不当，则可能导致资源浪费、项目延期甚至失败。因此，选择一个合适的基座模型对于企业级 LLM 的成功至关重要。

基座模型是经过预训练的 LLM，其基于海量文本数据进行训练，具备强大的语言理解和生成能力。企业在应用时，无须从零开始训练一个新的模型，而是利用已有的、经过充分训练的模型作为起点，再结合自身的需求进行微调或进一步训练。这样就可以在尽量不影响基座模型效果的前提下，在特定任务或领域数据中继续提高模型性能。这种方式极大地降低了开发成本，缩短了开发周期，同时还能利用预训练模型中已有的知识和能力。

1. 分类

基座模型可以根据多种维度进行分类。

（1）模型架构：例如，Transformer、RNN、LSTM 等。目前 Transformer 架构占据主导地位，因为其在处理长序列数据和并行计算方面具有显著优势。其中，Transformer 架构还包括自回归模型（如 GPT 系列、LLaMA 系列、OPT、BLOOM 等）、自编码模型（如 BERT 系列）、编码器－解码器模型（如 T5、BART 等），目前自回归模型是主流。

（2）模型大小：参数数量是衡量模型规模的重要指标，通常参数数量越多，模型的性能越好，但同时也需要更多的计算资源。常见模型及其参数，如 ChatGLM-3-6B、GLM-4-9B、LLaMA-3.2-1B/3B/8B/70B、Qwen-2.5-0.5B/1.5B/3B/7B/14B/32B/72B/110B、Baichuan-2-7B/13B 和 Phi-3-4B/7B/14B。

（3）许可证：开源模型和闭源模型的许可证不同，企业需要根据自身的需求选择合适的许可证。

开源模型：如 LLaMA、OPT、BLOOM 等，这些模型通常可以免费使用，但可能需要较高的计算资源进行微调。

闭源模型：如 GPT-4、Cluade-3 等，这些模型通常需要付费使用，但它们具有更好的性能和更完善的支持。

2. 选择原则

选择合适的基座模型需要结合企业的实际需求和技术资源，主要的选择原则如下。

（1）性能：模型的语言理解和生成能力，包括准确性、流畅性、创造性等。这可以通过基准测试来评估。选择最强基座，如 LLaMA 及其变种系列 Alpaca 和 Vicuna 等。

（2）需求：模型的选择应首先考虑企业的具体业务场景，以需求为导向。例如，针对生成任务（如文本生成），优先考虑自回归模型（如 GPT 系列）；而对于理解任务（如文本分类、情感分析），则选择自编码模型（如 BERT）。如果是 RAG 场景，则重点关注模型的归纳能力，而非全面的能力，如编程或复杂逻辑推理。如果主要在中文场景下，则应选择适合中文语料的国产 LLM，因为国外开源的基座模型及其分词模型对中文支持普遍不佳。特别地，对于中文专业领域（如金融、法律），国外模型在专业知识理解上有限，因此选择国产 LLM 模型更合适。

（3）成本：包括模型的许可费用、计算资源成本、人力成本等。选择合适的基座模型需要权衡性能和成本之间的关系。尽管大模型具有更强的泛化能力和准确性，但训练和推理的计算成本极高，因此要权衡模型的规模与企业的硬件资源、预算成本等。对于中小企业，选择较小但精简的模型（如 DistilBERT、GPT-Neo）可能更加现实。一般来说，LLM 模型不需要太大，最好在 130 亿个参数及以下，因为超过这个规模的模型就需要 A100-40GB/80GB 等专业显卡，或者多张消费级显卡来支持。很多业务的目标是用一张 RTX 4090-24GB 就可以解决问题，对很多客户来说，A 卡很难购买，而且价格太高。

（4）开源与专有模型：开源模型（如 GPT-2、BLOOM、BERT、LLaMA 系列、GLM-

4-9B、Qwen-2 系列等）可免费使用，且具有较大的社区支持和灵活性，适合那些希望掌握模型细节并对模型进行定制的企业。相比之下，专有模型（如 OpenAI 的 GPT-4、Anthropic 的 Claude、Google 的 PaLM）可能提供更好的性能和支持，但通常需要高昂的费用。

3. 经验总结

（1）充分调研：对各种基座模型进行充分调研，比较它们的性能、成本和适用性。

（2）充分利用开源社区：许多企业可以借助 Hugging Face 等平台提供的开源模型，避免从零开始训练，从而节省大量时间和计算资源。同时，这些平台提供丰富的微调和调优工具，便于企业快速实现业务需求。选择具有活跃社区支持的模型，以便在遇到问题时能够获得及时的帮助。

（3）模型评估工具的使用：通过自动化的模型评估工具（如 OpenAI 的 Benchmarks、Hugging Face 的 Evaluation Datasets），可以快速评估模型在具体任务中的表现，从而帮助企业做出更科学的决策。

（4）结合企业的技术栈与生态系统：企业在选择模型时，需要充分结合现有的技术栈。比如，如果企业已广泛使用 TensorFlow，那么选择基于 TensorFlow 的模型和工具（如 BERT、T5）可能更方便；如果使用 PyTorch 生态系统，则 Hugging Face 的模型库可以被更轻松地集成到工作流中。

（5）模型版本选择：大多数开源模型提供 Base 版本和 Chat 版本。Base 版本适合资源充足的情况（如 100 万个数据集），而 Chat 版本则适合资源受限的情况（如 1 万个数据集）。在进行领域大模型迁移时，建议在基座模型上进行微调，以便在不影响基座模型效果的前提下，提高特定任务的效果。

（6）微调与 Chat 模型：不建议在 Chat 模型上进行增量预训练，而应在原始的基座模型上进行。在 Chat 模型上进行 SFT 时，请一定要遵循 Chat 模型原有的系统指令和数据输入格式。微调后的模型在所有尺寸的基座模型上都能获得最优效果，且推理速度更快。例如，先在 mathqa-3w 上微调，再在 GSM8K 上微调，可以提升准确率。

（7）汉化国外优秀大模型：针对国外大部分优秀语言模型未进行充分的中文预训练的问题，可以借鉴 BELLE 和 Chinese-LLaMA-Alpaca 项目的思路，扩充词汇表并增量预训练。

4.2.2.2　准备数据

准备数据指的是为企业级 LLM 提供足够量且质量高的训练数据，以使模型能够充分学习企业相关领域的语言模式。这个阶段的核心任务是确保数据的多样性、质量和准确性。LLM 依赖于大规模的多源数据，但企业内部的具体业务场景往往对模型的理解和生成要求更高，因此需要收集与该场景高度相关的数据，并对其进行严格的预处理。

1. 核心内容

在企业构建自有的 ChatGPT 或类似的 LLM 时，准备数据的工作通常分为以下几个关键步骤。

（1）数据收集：从各种来源收集相关数据，例如，企业内部的产品文档、客户交互记录、文档资料、客服对话记录、电子邮件等。数据来源的多样性有助于提高模型的鲁棒性和泛化能力。这需要仔细规划数据收集策略，确保数据的完整性和代表性。但要注意数据安全与隐私。

（2）数据清洗：收集数据后，下一步是清洗数据，即去除数据中的噪声和不相关内容，如重复数据、无效字符、拼写错误、语法异常等，尤其是在企业内部数据中，可能包含很多冗余信息或错误记录。

（3）数据标注（如有需要）：对于一些需要监督学习的任务，例如，情感分类、问答系统等，需要对数据进行标注。数据标注的质量对于模型的性能至关重要，而人工标注通常成本较高，因此需要仔细设计标注规范和质量控制流程。

（4）数据分割：将数据分成训练集、验证集和测试集。训练集用于训练模型，验证集用于调整模型参数，测试集用于评估模型的最终性能。通常采用分层抽样等方法保证数据分布的一致性，以确保模型在不同数据集中的表现具有可比性和可靠性。

2. 经验总结

（1）数据质量优先：高质量的数据对于 LLM 至关重要。即使模型再复杂，也难以弥补数据本身的不足。因此，企业应在数据清洗和标注上下足功夫，确保数据的准确性和相关性。高质量的数据比大量的低质量数据更有价值。

（2）构造混合数据集：领域数据训练后，通用能力可能会有所下降。混合通用数据和领域数据可以有效地缓解这一问题。根据 BaiChuan 模型（即百川模型）的经验，通用数据和领域数据的比例为 5∶1 是较好的选择。有开发者基于 8 块 A100 显卡，利用 BLOOM-7B 模型训练了一个文旅行业的模型，并采用 200GB 通用数据和 30GB 垂直领域数据进行训练。在达到 420 万条指令的 SFT 阶段后，模型表现出较好的性能。

（3）数据格式应与模型任务相匹配：例如，多轮对话场景下应使用多轮对话的数据集，而对于分类、生成等任务，数据集的格式应符合其任务需求，确保模型从中有效地学习。

（4）数据量与计算资源平衡：虽然大规模数据有助于提升模型性能，但也需要计算资源的支撑。在数据准备过程中，应根据企业的计算资源合理控制数据量，并考虑数据压缩或抽样技术。

（5）迭代数据处理：对数据进行版本控制，以便追溯和管理。数据准备并不是一次性的任务。

在模型训练过程中，经常需要根据模型的表现反复调整数据集，删除无效样本或添加新的样本来不断优化模型。

（6）数据标注规范：制定清晰的数据标注规范，并进行严格的质量控制。

（7）企业数据合规：在处理企业内部或外部敏感数据时，需要严格遵循相关的隐私保护政策（如 GDPR）。对于包含个人信息的数据，应采取去标识化处理，确保数据隐私的合规性。

4.2.2.3　准备环境

在企业级 LLM 构建过程中，准备环境是至关重要的一个步骤，因为它为模型的训练、微调、推理和部署提供了必要的基础设施。这个环节不仅需要有效整合计算资源和存储资源，还要选择合适的软件框架，以保证模型训练的效率和稳定性。

准备环境阶段的目标是搭建一个高效、稳定、安全的计算环境，用于支持 LLM 的训练、微调和部署。这包括选择合适的硬件资源和软件框架，并进行必要的配置和测试。硬件资源主要负责模型的计算和存储，而软件框架则提供模型训练、微调和部署所需的工具和库。选择合适的硬件和软件需要考虑模型的大小、训练数据的规模和预算等因素。通过仔细规划硬件资源和软件框架，确保整个流程的顺利进行。

1. 硬件资源

（1）计算资源：在大模型时代，以 Transformer 和 MoE 结构为代表的大模型训练面临单机单卡模式无法满足的需求。为突破内存和通信瓶颈，需要采用单机多卡或多机多卡的方式进行训练。具体的计算资源需求取决于模型的规模、任务的复杂度，以及企业的业务目标，主要包括 CPU、GPU、TPU、NPU 等。LLM 的训练需要大量的计算资源，通常需要使用多 GPU 甚至多机多卡的集群来进行训练。GPU 的选择需要考虑其显存大小、计算能力和互联带宽等因素，比如 RTX 4090-24GB、A100-80GB、H100-80GB 等。TPU 是 Google 专为机器学习设计的硬件加速器，特别适合 TensorFlow 生态，它在某些情况下可以提供更高的性能。

（2）存储资源：用于存储训练数据（TB 级）、模型参数和中间结果。需要选择具有高带宽、低延迟的存储系统，例如，分布式文件系统（如 HDFS、Ceph）或高速固态硬盘（SSD）。存储容量需要根据训练数据和模型大小进行规划。

（3）网络资源：用于连接不同的计算节点和存储设备。需要选择具有高带宽、低延迟的网络，例如，高速以太网或 Infiniband。网络的稳定性对于多机多卡训练至关重要。

2. 软件框架

（1）深度学习框架：例如，PyTorch、TensorFlow、JAX 等，这些框架提供了模型训练、微调和部署所需的工具和库。选择合适的框架需要考虑其易用性、性能和社区支持等因素。PyTorch 因其灵活性和易用性而广受欢迎，且与 Hugging Face Transformers 兼容性非常好，而 TensorFlow 则在生产部署方面具有优势。JAX 是 Google 推出的高性能框架，具备强大的自动微分能力，并支持高效的 GPU/TPU 加速。

（2）分布式训练框架：例如，DeepSpeed、Horovod、Megatron-LM、Colossal-AI 等，这些框架可以将模型训练任务分布到多个 GPU 或机器上，以加速训练过程。选择合适的分布式训练框架需要考虑其效率、可扩展性和易用性等因素。

（3）模型部署框架：例如，TensorFlow Serving、TorchServe 等，这些框架可以将训练好的模型部署到生产环境中，以便进行在线服务。

（4）监控工具：用于监控模型训练和部署过程中的各种指标。例如，GPU 利用率、内存使用率、训练损失等。这有助于及时发现和解决问题。

3.经验总结

（1）充分评估需求：在选择硬件和软件之前，需要对模型的规模、训练数据的规模，以及预算进行充分评估，以确定所需的资源。

（2）模块化设计：将环境设计成模块化的结构，以便扩展和维护。

（3）版本控制：对软件和依赖项进行版本控制，以便重现实验结果。使用工具如 conda 或 Docker 可以有效管理环境依赖。

（4）性能测试：在正式使用之前，对硬件和软件进行性能测试，确保其满足需求。

（5）安全考虑：采取必要的安全措施，例如访问控制、数据加密等，以保护数据和模型的安全。

（6）云计算平台：考虑使用云计算平台，例如 AWS、Google Cloud、Azure 等，可以方便地获取所需的计算资源和软件框架，并降低维护成本。云平台也提供了弹性伸缩的能力，可以根据需要动态调整资源。

4.2.2.4　模型迁移常用方法

模型迁移技术在当前人工智能模型的优化、微调和应用中非常重要，主要的实现方法如下。

1.增量预训练（优化模型）

增量预训练是常用的一种模型优化方法，主要用于在已有预训练模型的基础上，进行 SFT 来适应特定任务或领域。这种方法的优点如下。

（1）增强模型能力：通过继续训练模型，可以在新数据和新任务上进一步优化，使得模型在特定领域的表现更加出色。

（2）特定任务适配：在此过程中，结合特定领域的知识，可以显著提升模型在该领域的表现。这种方法适用于需要对大规模预训练模型进行特定任务优化的场景，尤其是在数据有限但需要更高精准度的任务中。

2. 高效参数训练（修正模型）

高效参数训练关注于如何在模型结构基本不变的情况下修正模型参数，以达到更高效、更符合实际任务需求的效果。常见的高效参数训练方法主要用在指令微调上。

指令微调是一种通过人为控制或诱导模型遵循特定指令的方式进行的微调，其优点是增强模型的可控性，能够使模型更好地理解和执行给定的任务。

3. 提示工程（挖掘模型）

提示工程不需要额外训练模型，而是通过精心设计的提示信息，指导模型产生更符合预期的输出。提示工程的优点在于，它能够通过简单地调整提示或问题形式，显著提高模型的生成质量和任务理解能力。提示工程主要包括以下两种方法。

（1）提示学习（Prompt Learning）——被动指示：该方法依赖于提供特定的提示信息，模型根据提示生成所需的输出，类似于被动执行。

（2）上下文学习（In-context Learning，ICL）——主动理解：与提示学习相比，ICL 更注重主动理解用户意图，利用提供的上下文信息让模型自行推断出解决问题的策略。

4.2.2.5　模型评估

模型评估的目的是衡量企业内部模型在实际业务场景中的性能和能力，其重点是通过一系列定量和定性指标，深入分析模型的表现，确保它满足特定任务的需求，并且具备可解释性、可靠性与稳定性。

1. 核心内容

（1）任务性能指标：根据应用场景的不同，模型的表现可通过常见的 NLP 任务指标来衡量，例如语言模型的困惑度，以及生成任务的 BLEU、ROUGE 等指标，分类任务的准确率（accuracy）、精确率（precision）、召回率（recall）和 F1 分数等。

（2）泛化能力：评估模型在不同数据集中的表现，以确保其在看不见的数据上有良好的泛化能力，避免过拟合。

（3）响应时间和计算资源消耗：衡量模型在不同场景下的推理时间和资源消耗（如 GPU/TPU 使用量、内存需求），确保其具备实际应用的可扩展性。

（4）模型的鲁棒性和安全性：通过对抗样本测试或边界条件测试，检查模型对异常输入是否表现出足够的鲁棒性。同时，确保模型不会因恶意输入而生成有害内容，符合企业级应用的安全性标准。

2. 方法

模型评估常用的方法如下。

1）人工抽样评估

　人工抽样评估通过对模型输出的抽样进行深入分析和标注，以验证模型在复杂或特殊场景下的表现是否符合预期。该方法虽然成本较高，但在评估模型在语义理解、上下文保持等复杂任务中的表现方面具有重要作用。这与竞技场 PK 法有一定的关联，因为两者都关注于模型的实际表现。

竞技场 PK 法：在人工抽样评估的基础上，我们可以采用竞技场 PK 法进一步比较不同模型的表现。该方法基于相同的输入数据，对比多个模型的输出结果。评估者根据模型的表现进行打分，得出胜—平—负的评价。这种直接对比的方法不仅体现了人工抽样评估的深入分析，还能有效确定在特定任务上哪个模型表现更优，从而与人工抽样评估形成互补，共同提升模型评估的全面性和准确性。

2）自动评估工具

自动评估工具能够高效地对模型进行大规模测试。这类工具可以通过标准化题型（如选择题）或大模型自动评估来衡量模型的表现，从而快速得到相关的性能指标。自动评估适合大规模测试或快速迭代开发阶段，但通常需要结合人工评估以确保评估的全面性。

模板做题自动打分：这种评估方法通过构建各类数据集，涵盖多项选择题等格式的标准化题型来测试模型的能力。不同维度的评价数据集可以涵盖语言理解、推理、生成等任务，自动化系统根据模型的回答进行评分。这种方法的优势在于其高效性和可重复性，特别适合大规模评测。

GPT-4 模型自动主观打分：这种方法利用强大的生成式 AI 模型（如 GPT-4）来对 LLM 的输出结果进行主观打分。GPT-4 本身可以通过分析模型输出的准确性、流畅性、逻辑性等多个维度来进行打分。这种方法借助先进的 AI 系统，使得评估的自动化程度进一步提高，并减少了传统人工评估的负担。

3. 经验总结

在具体的实现中，企业通常会构建一个领域评测集，建议有两份，一份是选择题形式的自动化评测集，用于快速、大规模的测试；另一份是开放式任务的人工评测集，允许人工评估复杂任务，如自由生成的文本或对话。

4.2.2.6　评价模型

评价模型的目的是通过与现有国际顶尖模型的对比，确定企业模型的全球竞争力和技术领先性。这一过程通常会借助公开可用的基准测试和大规模评测平台（如 GLUE、SuperGLUE、MMLU 等）进行全面的排名和对比。

关于评价模型，我们应当掌握如下内容。

（1）国际基准评测：参与业界权威的 NLP 基准任务，如 GLUE（评估语言理解能力）、SuperGLUE（评估高级语言理解能力）、Big-Bench（评估大规模多任务学习）等。这些基准任务涵盖了广泛的语言理解、推理、推测生成、情感分析等任务，可以为企业模型的全球水平提供一个客观的衡量标准。

（2）对比分析：与现有公开发布的、广受认可的 LLM（如 GPT-4、LLaMA、PaLM 等）进行对比。除了评测结果，还会综合考虑模型的大小、参数量、训练成本、推理速度等因素，以便企业了解自己模型的优势和不足。

（3）社区反馈与领域贡献：通常，模型的排名不仅依赖于基准评测结果，还与其在研究社区中的贡献和影响力有关。例如，是否发布了创新性研究论文、是否有广泛的行业应用、是否对开源社区做出贡献等。这些因素都会影响模型在全球排名中的声誉。

4.2.2.7　模型修正

模型修正是 LLM 开发中的关键步骤之一，旨在针对应用场景中的痛点，确保模型输出与人类预期保持高度一致。在这个阶段，任务模型与评价模型相互迭代，逐步提升模型的实际应用效果和安全性。

对齐微调（特别是 RLHF）是模型修正的核心手段。该手段通过引入人类专家反馈来进行模型调整，使模型在执行任务时更加符合人类的期望，尤其是在真实任务和安全性要求较高的场景中，RLHF 能够帮助模型在理解任务意图时表现得更加准确。然而，RLHF 也带来了所谓的"对齐税"问题，即为了追求与专家意见的一致性，模型可能会在计算开销或复杂性方面有所增加。

4.2.2.8　模型落地

模型落地是将 LLM 应用于实际业务场景的关键环节，其核心目标是确保模型在具体的企业或领域中高效运行，并带来实际价值。这个阶段不仅涉及模型的优化技术，确保其在有限资源条件下的高效运行，还包括两个典型的应用场景，即 RAG 和智能体，以增强模型的功能，提升其在特定任务中的表现。

1. 优化技术

为了使 LLM 能够在实际应用中高效运行，尤其是在资源有限的情况下，模型优化技术是不可或缺的，主要的优化手段有模型量化和使用推理框架。

（1）模型量化：量化技术通过将模型的权重从浮点数压缩为低比特数（如 4bit 或 8bit），大幅降低模型的内存占用。这种方法不仅降低了显存的需求，还提高了模型的推理速度，使得 LLM 能够在低算力设备上运行。

（2）使用推理框架：为了提升模型的推理效率，使用高效的推理框架至关重要。例如，FasterTransformer 等工具可以通过优化计算图和并行处理，极大地提升推理速度。通过这些框架，模型在实际应用中的响应时间得以显著缩短，确保在大规模场景下快速响应用户需求。

2. 典型应用场景

LLM 在企业级应用中的落地主要有两个典型的场景：RAG 和智能体。这两个应用场景通过增强模型的功能，可以分别解决模型外部知识调用和工具集成的问题。

（1）RAG 为 LLM 外挂知识库：RAG 是一种为 LLM 外挂知识库的方式，通过检索相关信息为模型生成提供支持。该技术特别适合处理企业私有知识，使模型能够从知识库中获取准确且实时的知识。比如，在使用 LangChain 框架时，RAG 可以帮助模型调用企业的私有数据库或文档库，以提高对特定任务的准确性。这种方法弥补了 LLM 在外部知识更新方面的不足，并增强了模型的领域知识。

（2）智能体为 LLM 外挂工具集：智能体是一种为 LLM 外挂工具集的技术，允许模型调用外部 API 或工具获取最新信息。这类功能对动态数据和实时知识需求尤其有用。比如，通过 LangChain 实现的 Bing 功能，可以让 LLM 实时查询最新的互联网信息，从而在应对实时问题时提供更新的答案。这种扩展机制增强了 LLM 的灵活性和适应性，尤其是在信息检索和自动化任务执行方面表现出色。

3. 经验总结

企业级 ChatGPT 的构建是一个复杂且多步骤的过程，从选择基座模型、数据准备到最终的模型部署与应用，每一步都至关重要。通过合理的模型选择、微调和优化，企业可以实现一个高效、智能的语言模型，从而在客户服务、知识管理等方面获得显著的竞争优势。

4.3　基于 LLM 的研究方向

基于 LLM 的研究方向涉及多个领域，而 LLM 作为一种技术手段，对 NLP 任务、信息检索、推荐系统、多模态、知识图谱增强，以及基于 LLM 的智能体等方向产生了重要影响。

4.3.1　NLP 任务

LLM 在 NLP 领域具有显著的影响，涵盖了多种经典任务，如词级别和句子级别的分析、序列标注、关系提取、文本生成等。

（1）特点：LLM 即使在零样本或小样本学习场景下，也能取得较好的性能，其优势在于能够为多种任务提供统一的解决方案，但在低资源的情况下效果较差；同时，小模型在数据支持充足的情况下也能表现优异。

（2）常用技巧：通过提示或微调，LLM 可以更好地适应 NLP 任务。LLM 与小模型的互补应用也是常见的策略。

4.3.2　信息检索和推荐系统

1. 信息检索

LLM 在信息检索领域有着广泛的应用，主要分为直接作为检索引擎和增强现有检索系统两个方向。LLM 可用于重排模型（Reranker）、辅助 IR 模型训练或生成中间文本，从而提升系统的语义建模能力。

（1）特点：LLM 在特征编码、查询理解和文档扩展等方面表现出色，特别是在语义建模中。然而，LLM 直接作为检索引擎的效率较低，还需要优化来处理长文本建模。

（2）常用技巧：LLM 用于重排检索结果、增强特征编码和训练数据的生成，能够提升查询理解和文档处理能力。

2. 推荐系统

LLM 对推荐系统的改进作用体现在三个方面：LLM 作为推荐模型、增强现有推荐模型，以及作为推荐模拟器（模拟用户行为）。

（1）特点：LLM 能够缓解推荐系统的冷启动和域迁移问题，但面对长序列交互数据时仍存在挑战。它可以通过零样本学习、微调模型、推断用户意图等方式完成推荐任务，提升用户和项目特征的表现。

（2）常用技巧：LLM 可以零样本生成推荐，增强现有推荐模型的语义表达能力。此外，LLM 还可以通过自我学习模拟用户行为，进一步指导推荐系统的优化。

4.3.3　多模态和知识图谱增强

1. 多模态

LLM 通过集成视觉编码器实现多模态扩展，形成多模态 LLM（MLLM），能够处理包括文本、图像等多种模态的数据。MLLM 由视觉编码器、文本生成器和连接模块组成，广泛应用于各种视觉任务中，如图像描述生成、视觉问答和图像分类等。

（1）特点：MLLM 依赖有效的训练策略，同时要关注模型的安全性和对齐问题。虽然 MLLM 在某些场景下表现出色，但处理空间关系仍是未来需要重点解决的难题。

（2）常用技巧：视觉编码器与 LLM 的联合训练、设计视觉指令数据集，并通过视觉指南微调模型，以适应不同视觉任务的评估。

2. 知识图谱增强

通过知识图谱的增强，LLM 能够更好地应对知识密集型任务。这种增强主要分为检索增强 LLM 和协同增强 LLM 两种方式。LLM 可以从知识图谱中检索相关子图，并通过多轮交互来解决复杂任务。

（1）特点：知识图谱能够提供精准的知识，但 LLM 直接利用这些知识存在一定困难。通过设计专门的接口或提示机制，知识图谱能更好地指导 LLM 解决问题。

（2）常用技巧：检索知识图谱中的相关信息，通过 LLM 与知识图谱的多轮交互协作完成任务。有效的知识图谱接口设计能够进一步提升任务处理能力。

4.3.4 基于 LLM 的智能体

LLM 可以作为智能体的核心计算单元，具有记忆、规划和执行三大组件，能够自主完成用户请求并协同其他工具和系统工作。在智能体领域，LLM 可应用于单智能体和多智能体场景。

（1）特点：智能体在处理复杂任务时表现出色，但多智能体协作面临效率开销和协调问题。LLM 需要进一步优化，以增强智能体设计。

（2）常用技巧：LLM 可以生成执行计划，并与外部工具协作完成任务。记忆管理、自主规划与执行、多智能体协作交流是智能体应用的核心组成部分。

4.4 基于 LLM 的领域应用

LLM 作为一种强大的工具，已在医疗、教育、法律、金融和科研等特定领域得到了广泛应用。如表 4.2 所示，这些领域的特点各异，对 LLM 的使用提出了不同的要求和挑战。

表 4.2 LLM 在不同领域的应用及其特点与挑战

领域	涉及子任务	相关方法	特点
医疗	生物信息提取、医疗咨询、心理健康分析、报告简化等	设计医疗提示或指令指导 LLM 完成医疗任务，如 Med-PaLM	① 准确性：需要专业知识，对 LLM 的生成内容的准确性要求高。 ② 误导性：可能产生误导性医学信息，如术语解释错误。 ③ 隐私性：很难保护个人医疗数据的私密性

续表

领域	涉及子任务	相关方法	特点
教育	写作助手、阅读助手、课堂教学、评估学生表现	设计特定提示或指令指导 LLM 完成教育任务，如 ChatGPT	①准确性：关注 LLM 内容的准确性。②偏见性：内容潜在偏见难消除。③不平等性：可能造成剽窃、内容抄袭等问题，以及出现不平等学习机会
法律	法律文书分析、法律判断预测、法律文书写作辅助等	设计法律指令，改进法律理解能力，指导 LLM 完成法律任务，如 GPT-4	①专业性：需要专业知识，避免内容偏见。②监管性：可能存在版权和隐私泄露问题，内容需要法律监管与调整
金融	数字索赔检测、金融情绪分析、金融命名实体识别、金融推理等	收集大规模金融语料预训练，如 BloombergGPT、XuanYuan、FinGPT	①准确性：需要专业知识，避免生成不准确的内容。②严谨性：模型产生错误及有害信息对金融市场影响巨大，需严格审查
科研	文献调查、生成科研假设、数据分析、论文写作等	设计特定提示或指令指导 LLM 完成科研任务	①专业性：需要专业知识，关注 LLM 生成内容的质量。②虚幻性：生成内容存在误导或无效信息，很难充当科研助手，需要改进生成质量，提高知识水平

4.5　基于 LLM 的企业级需求和应用场景

在企业级应用中，LLM 的需求和应用场景主要包括以下几个方面。

（1）构建本地知识库，让数据变知识：利用最新的 SOTA 的 LLM，企业可以构建本地知识库。这可以将大量分散的业务数据转化为可查询的知识，提高信息利用效率，进而为员工或系统提供查询和信息检索服务。

（2）优化提问，让聊天更对齐：增强问题与业务数据的关联性。为了提升用户提问的有效性，LLM 可以将非标准化的提问与企业的标准化业务数据进行智能关联。通过理解提问者的真实意图，LLM 能够更准确地查询和处理相关数据，逐步在工作流中展现其价值。随着模型的迭代和优化，让 LLM 理解并操作公司的业务数据，将其运用到各个工作流中，并逐渐提升对业务的深入理解。

（3）知识更新，让模型更聪明：优化模型的知识库。为了让 LLM 更智能，模型需要不断更新并维护新的知识。企业可以通过模型微调将最新的信息及时补充进模型中，或者使用 FastEdit 等工具，这种工具可以在 10 秒内快速编辑和更新语言模型中的事实性知识。此外，通过 RAG 从外部知识库中获取最新知识也是一种有效方式，使模型能及时从外部资源中借鉴信息。

（4）搜索与推荐，让搜索更智能：传统的企业内部搜索引擎多是基于关键词匹配的，但这种方法往往缺乏对语义的理解，从而导致检索的精准度不够。利用 LLM 的深度语义理解能力，搜索引擎可以将用户的查询转换成更有意义的语义表示。例如，可以将一个模糊的用户查询转化为更明确的产品列表名称，并根据用户的实际需求提供一些相关产品的推荐结果。这种从关键词的搜索到基于 LLM 语义理解搜索的转变显著提高了信息检索的智能性和用户体验。

（5）数据库交互，让 LLM 与数据库进行对话：在企业中，数据通常存储在数据库中，如何让 LLM 与数据库高效地互动成为关键问题。目前常用的解决方案如下。

① text2SQL：通过训练专门的垂直 LLM，使其能够将自然语言的查询转化为 SQL 语句，自动生成数据库查询。

② text-RAG：基于通用 LLM 结合 RAG 技术，直接从数据库中提取和解读信息。

③ text2JSON：通过强大的 LLM 生成结构化的 JSON 格式数据。比如采用 ReAct 框架让 LLM 稳定输出 JSON 格式数据。

④ TAG：TAG 框架为回答数据库中的自然语言查询提供了一个新的范式，它结合了语言模型的推理能力和数据库的计算能力，能够处理更广泛、更复杂的查询。

第 *5* 章

提示设计

本章首先将从提示工程概述入手，揭示提示在与 LLM 交互中的核心作用。提示不仅仅是对模型的输入，更是一种能够引导模型生成特定输出的强大工具。我们将探讨提示设计的重要性以及如何通过不同的策略来优化提示，从而提高模型响应的准确性和相关性。

接下来，我们将深入分析提示的设计要素，包括三要素、四要素和五要素。每个要素都在提示的效果上扮演着至关重要的角色，理解这些要素将有助于读者在设计提示时更加游刃有余。此外，我们还将提供多种提示内容设计策略，涵盖从明确性到迭代优化的不同维度，帮助读者形成一套完整的提示设计思维。

在此基础上，我们还将讨论提示设计的方法论，介绍不同的提示策略，如 ICL、CoT，以及复杂任务规划与解决（PCTS）。通过对这些方法的对比与分析，读者将能够选择最适合自己任务的提示策略，以实现最佳的模型输出。

此外，本章还将提供实际的提示设计指南和案例集合，展示主流大模型企业推荐的提示示例和优秀框架。这部分内容将为读者提供实际操作的蓝图，帮助他们在实际应用中灵活运用所学知识设计出有效的提示。

最后，详细介绍针对不同应用场景的提示设计优秀框架，包括 BROKE、RTRW 和 CO-STAR 等。这些框架将为读者提供系统化的思维工具，使其在设计提示时更加高效、准确。

5.1 提示工程概述

提示工程源于早期预训练 LLM 的局限性。以 BERT 和 GPT 的早期版本为代表，这些模型在适应特定任务时通常依赖模型微调。然而，微调方法存在数据需求量大、成本高、灾难性遗忘、任务适配性差等问题，不适用于小样本或低资源场景。

随着 GPT-3、Bloom 等 LLM 的出现，模型无须微调便可通过预训练获得强大的语言生成能力。然而，这些模型仍需通过特定输入引导才能产生符合用户预期的输出。这种引导过程为提示工程的诞生提供了契机，成为有效提升模型效率、灵活性的重要技术。提示工程解决了微调方法的诸多不足，增强了模型在多任务处理中的通用性。这一技术源于 LLM 在 NLP 任务中的广泛应用，尤其是以 ChatGPT 为代表的先进模型。这些模型需要合适的提示来引导输出，以满足用户需求。

对比来看，在传统的机器学习任务中，模型通常接收结构化数据输入，通过数据预处理学习模式，并直接输出预测结果。与之不同的是，在 LLM 中，提示工程通过设计提示（非结构化文本数据，即自然语言文本），使预训练的 LLM 利用其知识完成任务。在机器学习中，特征工程通过手动调整输入特征来提升模型性能；而在 LLM 中，提示工程的作用类似于"语言特征工程"，即通过设计合适的语言输入，让模型能够理解任务需求并给出高质量的结果。

提示工程是一种针对 LLM 和其他生成式 AI 模型的新兴技术，其核心在于通过精心设计或优化输入提示来引导模型生成期望的输出或执行特定任务。这种技术通过设计合适的语言输入，如添加上下文信息、指令、示例等，来控制模型的输出内容、风格和格式，无须改变模型架构或进行额外训练。提示工程的目标是以自然语言的方式指导语言模型生成符合预期的输出，从而更好地控制模型输出，使其更符合用户需求。提示工程的形式灵活多样，适用于从简单提问到复杂任务说明的各类应用场景，其目标是在不改变模型架构的情况下，通过语言输入有效引导模型输出，已成为在各类生成式 AI 应用中至关重要的技术领域。

> **本质**：提示工程的本质是将知识和任务信息有效地编码到提示中，从而引导模型进行推理和生成。它利用了预训练模型中蕴含的丰富知识和强大的语言建模能力，通过巧妙的提示设计来激发模型的潜能。可以理解为一种"知识诱导"的过程，通过精心设计的提示"诱导"模型产生我们期望的结果。提示工程通过调整提示的形式、长度、上下文等，来影响模型的生成结果。这在本质上是利用了 LLM 对上下文信息的敏感性，以及它们通过大量无监督文本预训练所获得的"世界知识"。通过这种方式，提示工程能够显著提高模型在各种任务中的表现，使其更加符合用户的需求和期望。

> **意义**：提示工程对于使用 LLM 解决实际问题至关重要，能够使生成式 AI 更"听话"（如生成指定风格的文本），并显著提高模型效果。通过合理的提示，用户可以控制模型的输出，生成相关、准确且高质量的文本，从而提升 LLM 处理复杂任务场景的能力，如问答和算术推理等。同时，提示工程有助于用户更好地了解 LLM 的能力和局限性，确保生成文本的质量和一致性，并实现 LLM 与其他生态工具的高效接轨。优秀的提示设计还可以降低模型对大量标注数据的需求，提高模型的泛化能力。此外，通过巧妙的提示设计，还可以增强 LLM 的安全性，并利用外部工具和专业领域知识来赋能 LLM，从而使其在特定领域具有更出色的表现。这对于推动生成式 AI 技术在各个领域的应用具有重要意义。

1. 作用

通过使用合适且精心设计的提示，模型可以更好地理解用户的意图，并生成满足用户特定需求的回答。

（1）提高模型性能和灵活性：通过设计有效的提示，可以显著提升语言模型在各种任务（如文本生成、问答、翻译等）中的表现，从而获得精准和高质量的回答。

① 获得精准和高质量的回答：通过向模型提供明确的上下文或任务指令提示，使其能够产生更加准确和相关的回答。

② 提高灵活性：通过设计不同的提示，研究人员能够将同一个语言模型应用于不同的 NLP 任务（如分类、翻译、生成等），这使得 LLM 具备了更好的灵活性。

（2）增强模型可解释性：提示工程可以帮助研究人员和工程师更好地理解语言模型的行为和内部机制。

（3）约束模型输出：提示工程在生成任务中起到指导和约束模型输出的作用。

（4）降低数据需求：相比于传统的训练方法，提示工程可以在不额外增加训练数据的情况下，改进模型的性能和输出质量。

（5）简化模型部署：提示工程无须对模型进行微调，即可简化模型部署流程。

2. 核心内容

提示工程技术包含与 LLM 交互和研发的各种技能和技术，而不仅仅是提示设计，还包括提示类型、提示优化和提示评估。

（1）提示设计：在设计有效的提示时，我们需要考虑提示的要素、结构、位置、长度等因素。例如，针对位置，提示可以放在问题的开头部分或者结尾部分。为了引导 GPT-3 生成文本，我们可以采用如下提示：

Write a short horror story that begins:"The floorboards creaked as I walked into the dark room..."

（2）提示类型：提示可以是陈述句、问题、条件句或开放式请求，也可以引导模型生成特定格式的数据。提示的形式设计决定了模型的上下文理解方向。因此选择合适的提示类型至关重要，例如，描述式提示、指令式提示（给出明确的任务指令）、问答式提示（直接提问让模型生成答案）、填空式提示、示例式提示（包括少样本和零样本）、链式提示等。

（3）提示优化：根据模型的输出结果调整提示，并不断优化提示效果。例如，可以对不同的提示进行 A/B 测试来择优选择。

（4）提示评估：评估不同提示对模型性能的影响，选择最优的提示策略。

3. 常用方法

研究者们致力于探索如何通过人工设计或自动化的方法来优化提示，以提高模型性能。提示工程中常用的方法包括人工生成、自动生成。

（1）人工生成：通过人工设计初版提示，并经过持续迭代优化，以得到高质量的提示。

（2）自动生成：通过利用大型预训练模型，自动生成高质量的提示，进而引导模型生成高质量的内容。

4. 特点

（1）新范式：提示工程引入了一种新的工作模式，传统的工程实践如版本控制和回归测试需要适应这一变化，正如它们曾经适应其他机器学习方法一样。

（2）无监督性：提示工程无须额外的标注数据，可以直接在预训练模型上进行操作。

（3）模型无关性：提示工程适用于多种 LLM，不受特定模型的限制。

（4）模板化：可以根据特定的提示框架结构（如 CoT、BROKE、RTRW、CO-STAR 等）创建模板，并根据数据集或情境进行动态修改，以生成个性化的响应。

（5）迭代与探索性：提示工程是一个迭代和探索性的过程，类似于传统机器学习中的模型评估和超参数调优。

（6）不成熟性：提示工程目前仍处于发展阶段，许多方法和技巧正在探索中，需要持续进行研究和优化。

（7）提示的脆弱性和敏感性：LLM 对提示非常敏感，不合适的设计会直接影响模型性能。这是由于大多数 Chat-LLM 都是通过指令微调得到的。这种依赖性与模型能力成反比，即能力越弱，对提示的依赖越强。

（8）没有最优性：提示工程在引导 LLM 适应下游任务时，存在较大的随机性、不确定性和不可控性，从而导致其难以达到最优状态。

（9）革命性潜力：提示工程的发展速度表明，它有望在某些方面改变机器学习，超越传统的特征工程或架构工程。

5. 优缺点

提示工程技术以其高性价比、灵活性、广泛适用性和可解释性而受到青睐，它无须重新训练或微调模型，通过调整提示，即可快速适应不同的任务，并能显著提升 LLM 在各种场景下的性能，同时增强用户与模型的交互能力。然而，该技术也存在一些不足，包括较高的试错成本、模型依赖性、在不同上下文中的表现不稳定、优化过程耗时、提示存在能力上限，以及可能导致模型在特定提示下出现过拟合的风险，这些都可能影响其在复杂任务上的表现和泛化能力。

6. 经验总结

在提示工程阶段，总结的经验如下。

（1）提示的原则：主要包括清晰表达任务目标（包括预期输出）、分解为简单子任务、提供少量示例和利用模型友好的格式。

（2）提示的优化策略：主要包括示例的选择、格式设计和顺序设置，以及推理结构、记忆机制和回溯机制等。

（3）任务适配：针对不同的任务设计专门的提示，如文本分类、情感分析、问答等，以实现最佳的任务适配效果。

（4）迭代优化：通过不断试验和评估，优化提示的措辞和结构。

（5）多样化尝试：尝试多种不同的提示形式，找出最有效的提示方式。

（6）域知识与模型理解：提示工程不仅要关注提示的构建，还要结合领域知识、对 AI 模型的理解，以及系统化的方法来针对不同的场景定制提示。

（7）参数调整：调整提示参数（如 temperature 或 top_p），以提高模型性能。

（8）多模态提示：结合多种提示形式，提高模型的表达能力和泛化能力。

（9）自适应提示：根据模型输出动态调整提示，优化生成效果。

7. 实战工具

在实践中，我们可以使用一些工具来优化提示。例如，Prompt Perfect 插件利用 GPT-3.5-Turbo 模型对用户输入进行改写，使其更清晰、具体且与上下文相关，从而提高 ChatGPT 模型的响应质量。此外，ChatGPT Prompt Toolbox 也是一个辅助工具，它可以帮助用户优化自己的提示，以获得更准确、有针对性的回答。这些工具的应用能够显著提升提示工程的效果，使模型生成的内容更加符合用户的需求。

5.2 提示的设计要素和策略

5.2.1 提示的设计要素

在提示工程中，设计有效的提示是确保 LLM 生成高质量输出的关键步骤。提示的组成要素及其重要性直接影响模型的表现。在实践中，常用的方法包括提示三要素、提示四要素、提示五要素等。

1. 提示三要素

提示三要素通常包含三个核心部分：任务描述、背景信息（上下文）、角色。这是最基础的提示结构，适合相对简单的任务需求。

（1）任务描述：核心在于明确地告诉模型需要完成什么任务。这一部分应尽量简洁明了，避免含糊的表述。例如，如果需要模型生成一个总结，则可以直接指示"请总结以下段落"。

（2）背景信息／上下文：它可以为模型提供更多的背景信息，帮助模型更好地理解任务或用户意图。这部分特别重要，它可能包括任务的背景、特定领域的知识，甚至是先前的对话历史。

（3）角色：明确指定模型应以何种身份或视角生成文本。这有助于调整模型的生成风格。例如，当要求模型扮演一名专业作家或一名技术顾问时，模型的输出风格可能会大不相同。

2. 提示四要素

提示四要素是在提示三要素的基础上增加了输出格式的要求，使得提示更加全面。它特别适合用于需要模型生成特定格式或类型的输出场景。

（1）任务描述：继续强调任务的明确性，要求模型完成特定指令，比如回答问题、生成文本或执行计算。

（2）背景信息（上下文）：提供与任务相关的背景或上下文信息，可能包括特定领域的知识或前文内容，以帮助模型更好地理解任务。例如，在技术支持的场景中，提供一些技术术语或先前的故障描述，可以大大提升模型的响应质量。

（3）输入数据：用户输入的内容应简洁明了，以便模型在接收到信息后能精准理解需求，避免产生混淆或误解。

（4）输出格式：要求模型按指定的格式生成输出。例如，要求生成 Markdown 格式、简短的段落或特定的表格格式等。这一要素在需要规范化输出的任务中尤为重要，确保模型生成符合预期的结构化结果。

3. 提示五要素

提示五要素在提示四要素的基础上进一步加入了参考示例和约束条件，显著增强了提示的灵活性与精度。它适用于更复杂的任务或需要模型进行多步骤推理的场景。

（1）明确任务：进一步细化对任务的描述，确保任务的具体性和执行步骤都非常清晰。不同于简单的指令，这里可能涉及任务的复杂逻辑或步骤，确保模型逐步完成任务。

（2）指定角色：清晰指定模型扮演的角色，进一步引导模型从特定角度生成内容。这一点在客户支持、创意写作或编程相关任务中尤为有效。例如，要求模型扮演"资深软件工程师"或"客服经理"，可以帮助模型调整输出风格与内容。

（3）约束条件：为任务设置特定的限制，例如字数限制、生成时间限制或特定语言的使用。这一要素确保输出更加精准。例如，在代码生成任务中，约束条件可能是"使用 Python 编写函数"，从而避免模型生成其他语言代码。

（4）参考示例：提供参考示例，可以显著提升模型的输出质量。这些示例让模型能够对生成内容的格式、风格和质量有所参考。例如，给出一段标准答案，让模型模仿这一风格进行回答。

（5）输出格式：同样强调输出形式的约定，要求模型生成特定的格式化输出，比如 Markdown、JSON、表格或自然语言段落。这对于结构化输出任务如编程、数据生成或技术文档生成非常重要。

5.2.2 提示内容的设计策略

在提示工程中，提示内容的设计策略主要包括明确性策略、示例与格式策略、背景知识与角色策略、正向引导策略、任务分解与特定提示策略、迭代优化策略等。下面将详细介绍这些设计策略。

1. 明确性策略

当模型需要猜测你想要得到什么内容的次数越少时，你获得期望结果的可能性就越大。这意味着，提供明确和具体的提示可以帮助模型更好地理解你的意图，从而生成更符合你期望的内容。

（1）明确任务需求：提示中应明确描述任务的具体要求，比如使用"写作""分类""总结""翻译"等词语，清楚地告知模型需要完成的任务。

（2）避免模糊描述：应避免使用不具体的提示，如"几句话"，而是明确指示具体的输出要求，例如，规定字数、风格或格式等。这能有效地减少不确定性。

（3）提供详细的任务指令：当任务涉及特定风格或详细要求时，应尽可能详细地描述任务需求。例如，"用非专业的语言解释相对论"比"解释相对论"能更好地指引模型。

2. 示例与格式策略

（1）指定输出格式：为了确保一致性和可读性，我们可以通过提示明确指定期望的输出格式，比如，要求生成 JSON、表格、Markdown 格式等。这样可以使模型生成的内容更加符合预期。

（2）添加示例作为参考：在提示中展示一个或多个参考示例，有助于引导模型生成更符合预期的结果。示例能明确输出格式和质量标准，从而提高生成效果。

（3）使用标签或分隔符：在提示设计中，可以使用如三重引号、###、XML 标签或章节标题等结构化元素来区分指令和上下文，提高提示的清晰度。例如，用"###"分隔指令和上下文信息可以帮助模型更好地理解任务结构。

3. 背景知识与角色策略

（1）赋予模型特定的角色：可以让模型在执行任务时扮演特定的角色，如"专家"、"作家"或"程序员"，以此提高输出内容的准确性和风格。例如，要求模型扮演"资深数据科学家"来回答技术问题。

（2）提供背景知识或上下文：在复杂任务或需要特定领域知识的任务中，提供相关的背景信息或上下文有助于提高模型的性能。例如，在回答技术类问题时，提供相关的领域背景知识能使生成的答案更加准确。

4. 正向引导策略

（1）鼓励更多的确定性——正向引导＋避免反向限制：在设计提示时，应避免指示模型不要做什么，而是明确告诉它应该做什么，这样可以鼓励更多的确定性，并聚焦于引导模型产生优质的内容。

（2）提供更多的示例优于写约束：在提示中提供更多的示例，通常比在提示中写各种约束的效果更好。然而，这种方法的一个挑战是，大模型可能会以小概率事件输出一些示例的内容。除了规则过滤，目前似乎没有更好的解决办法。

（3）使用模型友好的格式：例如，在 GSM8K 任务中，通过使用代码格式的少量示例演示，可以将数学推理任务转换为代码生成任务，从而利用 ChatGPT 的强代码合成能力来解决数学问题。

5. 任务分解与特定提示策略

（1）将复杂任务分解为子任务：在应对复杂任务时，将其分解为更小的子任务，可以帮助模型更清晰地执行每一步。例如，对于涉及多步骤推理的任务，可以设计一系列提示，逐步引导模型完成每个子任务。此外，复杂任务通常可被重新定义为简单任务的工作流程，其中，较早任务的输出用于构建后续任务的输入。

（2）引导逐步完成：对于多步骤任务，可以通过分解任务的步骤或指示每个步骤的具体要求，逐步引导模型完成复杂任务。

（3）在代码生成任务中采用"引导词"：在代码生成任务中，使用"leading words"（引导词）来引导模型生成特定的模式或结构的代码。

6. 迭代优化策略

（1）提示由浅入深：提示设计是一个不断迭代的过程，建议从简单的提示入手，通过反复实验和调整逐步优化效果。例如，开始时给出简洁的任务指令，然后根据生成结果逐步添加更多的上下文或元素。

（2）逐步构建复杂任务：在处理复杂任务时，可将其分解为简单的子任务，逐步构建和优化提示，帮助模型一步步地完成复杂推理和生成任务。

（3）对话摘要 / 过滤：对于需要长时间对话的应用，可以对之前的对话进行总结或过滤，从而减少上下文的长度。

（4）分段总结：对于长文档，可以先分段进行总结，再递归地构建完整的摘要。

7. 让模型"思考"策略

（1）指示模型先独立思考：在请求模型给出答案之前，明确指示模型先自行解决问题。这有助于提高模型的准确性。例如，在评估学生的数学解答时，可以先让模型生成自己的解答，再与学生的解答进行比较。

（2）使用内心独白或查询序列隐藏推理过程：当模型的推理过程不适合直接分享时，可以使用内心独白来结构化地输出内容。在展示最终答案之前，隐藏模型的中间推理过程。

（3）询问模型是否漏掉了什么：在某些情况下，模型可能会遗漏相关信息。通过后续查询，提醒模型回顾之前的输出，可以提高信息的完整性。

8. 使用外部工具策略

（1）嵌入式搜索——使用基于嵌入的搜索：为了增强模型对特定问题的回答，可以将外部信息嵌入模型的输入中。这种方法通过将文本分割为块并使用嵌入向量进行快速检索，以便动态地为模型提供相关信息。

（2）代码执行——利用代码执行进行更准确的计算：当任务涉及复杂的计算时，可以指示模型编写并运行代码，而不是依赖其内置的计算能力。这可以显著提高计算的准确性。

（3）函数调用（Function Calling）——赋予模型特定函数的访问权限：在请求中提供函数描述，使模型能够生成相应的函数参数。这种方法允许模型以更结构化的方式调用外部功能，并将结果反馈给模型，以便进一步处理。

5.3 提示设计的方法论

在提示工程中，提示设计常用的方法论包括 ICL、CoT 和 PCTS，这三者在任务的复杂性上呈递进关系。

ICL 方法最早在 GPT-3 中被提出，主要指模型通过提供的上下文信息来学习和执行简单任务。它能够在没有特定训练的情况下，从上下文中提取信息并应用于新任务。它适用于简单任务的处理。

相较之下，CoT 方法在基础任务中表现尤为出色。它通过在提示中引入中间推理步骤，帮助模型逐步思考，使其逻辑性和条理性增强，进而提升在复杂任务上的准确性。CoT 适合需要推理的基础和中等复杂度的任务。

最后，PCTS 强调在复杂任务中进行有效的规划和解决问题的能力。该方法不仅要求模型理解任务本身，还需要制定出合理的执行计划，确保顺利完成复杂任务。PCTS 适用于处理高度复杂和需要多步骤推理的任务。

5.3.1　ICL

ICL 首次出现在 LLM 的 GPT-3 中，旨在增强模型在无监督学习环境下对新任务的适应力。该方法解决了传统模型对大量标注数据的依赖问题，特别是在标注数据获取成本高昂且耗时的场景中显得尤为重要。ICL 的工作机制是通过提供相关的输入 – 输出示例作为上下文信息，引导模型从这些示例中提取模式并应用于处理新的任务，而无须进行额外的微调训练。这一方法不仅减少了数据需求，而且提高了模型快速适应新任务的能力，成为 LLM 应用的一个重要手段。

> 本质：ICL 本质上是基于示例的一种学习方法，它利用模型强大的模式识别能力（先验知识），从示例中提取知识并应用于新任务。它并非真正的"学习"，而是模型对已有知识的迁移和应用。

> 核心原理：ICL 的核心原理是"从示例中学习"，即模型能够通过观察输入的上下文信息来学习任务的目标和格式。通过在输入中包含示例，模型可以有效地捕捉到任务的性质。模型根据提供的示例，学习输入和输出之间的映射关系。这个映射关系并非显式地被模型学习，而是隐含在模型的参数中。当模型遇到新的输入时，它会根据学习到的映射关系生成相应的输出。

1. 分类

ICL 方法在 NLP 领域对于处理新任务具有显著作用，包括零样本提示和少样本提示两种策略。

（1）零样本提示（Zero-Shot Prompting）：零样本提示允许模型无须具体示例，即可理解并执行新指令，依赖于模型的先验知识和能力。

（2）少样本提示（Few-Shot Prompting）：少样本提示则通过提供少量相关示例来提升模型对特定任务的理解和执行能力。

2. 核心内容

ICL 的核心内容包括演示设计、实现方式等。

1）演示设计

ICL 的演示设计是影响其成功应用的关键，包括示例的选择、格式和排序，如表 5.1 所示。

示例的质量、数量以及它们的呈现方式都会直接影响模型的推理性能。合理的提示设计需要经过实验验证，确保选择的示例有效地利用 LLM 的 ICL 能力。

表 5.1　示例的选择、格式和排序

选择	正确的示例选择对 ICL 的性能至关重要。示例应具有代表性和相关性，常见方法如下。 ①经验方法：如基于 k 最近邻（kNN）的检索器选择与查询语义相关的示例，或基于多样性的策略来选择。 ②基于语言模型的方法：利用 LLM 衡量示例的信息量或直接生成示例，例如，通过性能提升来衡量
格式	示例的格式化有助于模型更好地理解和学习。常见方法如下。 ①预定义模板：将输入和输出对作为示例。 ②半自动法：通过添加任务描述或使用思维链提示来进一步明确任务要求，部分示例可能通过人工标注的种子集生成。 ③自动生成：通过自动化技术生成高质量的示例格式，如 Auto-CoT 生成中间推理步骤，或基于历史解答逐步解决问题的 LoM Prompting，以及 Least-to-Most（LtoM）提示等方法
排序	合理安排示例的顺序可以避免模型出现最近偏差，如倾向重复最后一个示例答案，或者末尾答案。常见方法如下。 ①启发式方法：按照逻辑顺序排列示例可以缓解最近偏差。比如根据与查询的相似性或熵度量进行排序。 ②信息论法：利用如最小化代码长度的方法，整合更多任务的信息来优化示例顺序。 ③从 LLM 中抽取验证数据：无须额外标记数据，直接从模型中抽样验证数据以评估和优化示例顺序

2）实现方式

ICL 在推理期间的实现方式主要包括任务识别和任务学习，而改进这些能力的方法包括通过多任务示例增强学习能力和新任务微调。

任务识别：LLM 通过预训练的先验知识从示例中识别任务。由于任务识别依赖于模型的先验知识，即使在小型模型中也可以实现。为了提升任务识别的能力，可以采用多任务举例，即在提示中包含多个相关任务，而非只包含一个任务，以提升模型的泛化能力。

任务学习：LLM 通过示例学习预训练阶段未接触过的新任务，适用于大模型。这种方法能够超越先验知识，从示例中学习新知识。为了提升任务学习的效果，可以采用新任务微调（如 Symbol Tuning），这种方法通过使用语义上不相关的标签（如 foo/bar）进行微调，迫使模型从示例中学习任务，而不依赖于已有的知识。

3. 具体实现

采用 ICL 技术来引导大模型的回答，举例如下。

示例 1：The weather is sunny. -> Positive

示例 2：It's raining cats and dogs. -> Negative

示例 3：I feel very happy today. -> Positive

新文本：The movie was fantastic! -> ?

5.3.2 CoT

CoT 是一种为了解决 LLM 在处理复杂推理任务时逻辑性和条理性不足的问题而提出的解决方案。该方案通过在提示中引入中间推理步骤，引导模型进行逐步思考，从而提高解决常识推理、算术推理和符号推理等复杂任务的准确性。CoT 提示在 ICL 的基础上，增加了逐步推理的指令和示例，帮助模型分解复杂问题并逐步推导出答案。

> 本质：CoT 的本质在于"逐步推理"。它通过向 LLM 提供思考过程中的一些"解题步骤"，明确地引导模型展示其思维过程，增强逻辑性和条理性，而不是直接给出答案，从而使模型在生成结果时更加稳健。

> 意义：CoT 提示的意义在于它能够显著提高模型在需要复杂推理的任务上的性能，尤其是在标准提示效果不佳的情况下。它为激发 LLM 的推理能力提供了一种通用且灵活的方法。

1. 核心原理

CoT 的核心原理是将复杂问题拆解为一系列可管理的步骤，模型通过逐步推理得出最终结果。这不仅能够使模型更好地理解任务的逻辑，显著减少逻辑错误，还能提高推理的准确性。CoT 通过提供一系列中间推理步骤，作为输入和输出之间的桥梁，采取链式结构引导模型进行逐步推理。

2. 深度剖析 CoT 能力的来源

（1）代码数据的影响：研究表明，使用代码数据进行训练的模型通常展现出较强的推理能力。这是因为代码数据具有良好的算法逻辑和编程流程组织，有助于提高 LLM 的推理性能。然而，目前尚缺乏公开的消融实验数据来支持这一假设，即需要对比有无代码训练的模型表现。

（2）指令微调的作用：目前的观点认为，指令微调并不是获得 CoT 推理能力的关键因素。尽管指令微调可以提升模型在特定任务上的表现，但其对推理能力的贡献仍需进一步验证。

（3）模式与文本的关系：模式和文本对模型性能的重要性不可忽视。研究显示，文本与模式之间存在共生关系，即文本有助于 LLM 生成有效的模式，而模式则有助于模型更好地理解任务并生成解决问题所需的文本。这种共生关系在提升模型推理能力方面起到了重要作用。相对来说，符号和模式的正确性对模型的性能影响可能较小。

综上所述，CoT 推理能力的提升可能主要依赖于代码数据的训练，而指令微调的作用相对有限。文本与模式之间的关系也在模型的推理能力中起着重要作用。未来的研究需要加强对这些因素的验证，特别是代码数据对推理性能的具体贡献。LLM 生成有用的模式，模式帮助 LLM 理解任务并生成有助于解决问题的文本。

我们在解决复杂问题时，通常采取逐步推理的方法，以清晰的逻辑分解问题。下面通过一个具体案例展示这种思维方式。

罗杰最初拥有 5 个网球，他又购买了 2 罐网球，每罐包含 3 个网球。问：罗杰现在总共有多少个网球？

这个问题可以分为以下几个步骤解决。

起点：罗杰最初拥有 5 个网球。

第一步：计算新增网球的数量。2 罐网球，每罐包含 3 个网球，共计网球 $2 \times 3 = 6$ 个。

第二步：将新增的网球数量与原有的网球数量相加。原有的 5 个网球加上新增的 6 个网球，共计网球 $5 + 6 = 11$ 个。

终点：通过推理得出，罗杰现在拥有的网球总数为 11 个。

这一推理过程展示了 CoT 的核心思想，即通过逐步分解问题，将复杂问题转化为一系列简单的逻辑步骤，最终得出正确答案。这种方法不仅提高了解决问题的准确性，还为复杂问题提供了清晰的解释路径。这种分步骤推理的方法有助于 LLM 更好地理解和解决问题。

3. 核心内容

（1）结构：通用的 CoT 提示结构是在简单提示 <input, output> 的基础上扩展而来的，具体形式为 <input, CoT, output>，其中，CoT 表示中间的推理步骤。

（2）核心组件：CoT 提示的关键组成部分包括符号（如算术推理中的数字）、模式（如方程式）和文本（非符号或模式的其他内容），这些元素共同构成了推理链的基础。

（3）实现形式：生成 CoT 的过程通常依赖于人工注释，但研究表明，可以通过简单的指令，比如"让我们一步一步地思考"（Let's think step by step），触发 LLM 生成 CoT，从而简化了 CoT 提示的使用流程。

（4）表现形式：中间推理步骤通常以自然语言文本形式呈现，但在需要严格的逻辑推理的复杂任务中，使用代码格式能够提高推理的结构化程度和精确性。

4. 优化和改进

为了优化和改进 CoT 提示，研究者们提出了多种策略，包括更好的提示设计（如多样化和多路径）、增强的 CoT 生成方法（如采样和验证方法）、推理结构的扩展（如树结构和图结构）等方法。

1）更好的提示设计

优化提示的一个重要方向是使用多样化的 CoT 和更复杂的多路径推理。这种设计可以提供不同的推理路线，帮助模型在面对复杂问题时能够做出更全面的判断。

2）增强的 CoT 生成方法

采样方法：通过生成多个推理路径并投票选择一致的答案。这种方法提高了生成结果的稳定性。

验证方法：对生成的推理步骤进行验证，确保其正确性，从而减少错误的累积，增强推理的可靠性。

3）推理结构的扩展

研究还探索了使用树结构和图结构来扩展基本的链式推理。这样的结构支持多路径并行推理，使得模型能够进行前瞻性和回溯性思考，从而实现更全面的决策。

5. 优缺点

CoT 提示是一种针对大模型设计的优化方法，专门用于提升复杂推理任务的性能。它能够显著提升模型在标准提示效果不佳时的性能，并具有灵活通用的特点，已被尝试应用于多模态和多语言任务。然而，CoT 提示并不适用于小模型，因为这些模型的参数量通常不足，难以有效地处理复杂的推理链。同时，对于不依赖复杂推理的简单任务，使用 CoT 提示可能会降低模型性能。此外，CoT 提示的推理能力来源尚不明确，需要进一步通过消融实验等手段进行验证。

6. 具体实现

采用 CoT 技术可以引导大模型的回答。具体地说，通过在模型的回答中加入中间推理步骤，CoT 技术能够提高模型的解释性和准确性。例如，在提示中加入以下提示，可以让模型按照人类的思维方式进行逐步推理，从而生成更准确和更详细的回答。

示例 1：Let's think step by step.（让我们一步步地思考。）

示例 2：Let's work this out in a step-by-step way to be sure we have the right answer.（让我们一步一步地解决这个问题，确保我们得到正确的答案。）

示例 3：

Q: What is 3 + 5 × 2?

A: First, we multiply 5 × 2 = 10. Then, we add 3 + 10 = 13. So the answer is 13.

Q: What is 12 − 4 / 2 + 1?

A: First, we divide 4 / 2 = 2. Then, we subtract 12 − 2 = 10. Finally, we add 10 + 1 = 11. So the answer is 11.

Q: What is 7 × 8 + 3 − 5?

A: ... （Let the model complete the reasoning）

7. 挑战

CoT 提示方法在大模型中的应用表现出一定的局限性。具体地说，CoT 在数学、逻辑和符号推理任务上效果显著，尤其是在执行计算和符号操作的过程中。然而，对于其他类型的任务，CoT 的表现并不理想，有时甚至不如直接使用 LLM。

此外，研究发现，在涉及符号推理任务时，CoT 的优势主要体现在执行阶段，即进行计算和符号操作的过程中。然而，即使在这一领域，CoT 的表现依然不如通过调用外部工具（如符号求解器）增强 LLM 的效果。CoT 提示方法面临的另一个问题是其较高的计算成本。如果其性能提升有限，那么使用 CoT 的性价比将受到质疑。这就导致在 CoT 有用的一些问题上，使用外部工具的效果可能更好，而在另一些问题上，CoT 的能力又有限，从而陷入了尴尬的处境。

鉴于此，未来的研究应当探索超越基于提示的 CoT 方法，寻求更先进的推理范式。这可能包括基于搜索、交互式智能体的推理机制，或者对模型进行更深入的微调，以充分利用中间计算的能力，例如 OpenAI 的 G1 模型，以应对更广泛的 LLM 应用挑战。

5.3.3 PCTS

复杂任务规划与解决（Planning Complex Task and Solving，PCTS）是一种针对传统模型在处理极度复杂任务时效率低下和效果不佳的问题而提出的增强方法。PCTS 通过将复杂任务分解为多个子任务，并规划这些子任务的执行顺序，来提高模型处理多步骤任务的系统性和效率。这种方法允许每个子任务单独使用 ICL 或 CoT 技术来解决，从而克服了 CoT 在处理极其复杂的任务时可能遇到的推理步骤冗长或逻辑不清晰的问题。

本质：PCTS 的本质在于"规划与执行"，通过制定合理的执行计划，模型能够更好地理解任务要求，并在复杂场景下有效地实施解决方案。

1. 核心原理

PCTS 是一种基于任务规划和分解的学习方法，它将复杂问题转化为一系列简单的子问题，并通过规划子问题的执行顺序来解决原始问题。PCTS 包括任务分解、子任务规划和子任务执行，通过将任务进行细分并进行系统性安排，模型通过提前规划来确保每个步骤都有序进行，从而高效地解决问题。

2. 具体实现

在复杂的任务中使用规划指令时，通常需要详细说明任务的步骤、目标、约束条件和预期结果。常用的指令如下。

示例1：制定一个组织会议的详细计划，包括场地选择、邀请演讲者和活动推广。

示例2：为建造房屋创建一个详细的项目时间表，从建筑设计到竣工。

示例3：概述优化供应链的一个策略，考虑成本、速度和可靠性等因素。

示例4：撰写一篇论文，这个任务可以分解为文献调研、提纲撰写、正文撰写、参考文献整理、润色修改等子任务。PCTS可以规划这些子任务的执行顺序，并指导模型完成每个子任务。

示例5：设计一个复杂的软件系统，可以分为需求分析、系统设计、模块设计、编码、测试等子任务。

5.3.4 对比 ICL、CoT、PCTS

在深入探讨 LLM 的提示工程领域时，我们发现不同的方法在实现和应用上各有千秋。如表5.2所示，对比介绍了 ICL、CoT 和 PCTS 三种在 LLM 提示工程中具有代表性的方法。其中，ICL 是一种将任务以自然语言文本形式呈现的方法，而 CoT 则增加了中间推理步骤，以增强其效果。针对复杂任务，PCTS 方法将任务分解为更小的子任务，并逐一解决。

表 5.2 LLM 提示工程中 ICL、CoT 和 PCTS 方法比较

对比维度	ICL	CoT	PCTS
核心原理	基于示例的学习，模型从示例中学习输入/输出映射关系	基于推理的学习，在提示中引入中间推理步骤，逐步引导模型思考	基于任务分解和规划的学习，将复杂任务分解为子任务，并规划执行顺序
特点	对模型能力要求最低。简单直接，易于实现	对模型的推理能力要求较高。需要设计合理的推理步骤，注重逻辑性和条理性	对模型的规划和执行能力要求最高。需要进行任务分解和规划，对任务的理解和分解能力要求较高
优点	实现简单，效率高，适用于简单任务	能够处理更复杂的推理任务，提高准确率	能够处理极其复杂的任务，具有较强的扩展性和鲁棒性
缺点	泛化能力有限，难以处理复杂任务	推理步骤设计复杂，需要人工干预，效率相对较低	任务分解和规划复杂，需要较高的专业知识和经验，实现难度大
适用场景	适用于简单任务，如分类、翻译、问答等	适用于中等复杂度的任务，如复杂推理、数学问题求解、因果求解等任务	适用于极其复杂的任务，如撰写长篇文本、软件设计、复杂策略规划等任务

5.3.5 提示设计方法论分类

在提示工程中，有许多常用的方法可以帮助引导 LLM 生成更合理、更准确的输出，包括基础方法、引导推理方法、增强准确性方法、控制输出方法、专业化方法、自动化方法，具体如表 5.3 所示。

表 5.3 提示工程的常用方法

分类	方法	核心原理	优点	缺点
基础方法	零样本提示、少样本提示	在提示中不包含或只包含少量示例，以启用模型的 ICL，并引导其生成响应	减少对大量标注数据的依赖，灵活、应用广泛	在某些复杂任务中效果可能较差
引导推理方法	CoT	通过引导模型按逻辑推理过程生成输出，将隐含的推理过程变为明确的步骤。给 LLM 提供一些中间的"解题步骤"，从而通过中间推理步骤实现复杂的逻辑推理能力	能够显式化地隐含推理过程，提升复杂推理任务的效果	手动设计难以扩展，且效果依赖于示例质量
	ToT（Tree of Thoughts，思维树）	对 CoT 进一步拓展，引入多分支的 ToT，模仿人类思维过程。将问题分解为多个不同的推理路径，使用树状搜索算法探索、评估和比较各种假设或可能性方案，最终选择最合理的结果	提高模型在严谨推理任务中的性能，模拟复杂问题的解决方式	难以处理极其复杂的任务，且计算资源需求较高
增强准确性方法	自我一致性	少数服从多数原则。通过多次采样不同的推理路径（即通过让模型多次回答同一个查询），并选择一致性最高的答案来评估模型的准确性，适用于涉及算术和常识推理的任务	提高推理任务的可靠性和准确性	需要多次询问同一问题，计算资源消耗较大
	头脑风暴提示	多次选样最佳原则。通过多个提示引发多样化的思路，再选择最佳思路（如模型打分），适合代码生成等场景	提高创意性输出和代码生成质量	需要选择最优思路，且对神经网络模型的选择依赖性较强
	反思	模型评估并修正自己的输出，通过迭代生成更准确和连贯的响应	能够自我完善，提高响应质量	依赖于模型自身能力极限，效果受限
控制输出方法	链式输出	将任务分解为多个组件，按顺序连接来处理复杂任务，前一组件的输出作为下一组件的输入，以生成更深入的输出	适用于复杂任务，确保逻辑连贯和步骤清晰	链式结构设计复杂，任务细化难度大
	轨道输出	通过预定义规则或模板来约束和控制模型输出，确保符合特定标准，防止生成不安全或无关输出	提高输出的安全性和准确性	可能限制创造性表达和灵活性

分类	方法	核心原理	优点	缺点
专业化方法	专家提示	模拟不同领域专家的视角，以提供更加专业和高质量的答案，通过多个专家策略综合生成全面的响应	提供更全面、更专业的回答	依赖专家领域的选择，适用性有限
自动化方法	自动提示工程	利用模型自身能力自动设计、优化提示，迭代提升提示质量，最终找到更好的提示方式	自动化提示设计过程，可能生成更优的提示	过程复杂，依赖模型自身的性能，难度较大
	模型本身生成提示	利用模型生成的知识作为提示的一部分，以帮助模型生成更准确的预测	融合模型知识，提高预测的准确性	效果依赖于模型自身的能力，难以泛化到所有的任务

5.4 提示设计实践指南和优秀框架

1. 主流大模型企业推荐的提示示例

相关内容请见本书附件。

2. 引导 LLM 提示的一些官方内嵌示例

相关内容请见本书附件。

3. 提示设计的优秀框架

提示设计的优秀框架包括 BROKE、RTRW、CO-STAR 等，具体如下。

1）采用 BROKE 提示框架

（1）Background（背景）：阐述背景，为 LLM 提供必要的背景信息。

（2）Role（角色）：为 LLM 设定角色，让 LLM 进入状态。

（3）Objective（目标）：定义任务目标，告诉 LLM 我们希望实现什么。

（4）Key Result（关键结果）：明确具体效果——在 OKR 框架中，要让 LLM 明确目标需要达成的具体内容和可衡量的结果。

（5）Evolve（调优）：通过试验来检验结果，并根据需要与 LLM 沟通。

2）采用 RTRW 提示框架

（1）Role（角色）：为 LLM 设定角色，让 GPT 进入状态。

（2）Task（任务）：定义任务，告诉 LLM 我们想做什么。

（3）Request（要求）：定义任务的要求和输出格式，让 LLM 知道实现目标应该是什么样的。

（4）Workflow（工作流程）：定义 LLM 完成任务的工作流程或步骤。

3）采用 CO-STAR 提示框架

（1）Context（上下文）：提供任务的背景信息，帮助 LLM 理解讨论的具体情境，确保其回答是相关的。

（2）Objective（目标）：明确 LLM 需要完成的任务，使其回答聚焦于实现特定的目标。

（3）Style（风格）：指定 LLM 使用的写作风格，可模仿特定人物或领域专家，比如 CEO或 CTO，引导 LLM 以符合用户需求的风格和术语做出回答。

（4）Tone（语调）：确定 LLM 回答的态度，确保其回答符合所需的情感或语境，比如正常、幽默、严厉、效仿等。

（5）Audience（对象）：确定回答对象，并根据其身份（父母或兄弟）、知识水平（小学生或者教授）定制 LLM 的回答，确保其在所需的语境中是恰当和可以理解的。

（6）Response（响应）：提供 LLM 回答的格式，以满足下游任务的需求，如列表、JSON（适合编程场景）、报表（适合汇报场景）等。

5.5　MCP

5.5.1　提示工程痛点与 MCP 出现

1. 提示工程痛点

（1）上下文窗口受限：传统 LLM 只能在固定长度内看到提示和历史对话，信息链条易断，难以访问海量文档或实时数据。常见的做法是手动截取摘要或分片检索，但是增加了提示设计和系统架构的复杂度。

（2）碎片化集成：不同 AI 应用在对接不同数据源（如数据库、第三方 API、内部文档）时，需要为每种数据源手动编写专属连接器，导致海量的重复工作。每次接入新工具都需在提示中重新定义调用方式，难以复用。

（3）安全与权限管理复杂：AI 在调用工具时，如何确保最小权限、避免注入攻击、保证调用规范，是业界亟待解决的问题

2. MCP 出现

模型上下文协议（Model Context Protocol，MCP）是由 Anthropic 于 2024 年 11 月首次提出的开放标准，用于规范 LLM 与外部工具、数据源之间的双向交互。MCP 可以被理解为"AI 的 USB 接口"，为不同系统提供统一接口，简化集成成本。它通过统一协议，解决了

LLM 在多数据源、多工具场景下的接入和上下文管理难题，为提示设计提供了结构化的"工具函数"调用能力。

从提示工程的角度看，MCP 将散落在提示中的"外部调用"能力协议化、组件化，为 LLM 提供了结构化的函数调用和资源访问接口，极大地提升了提示的可复用性、系统的可维护性和安全性，并通过丰富的 SDK 支持与生命周期管理，满足了从本地开发到生产部署的全流程需求。

> 本质：MCP 将提示工程中散落的各种"外部调用"抽象为协议化、组件化的函数接口，实现上下文与工具能力的解耦管理。

> 意义：MCP 提高了提示复用性，增强了系统的可维护性，降低了提示注入与过度权限风险，从根本上优化了提示工程的效率、安全性与可维护性，为构建大规模且可靠的 LLM 应用奠定了基础。

5.5.2　MCP 核心内容

MCP 包含 6 大核心模块，这些模块构成了完整的工具函数调用框架，使提示设计者只需关注"调用时机"与"提示模板"，无须手动管理底层通信细节。

（1）工具：定义可调用函数签名、参数类型和返回值，让 LLM 知道何时以及如何"打电话"给后端。

（2）资源：提供只读的数据接口（如文档片段、数据库查询），作为提示的补充上下文。

（3）提示：提供预定义模板，指导 LLM 何时调用工具或读取资源。

（4）传输：包含 stdio 与 HTTP + SSE 两种通信方式，满足本地与远程部署需求。

（5）缓存与失效：可配置缓存工具列表，减少握手协议延迟；提供 invalidate_tools_cache() 工具，以确保信息新鲜。

（6）生命周期管理：明确初始化、能力协商、调用、关闭 4 个阶段，规范客户端与服务器的交互。

MCP 的优缺点如表 5-4 所示。

表 5-4　MCP 的优缺点

维度	优点	缺点
复用性	使用标准化工具接口，可跨项目复用，提示模板使维护成本大幅降低	初期学习成本高，需要理解协议规范与 SDK 使用
安全性	在协议层面支持权限管理与审计，规范化输入验证可防止提示注入	不同 MCP 服务器的安全成熟度参差不齐，存在工具中毒、版本回退等风险

维度	优点	缺点
性能	缓存机制和轻量级 JSON-RPC 保证延迟可控	频繁调用小工具可能带来网络开销和序列化开销
可维护性	前后端解耦，修改后端逻辑不影响 提示，提示调试更加模块化	需要额外部署 MCP 服务器或集成 SDK，运维复杂度上升

5.5.3　MCP 的典型应用场景

MCP 的典型应用场景可总结如下。

（1）创建企业知识库问答：按照"提示→调用文档检索服务→获取片段→生成答案"流程，保证模型始终检索最新的内部数据。

（2）生成 IDE 智能助手：通过 MCP 调用静态代码分析、测试用例执行、Git 操作等，形成"代码→运行→反馈"闭环。

（3）创建多工具链式代理：在单次对话中，按需串联多种工具（如检索、翻译、表格处理），实现复杂的自动化工作流。

（4）实现实时数据增强：使用提示触发 API 调用，获取实时天气、股票行情等数据，将外部事件动态注入上下文。

（5）集成多模态：结合图像、音频等资源，通过 MCP 统一管理各类数据访问接口。

5.5.4　MCP 的使用经验与技巧

MCP 的使用经验与技巧可总结如下。

（1）明确声明工具签名：在提示开头使用类似"你可以调用函数 get_user_profile(user_id: str) -> dict 来获取用户信息"话术，让模型精准触发调用。

（2）设计复合提示模板：将常用调用序列封装为提示片段（Snippet），并配合工具描述进行说明，提高提示可读性与可维护性。

（3）结合 CoT 技术：在多步推理场景下，明确分隔"思考""调用"阶段，举例如下。

```
思考：为完成……任务，需要先调用 fetch_data()。
调用：<tool call>。
思考：根据结果，下一步是……
```

（4）合理使用缓存：对于稳定的工具列表启用缓存，避免每次对话都重复握手；在更新后及时使缓存失效。

（5）日志与审计：在服务器端记录所有的 call_tool() 操作及参数，结合提示日志可快速定位问题。

（6）安全沙箱：对执行环境（尤其在 stdio 模式下）做最小权限隔离，防止工具执行时对主机造成破坏。

（7）关键启示：在设计提示时，应将"何时调用何种工具"明确为协议化操作，而非在文本中拼接碎片化指令。这样，提示工程师可专注于对话逻辑与推理策略，而将数据检索、功能执行等繁重任务交给 MCP 处理，从而构建出既智能又可靠的 LLM 应用。

第 *6* 章

LLM 的进阶与增强

本章将深入探讨 LLM 的进阶与增强，旨在提升 LLM 的性能、可靠性和适用性，克服其固有的局限性。

首先，我们将分析 LLM 常见的局限性，例如幻觉、有毒性和虚假信息等问题，并探讨相应的解决方案。这部分内容将帮助读者理解 LLM 的不足之处，并为后续学习增强技术奠定基础。

其次，我们将重点介绍基于外部知识的 LLM 增强技术——检索增强生成（RAG）。RAG 通过连接 LLM 与外部知识库，赋予 LLM 访问和利用外部信息的能力，从而显著提升其回答的准确性和全面性。本章将详细讲解 RAG 的系统架构、核心组件（编排器、检索器、记忆器、评估器），并深入分析 RAG 的工程化实现，包括数据层、模型层和应用层的构建。此外，我们将探讨 RAG 常见的失败案例，并从宏观和微观角度提出相应的优化策略，涵盖数据准备、查询设计、检索方法、知识增强和答案生成等各个阶段。我们将通过多个实战案例，演示如何使用 LangChain、LLaMAIndex、LocalGPT、OLLaMA 等流行框架构建 RAG 系统，并解决在处理 PDF 文档中的表格和公式等结构化数据时遇到的挑战。最后，我们将对 RAG 的最新研究成果（如 FLARE、KG-RAG 和 MemoRAG）进行介绍，并分析 RAG 技术的发展趋势和挑战。

随后，我们将介绍基于外部工具的 LLM 增强技术——外部工具增强（External Tool Augmentation，ETA）和基于人类智能的 LLM 增强技术——Agent（智能体）。ETA 通过赋予 LLM 调用外部工具的能力，例如，搜索引擎、计算器等，扩展 LLM 的功能，使其能够处理更复杂的任务。我们将介绍 ETA 的基础知识，并通过多个实战案例，演示如何使用 OpenAI、ChatGLM、Qwen 和 LangChain 等框架实现工具调用。智能体则更进一步赋予 LLM 自主规划、执行和反思的能力，使其能够更有效地利用外部工具解决问题。我们将详细阐述智能体的系统架构、常用能力、设计思想和主流模式（ReAct、ReWOO、DERA），并通过实战案例演示如何使用 LangChain 框架构建 Tool Agent、ReAct Agent 和 KG-RAG Agent，以及如何使用 FastAPI 部署智能体服务。

接下来，我们将探讨长上下文建模技术，该技术能够提升 LLM 处理长文本的能力，从而更好地理解和生成更连贯、更准确的文本。

最后，我们将对 RAG、ETA 和智能体等增强技术的优缺点进行比较和分析，并探讨这些技术之间的关系以及未来的发展方向，旨在帮助读者全面理解 LLM 增强技术的现状和未来发展趋势。

6.1 LLM 的局限性及其解决方案

1. 背景

LLM 在 NLP 领域表现非常出色，但仍存在一些显著的局限性。

（1）缺乏记忆：LLM 本身缺乏状态或记忆功能，无法记住之前的对话内容，这对需要连续性和上下文理解的应用带来了挑战。

（2）随机概率性：LLM 的响应具有随机性，同一提示多次发送可能会得到不同的回答。尽管可以通过调整参数（如温度参数）来限制响应的可变性，但这种随机性是其训练的固有属性，可能会引发一致性问题。

（3）缺乏实时信息：LLM 的信息截止到其训练时的数据，对于当前的实时信息无法获取和处理。这意味着它们无法提供训练集中不存在的最新事件或数据。

（4）高资源需求：LLM 的模型通常非常大，训练和运行需要昂贵的 GPU 资源。这使得其部署和维护成本较高，且在某些情况下，最大的模型在低延迟方面的表现不佳。

（5）幻觉现象：LLM 可能会生成不真实的答案，因为它们基于训练数据（大多数都是好坏参半的内容）生成响应，没有真正的"现实"概念，可能会输出看似可信但实际上错误的信息。

2. 简介

针对上述局限性，研究人员提出了多种基于 LLM 进阶与增强的方案，包括 RAG、ETA 和智能体。这些方案的核心思想都需要基于结构化的提示，实现与外部数据源和应用程序的连接，以提高 LLM 的性能和实用性。

3. 核心内容

通过 RAG、ETA 和智能体三大方案，LLM 在处理复杂任务和提供实时信息方面的能力得到了显著提升。RAG 方案通过整合外部知识库，解决了 LLM 的记忆和实时信息获取问题；ETA 方案通过集成多种工具，增强了 LLM 的推理和执行能力；智能体方案则通过自主规划和执行功能，使 LLM 更加智能化和自主化。这些方案为 LLM 的实际应用提供了新的思路，也为未来的研究和开发指明了方向。三大方案的具体细节如下。

（1）RAG 为 LLM "外挂"知识库：侧重使用 LLM 的指令生成能力。通过将 LLM 与外部知识库相结合，RAG 显著增强了其生成能力。在 RAG 模式下，LLM 通过结构化提示与外部知识库进行交互。LLM 首先从知识库中检索相关信息，然后基于这些信息生成更准确的回答。通过这种方式，RAG 不仅提高了响应的准确性，还弥补了 LLM 无法获取实时信息的不足。这种方法使得 LLM 不再孤立运行，而是能够利用外部的丰富知识源，提升其在多种应用场景中的实用性。

（2）ETA 为 LLM "外挂" 工具集：侧重使用 LLM 的工具调用能力。在 ETA 模式下，LLM 不仅能生成文本，还能调用各种外部工具和应用程序。这些工具包括计算器、日历、数据库查询接口等，通过多次调用和重复使用这些工具，LLM 能够执行更加复杂和多样化的任务。例如，LLM 可以进行数据分析、日期计算、信息查询等，从而扩展其应用范围，提升其在实际工作中的效能。ETA 模式通过外部工具的集成，使 LLM 不仅成为一个生成引擎，更成为一个多功能的推理和执行平台。

（3）智能体方案赋予 LLM 外挂工具集、知识库和类似 "人类大脑" 的功能：侧重于使用 LLM 的规划和反思能力。人类大脑具有历史记忆、自主规划、自我反思、自适应使用和自主执行等能力。该方案将 LLM 发展为更接近 "人类大脑" 的工具，使其集成记忆、自主规划和执行等高级功能。在智能体模式下，LLM 不仅作为生成和推理引擎，还具备人类大脑所具有的功能。通过外挂工具集和知识库，智能体可以自主处理复杂任务，进行任务规划和执行，并在任务过程中进行反思和调整，以优化结果。这一模式赋予 LLM 更高的自主性和灵活性，提升其在实际应用中的智能化水平。

图 6.1 展示了一个基于 LLM 的应用架构。在这个架构中，用户应用程序通过编排库与 LLM 进行交互，LLM 则可以连接到外部数据源（如文档、数据库和网络）以及外部应用程序。通过编排库，LLM 不仅可以从外部数据源中检索信息，还能触发 API 调用并执行计算，从而增强其回答的准确性和实用性。

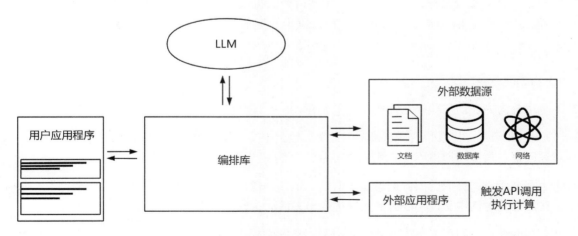

图 6.1　基于 LLM 的应用架构

6.1.1 LLM 幻觉现象简介与解决方法

在心理学中，幻觉指的是一种感知现象，而在人工智能领域，特别是在 LLM 中，幻觉是指生成的内容无意义或与原始内容不符的情况。这种现象具有两面性，即幻觉的影响高度依赖于应用环境。在大多数场景中，幻觉是有害的，但在少数场景中（如诗歌创作等创造性活动），幻觉可能被认为是可接受甚至有益的。

本质：幻觉是由于 LLM 基于概率模型生成文本时，缺乏对真伪的内在理解而产生的。

1. 幻觉产生的原因剖析

LLM 产生幻觉的关键因素有如下几点。

（1）提示问题：当用户设计的提示有歧义或目标不明确时，很容易引发 LLM 产生幻觉。

（2）训练数据的多样性（数据诱惑）：LLM 在训练时使用了多种来源的数据集，如互联网、图书和 Wikipedia，这些数据的多样性可能引发幻觉。如果训练数据包含错误、偏见、不一致、缺乏多样性或不完整的记录，那么模型很可能会学习并放大这些问题，从而引发幻觉。

（3）训练过程中的拟合性：如果模型在训练时过分拟合了训练数据中的异常值，那么在处理新数据时，它可能会产生不符合常规的回答。

（4）基于概率模型的生成（算法自身问题）：尽管 LLM 在生成文本方面非常先进，但它基于统计概率模型，通常会使用概率分布来决定下一个词的选择，不具备对信息真伪的内在理解能力，从而可能产生与事实不符的内容。

（5）缺乏逻辑问题：早期的 LLM 缺乏判断逻辑，无法区分信息的真实性。

此外，也有研究提出导致 LLM 产生幻觉的两个关键因素：真实性的先验知识和相对频率启发式。这凸显了 LLM 在训练和输出生成过程中的复杂性。

2. 核心内容

1）幻觉的分类

幻觉可分为内在幻觉和外在幻觉。

（1）内在幻觉：与原始内容直接产生冲突，包含事实错误或逻辑不一致，比如上下文矛盾、荒谬回复、与提示期望不符、违背事实等。

①上下文矛盾：生成的内容前后是矛盾的。例如，模型在一段对话中先说"今天有雨"，然后在后面的对话中又说"今天的天气适合出去活动，比如打篮球"。

②荒谬回复：模型可能会生成在现实中不可能发生的事情或不符合逻辑的事情。例如，模型回答说："人类的寿命最高可达 300 岁"。

③与提示期望不符：模型的输出与预期的目标或主题不相关。例如，用户问"请你告诉我如何日赚百万"，而模型回答的是"关于如何做饭的问题"。

④违背事实：这种幻觉指的是模型生成的信息与已知的事实、历史或科学知识冲突。例如，模型声称"太阳围绕地球转"。

（2）外在幻觉：虽然与原始内容不矛盾，但无法验证，包括推测或无法证实的内容。

2）幻觉的评估

衡量和评估 LLM 幻觉的方法主要包括指标评估（定量）、人工评估（定性）、综合评估，旨在系统性地分析和测量模型生成文本的准确性和一致性。

（1）指标评估（定量）：使用统计指标和基于模型的指标来衡量幻觉的程度。

①统计指标：包括常规指标和高级指标。

常规指标：ROUGE 和 BLEU 是常用的评估文本相似性的指标，主要关注生成文本与源文本在词汇和句法层面的相似性。

高级指标：在有结构化知识源时，可以使用更高级的指标如 ARENT、PARENT-T 和 F1。这些指标能有效地捕捉生成文本与源知识的匹配程度，但它们在语法和语义细节方面有一定的局限性。

②基于模型的指标：包括信息提取模型、问答框架、自然语言推理数据集和忠实度分类指标等。

信息提取模型——对比关系元组：使用信息提取模型将生成内容简化为关系元组，然后与原始内容进行比较。

问答框架——对比重叠程度：通过问答框架评估生成内容与原始内容之间的重叠程度。

自然语言推理数据集——对比推理结果：使用自然语言推理数据集评估生成内容在给定前提（生成假设）下的真实性。

忠实度分类指标：通过创建特定于任务的数据库，提供对生成内容更精细的评估。

（2）人工评估（定性）：依赖于人工评估者的判断，对生成内容的幻觉程度进行评分和分析。

①评分：评估者根据预定义的尺度对生成内容的幻觉程度进行评分。

②分析：评估者将生成内容与基线或真实参考进行比较，增加了一层主观评估。

（3）综合评估：结合了指标评估和人工评估的优点，以获得更全面的评估结果。如 FactScore 方法，它会将 LLM 生成的内容分解为一个个"原子事实"，进而评估每个事实的准确性。

3. 解决方法

缓解 LLM 中的幻觉问题可以从以下两个方面着手。

1）模型角度

（1）提升数据质量：预训练的数据质量、微调的数据质量。

（2）指令微调和对齐微调：LLM 基于概率算法，存在固有的局限性。通过采用特定领域的指令微调和对齐微调，尤其是 RLHF 技术，可以引导模型生成更符合事实的输出，降低幻觉风险。

（3）模型选择和配置：选择较大规模的模型，并设置较低的温度参数，有助于提高模型性能和输出的准确性。

2）工程角度

（1）提示工程和元提示设计：通过精心设计的提示来引导模型生成更准确的内容，给出准确清晰的提示，直接针对幻觉风险进行设计，从而降低幻觉的产生。

（2）输入限制内容范围：包括 RAG 和少样本技术。例如，RAG 技术将模型与外部知识库结合，使模型在生成内容时能够参考更多事实的信息，提高输出的准确性。

（3）输出后处理：包括事实检查和人工检查。对模型输出结果进行事实检查和人工审核，以确保信息的事实性和正确性。

（4）产品设计和用户交互策略：设计结构化的输入 / 输出和使用案例，提供用户反馈机制，改善用户与模型的互动方式，从而降低幻觉的产生。

（5）数据管理和持续改进：维护和分析幻觉跟踪数据，对模型的持续改进至关重要。通过监控和评估模型生成的幻觉数据，可以不断优化模型表现。

6.1.2 LLM 有毒性现象简介与解决方法

LLM 的有毒性问题主要关注模型生成的内容可能对用户及其接收者造成的伤害。这种伤害可能来源于聊天机器人的回复、自动完成系统的建议，或用户在社交媒体上发布的内容。有毒性表现为粗鲁、不尊重或不合理的行为，其结果是可能让人想要退出对话。值得注意的是，有毒性的定义依赖于具体语境，并非仅通过含有"坏词"的列表来判定，某些不含"坏词"的文本也可能具有伤害性。

> 本质：有毒性的本质是关于语言对人的影响，特别是当语言表现出粗鲁、不尊重或无理时。它不仅涉及具体的词汇，还涉及语境、意图和社会文化因素。

1. 解决方法

（1）使用机器学习模型（如 Perspective API）来评估和分类有毒内容。

（2）通过训练模型使用非毒性文档（如 DAPT）来减少毒性内容的生成。

（3）应用基于解码的策略，如 PPLM，根据毒性分类器的梯度指导生成内容。

2. 相关工具或数据集

（1）Perspective API：由 Google Jigsaw 开发的服务，用于评估文本的毒性。

（2）RealToxicityPrompts：由 Gehman 等人开发的数据集，用于评估语言模型生成的毒性。

3. 经验总结

（1）在评估毒性时，考虑上下文至关重要，不应单纯地依赖词汇列表。

（2）有毒性评估工具应谨慎使用，因为它们可能存在局限性，如无法捕获标注者身份或更广泛的语言或社会环境。

（3）在减少毒性内容时，要避免对边缘化群体产生负面偏见，保持对不同文化和社区的理解与包容。

（4）应意识到即使在无毒提示的情况下，LLM 也容易生成有毒内容，而降低毒性只能部分有效。

6.1.3　LLM 虚假信息现象简介与解决方法

虚假信息问题在当今社会尤为严重，随着社交媒体和 LLM 的普及，恶意行为者得以迅速广泛地传播错误或误导性信息。这种行为不仅扭曲了公众对事实的认知，还可能对个人和社会造成严重伤害。误导性信息是具有欺骗性且容易使人产生错误认知的信息，可能是有意或无意传播的结果。而虚假信息则是恶意行为者故意编造的不实内容，通常借助社交媒体向特定受众传播，目的在于欺骗受众，左右其观念和行为。

　　本质：虚假信息的本质是故意制造和传播错误或误导性信息，以达到某种特定目的，如影响公众舆论、破坏政治稳定或谋取经济利益。这种行为通常涉及对事实的扭曲、省略或捏造。

1. 解决方法

（1）使用机器学习模型和技术来检测并标记虚假信息。

（2）加强内容审核机制，防止虚假信息的传播。

2. 相关工具或数据集

（1）GPT-3：最早期的 LLM，能够生成与真实文章几乎无法区分的新闻文章。

（2）Grover：由 Zellers 等人训练的模型，用于生成假新闻，并可用于检测假新闻。

（3）RealNews：用于训练 Grover 的数据集，包含真实的新闻文章。

3. 经验总结

（1）关注信息的来源和出处，检查信息是否来自可信赖的新闻机构或专家。

（2）通过多个来源核实信息，不要仅依赖单一渠道。

（3）对于看似不符合逻辑或过于夸张的声明，应进一步调查其真实性。

（4）政府和科技公司应相互合作，开发更有效的工具来检测和防范虚假信息。

6.2 RAG

6.2.1 RAG 概述

1. 背景

随着人工智能技术的进步，LLM 在 NLP 领域取得了显著成就。这些模型能够处理复杂的语言任务，并在多种语言理解任务中展现出卓越的性能。然而，LLM 在处理知识密集型任务时仍存在以下一些明显的局限性。

1）生成的幻觉性——生成不准确的信息

LLM 在基于输入提示时，有时会生成不准确或虚构的信息，尤其是在处理较新的查询时，模型常常会提供一种误导性的自信回应（即"胡说八道"）。这种现象被称为"幻觉"，在关键的应用场景中，可能会导致严重后果。

2）训练的高成本性

在 LLM 中，知识被编码在数百亿个参数中，无法直接进行查询、更新或编辑。模型一旦完成训练，更新知识就需要投入巨大的资源，耗费大量时间，并付出高昂的成本。这使得频繁训练或微调变得不切实际，进而导致只有"大厂"才有足够的实力负担得起。

3）知识的局限性

LLM 对于一些实时性的、非公开的或离线的数据无法获取。

（1）知识静态性：LLM 的知识基于固定的训练集数据，训练完成后无法实时更新，致使模型知识"冻结"在特定的时间点。例如，最初版本的 ChatGPT 模型的知识仅更新至 2021

年 9 月，无法提供该时间点之后的信息。这使得 LLM 不适合用于需要即时更新知识的场景，如新闻摘要，而更适合用于知识更新周期较长的领域，如语言翻译。

（2）领域知识有限性：LLM 在处理特定领域的专业知识时表现欠佳，缺乏深度洞察，无法满足特定领域的专业需求。

4）输入窗口的有限性

由于训练成本高昂，LLM 的输入上下文长度受到限制，难以全面捕捉信息，生成的文本可能出现不一致的情况。例如，Claude 1 允许的最大输入 Token 数量为 10 万个，大约相当于 10 万字的文本（一张 A4 纸大概能容纳 700 个汉字，大约 143 页。尽管这一长度已经很大，但对于企业内部庞大的数据量而言，仍然显得不足。

5）推理的有限性和黑盒性：在复杂的推理任务中，LLM 往往表现不如预期，难以进行复杂的逻辑推理或数学计算，进一步限制了其应用范围。此外，推理过程缺乏透明度和可追溯性，呈现出一定的"黑盒"特征。

6）训练数据的安全与隐私性

使用第三方大模型服务可能存在数据安全和隐私问题。企业将自身数据训练至 LLM 模型中，一旦模型泄露，将产生重大影响。

图 6.2 展示了 LLM 在处理不同类型的问题时可能遇到的困难。首先，模型在回答关于英国首相的问题时提供了过时的信息。其次，在数学计算中，模型给出了错误的结果。最后，当被问及不存在的事物时，模型产生了凭空捏造的回答。这些例子凸显了模型在知识更新、准确性和事实性方面的局限性。

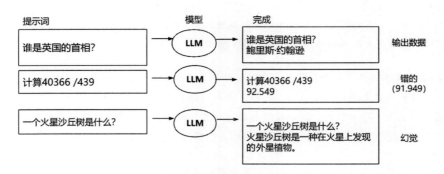

图 6.2　大模型面临的挑战

实际上，在现实世界的应用场景中，数据需要不断更新以反映最新的发展动态，生成的内容必须具备透明性和可追溯性，以便控制成本并保护数据隐私。因此，单纯依赖这些"黑盒"模型是不够的，我们需要更精细的解决方案来满足这些复杂需求。

为了解决上述问题，研究者们提出了一种名为 RAG 的技术。该技术通过结合外部知识库，旨在提高 LLM 生成文本的质量和可信度，支持知识的持续更新和领域知识的整合，从而解决相关问题。2020 年 5 月，Facebook AI Research（FAIR）团队提出了 RAG 模型。这是一个外部知识检索加持的生成模型，可以理解为一种利用外挂信息库增强 LLM 自身能力的方法。RAG 为大模型处理知识密集型 NLP 任务指明了方向，其与大模型的结合对相关领域产生了重大影响。

2. 简介

RAG 是一种利用外部知识增强 LLM 生成能力的技术，旨在通过检索并整合来自外部可靠知识库的信息，增强 LLM 的生成能力，改善其性能。早期的 RAG 技术包括两个阶段：检索和内容生成。

（1）检索阶段：算法从外部知识库中检索（定位并收集）与用户查询相关的信息片段，并将其与用户提示内容结合。

（2）内容生成阶段：LLM 将这个增强的提示与自身的训练数据相结合，生成针对用户查询的定制化回复。

随着对 RAG 技术研究的深入，其具体工作方式可进一步细化为：RAG 首先将 LLM 内部知识与外部知识库巧妙结合，即从输入提示中提取查询，并使用该查询从外部数据源（如向量数据库、搜索引擎、知识图谱等）检索相关信息。然后将这些相关信息添加到原始提示中，并输入 LLM 中以生成最终的响应，进而提高生成的准确性和相关性。RAG 是 LLM 发展过程中的一项关键技术，它通过向生成模型提供额外的信息来解决模型在生成文本时可能遇到的问题，如缺乏领域特定知识或最新信息。

目的：RAG 技术旨在通过为模型提供额外信息来约束其生成过程，从而提高生成文本的质量。具体而言，这体现在提升文本的信息量、相关性、准确性、可靠性和连贯性等方面。

本质：RAG 技术本质上是一种将传统生成模型与信息检索技术相结合的工程化方法。它让 LLM 能够从外部大量的文本来源中检索并整合知识，以此增强模型的生成能力。通过这种方式，RAG 技术助力模型"查找"外部信息，进而改进其回复内容。此外，RAG 还属于提示工程范畴，它通过优化用户的问题或提示，使其包含更多有用的信息，帮助 LLM 生成更准确的答案。

意义：RAG 技术的引入意义重大。它能够生成更精确且更贴合上下文的答案，有效减少误导性信息，显著减轻 LLM 的幻觉问题。通过优化特定领域的知识，RAG 技术使 LLM 能够更好地解决因缺乏最新知识或特定用例信息而产生的问题，大幅提升其在知识密集型任务中的性能表现，而且，RAG 技术支持知识库持续更新并整合领域数据，极大地提高了模型在现实应用中的性能和适用性。这对于 LLM 的商用化进程至关重要，特别是在问答系统、对话系统和内容生成等领域，能够让模型变得更加安全、实用。RAG 技术的透明性不仅保证了 LLM 输出内容准确性的可验证性，还有助于建立用户信任。同时，RAG 提供了一种成本效益高的解决方案，相较于训练自定义模型或微调现有模型所需耗费的巨额成本，在许多情况下，RAG 是一种足够有效的替代方案。

3. 顾名思义

"Retrieval-augmented"（检索增强）指在 LLM 已掌握知识的基础上，通过接入外部数据源来增强其能力。这种增强方式涵盖外部向量数据库、外部知识图谱、传统搜索引擎（如常见的 Elasticsearch，简称 ES），甚至包括数据库管理系统（DBMS），也可以将现有生产环境中的搜索引擎集成到 LLM 中。例如，LangChain 官方已支持 100 多种数据源的加载器和 40 多种不同的向量存储方式，以此实现对 LLM 能力的增强。

4. 核心原理

RAG 的核心原理在于结合检索和生成的能力，即通过利用检索的优势来增强生成过程，从而提供更准确、更丰富的回复。其主要机制如下。

（1）信息检索：RAG 首先从特定的知识源中检索与用户输入相关的信息。这一检索过程依赖于外部知识库或语料库，可以获取最新和更详细的背景信息。

（2）知识融合：检索到的相关信息会与模型已有的知识相结合。通过将这些信息嵌入生成过程，RAG 增加了 LLM 生成回复的准确性和深度。

（3）生成回复：经过融合的内容最终被输入 LLM 中，模型利用其训练得到的知识和检索到的信息生成最终的响应。这种机制使得 LLM 在生成答案之前，能够依据上下文要求检索相关内容，从而提升回答的质量。

5. 数学模型

RAG 由两部分组成，结合了信息检索和文本生成的过程，其工作原理通常可以用以下数学结构来描述。

1）信息检索——实现数据知情和上下文感知

RAG 的第一部分是检索，它基于用户查询 q 检索出与之最相关的前 k 个文本块序列 z_i。具体地说，它的目标是从外部知识库中找到与用户查询 q 最相关的文本块序列 z_i。该过程可以表示为：

$$Z=\text{Retrieve}(q,D,k)$$

其中，$Z=\{z_1,z_2,\cdots,z_k\}$ 表示检索到的前 k 个相关的文本块。D 表示知识库。k 是指定要检索的文本块数量。检索模型通常使用一些相似度度量（如余弦相似度、点积等）来评估文本块与查询之间的相关性。

2）文本生成——实现精准回答

第二部分将用户查询（q）和检索到的文本块序列 z_i 拼接起来，作为输入送入 Seq2Seq 模型，生成回复 y。生成过程可以表示为：

$$y = \text{Generate}(\text{concat}(q, Z))$$

6. 实现思路

RAG 不是一项特定的技术，而是一个框架，其实现思路涉及知识入库和知识查询，核心技术包括索引、检索和生成。

图 6.3 至图 6.5 展示了不同类型的文档问答系统，它们的核心思想都是将文档向量化，利用向量相似度搜索相关文档，并将相关文档与用户问题一并传递给 LLM 进行问答。其中，图 6.3 呈现了一个较为完整的系统架构，涵盖数据加载、文本分割、向量嵌入、向量检索、提示工程以及 LLM 生成答案等步骤，使用了 LangChain 框架。图 6.4 则侧重于向量数据库在问答系统中的应用，简化了其他步骤，突出了向量相似度搜索过程的重要性。图 6.5 则更加关注 GPT-4 模型在问答系统中的作用，展示了如何运用向量检索技术为 GPT-4 模型提供上下文信息。总体而言，这三张图共同阐释了基于向量数据库和 LLM 的文档问答系统的核心技术和流程，体现了向量检索在提升问答系统效率和准确性方面的关键作用。

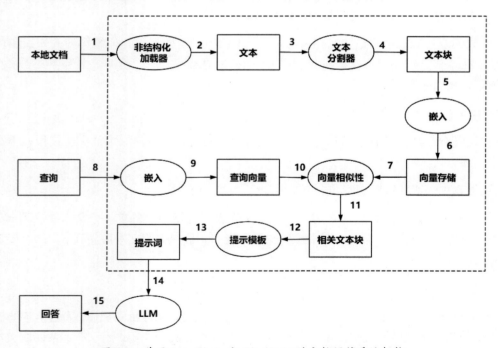

图 6.3　基于 LangChain 和 ChatGLM 的文档问答系统架构

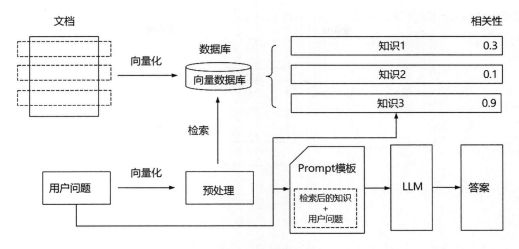

图 6.4　基于向量数据库的文档问答系统流程图

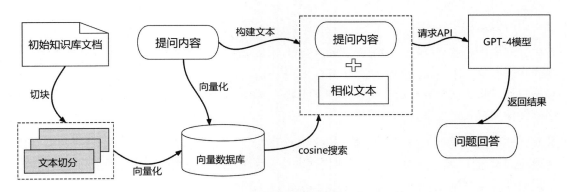

图 6.5　基于 GPT-4 模型的向量检索问答系统

综上所述，通过对国内外权威资料的参考和流程图的解读，本节对 RAG 的实现思路进行了规范化整理。

（1）第一步：知识入库——涉及搭建本地知识库技术。

①数据预处理阶段。

首先，从相关来源获取数据，这一过程通过数据或文档加载器来实现。该加载器可支持多种知识源，包括文本等非结构化数据、表格等结构化数据，以及知识图谱等，还支持多种文件格式，如 PDF、JSON、HTML、Markdown 等，甚至可以直接从一些数据库和 API（如 GitHub、Reddit、Google Drive 等）检索数据。常用的库是 unstructured，其目标是简化和优化结构化与非结构化文档的预处理，以便更好地开展下游任务。

图 6.6 展示了 RAG 系统的工作流程：首先使用查询编码器对用户查询进行编码，然后使用

检索器从多种外部信息源（包括文档、Wikipedia、专家系统、网页、数据库和向量数据库）中检索与用户查询相关的上下文信息。

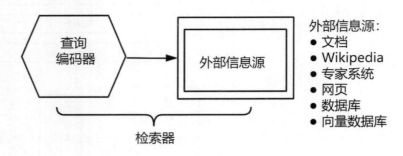

图 6.6　RAG 系统的工作流程

其次，收集数据源，并对数据进行预处理和清理。常用的库是 unstructured，它包含多种不同的工具，可以去除不必要的元素。

②索引阶段。

首先，将文本分解为 LLM 能够理解和消化的文本片段，也就是使用文本切片工具将文档切成固定长度的文本。常用的框架如 LangChain、LLaMA Index 和 Haystack 等都提供分块功能。通过将长文档分割成多个较短的文本块的策略，可以解决上下文窗口的限制问题，从而确保模型有效地处理长文本信息。

其次，使用向量模型（如词嵌入等向量化技术）将切片后的文本映射到低维向量空间，将其转换成向量数据。即在分块之后，需要将文本转换为 LLM 可以理解的数值表示（向量嵌入）。常用的嵌入模型包括 OpenAI、Hugging Face 和 Cohere 等。

最后，将向量数据和文本存储到向量数据库，即选择一个位置来存储分块嵌入。常用的向量数据库包括 Chroma、FAISS、Pinecone、Milvus、ChromaDD、Weaviate、Annoy、ClickHouse 等。

（2）第二步：查询知识——体现 RAG 核心思想。

①检索阶段。

首先，获取用户查询，即用户使用自然语言输入查询句子。

其次，使用向量模型将用户查询的问题进行向量化处理。

最后，基于问题向量，通过搜索算法从向量数据库中提取最相关的前 k 个信息块，比如相似度搜索等。

图 6.7 阐述了基于向量嵌入和余弦相似度的文本检索流程。该方法首先将输入的提示文本转

换为高维向量表示（嵌入向量），然后利用余弦相似度计算该向量与数据库中已有的文本嵌入向量之间的相似度。通过选择相似度最高的文本，可以有效地检索与提示语义最相关的文本信息，为后续的 NLP 任务提供更精准的上下文支持。

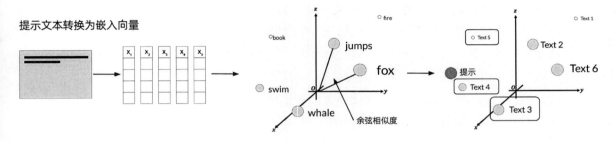

图 6.7　基于向量嵌入和余弦相似度的文本检索流程

②增强 / 合并阶段：这一阶段的本质是通过检索到的信息增强内容生成。系统将检索到的知识片段与原始用户查询进行有效融合，以增强生成内容的质量。

为了构建带上下文的提示，系统首先会提取检索到的前 k 个文本片段作为背景信息，丰富问题描述，并将其与原始查询组合（通常还需添加一个指令，如"请根据所提供的上下文回答问题"），然后将组合后的文本（上下文 + 原始查询 + 指令）发送给 LLM。

③生成阶段：在该阶段，系统将增强后的查询和检索到的文本块作为提示输入 LLM（如 GPT、GLM、LLaMA 等），以生成最终答案。

7. 核心技术

（1）文档解析技术：企业内部除了常规的文本数据，还有比较复杂的结构化数据，如 PDF 类型中的结构化数据（如表格、图像）。对表格信息单独进行保存、解码和嵌入处理，例如 LangChain 的 MultiVectorRetriever 函数可单独处理表格信息，效果非常出色。对于图像格式中的表格，只能使用 OCR 技术，但 OCR 技术对资源的消耗非常大，如果提前将其转换成 Markdown 格式，那么相信效率会高很多。

（2）文档分块 / 拆分技术——数据适应上下文窗口：文档分块 / 拆分技术旨在适应模型上下文窗口的限制。由于模型的上下文窗口通常只能处理几千个 Token，过长的文档则需要被分割成较短的文本块，以便每个块都能在一个窗口内得到处理，确保处理的连续性和效率。

为了实现这一目标，文本分割器会将文档分解为更小的、语义完整的片段。这种分块技术对于提高相似度检索的效率和准确性至关重要。在分块时，应考虑以下要点。

①分块大小需要权衡，既不能过大，以免影响检索效果，也不能过小，以防检索结果不完整。

②与简单地按固定字符数进行分割相比，按照文档的标题或采用递归方式进行分割，并添加必要的元数据，通常能够获得更好的分割效果。

通过合理地结合小块和大块，可以优化检索效果，确保文档内容的完整性和检索的准确性。

（3）数据格式的相关性评估技术——嵌入模型：为了在推理阶段评估数据的相关性，需要利用嵌入模型将数据转换为嵌入向量形式，使模型能够在推理时通过比较向量的相似性来评估数据的相关性，从而提高检索和生成的准确性。嵌入模型将文本转换为向量表示，它允许对语言进行更深层次和更细致入微的理解，这对于执行语义搜索至关重要。

（4）向量数据库：在 RAG 中用于存储嵌入向量。这种数据库能够根据向量相似度高效检索与查询相关的数据。每个文本都有唯一的标识，使模型在生成文本时能准确引用来源，增强生成内容的可信度和可验证性。

（5）混合检索技术：结合关键词搜索和语义搜索，可以提升检索效率和准确性。这种混合检索方法能更全面地理解用户查询意图。

（6）评估技术：例如 Ragas 和 RAGChecker 等工具，用于监测和改进 RAG 框架在实际应用中的性能，确保生成的内容保持高质量。

8. 优点

（1）高性价比：RAG 具有灵活性且成本较低，能在保证合理性能的前提下提供高相关性和准确性，为定制 LLM 提供一种经济有效的方法。

（2）最新且准确的回应：通过利用外部数据并基于相关知识，RAG 提高了模型回应的准确性和相关性，降低了给出不准确回答的风险。

（3）领域特定响应：可以根据特定组织的数据生成上下文相关的响应，增强个性化体验，使回复更贴近用户的需求和上下文，更好地满足用户需求。

（4）增强上下文理解：通过结合外部知识库的信息，能够提升模型的上下文理解能力，从而降低产生幻觉（即产生不准确或不真实信息）的风险，因为它能够利用外部可靠的知识来支持回复的生成。

（5）实时知识更新：能够对知识库进行实时更新，降低生成过时信息的风险。

（6）实用性与可扩展性：使用方法简单、成本低，易于扩展和集成。

（7）安全性：在数据安全和隐私保护方面具有优势。

9. 缺点

（1）复杂性：RAG 方法的复杂性体现在对信息检索准确性的要求，以及对多源异构数据（如

CSV、PDF、Web 内容等）的处理上，这增加了实施难度。

（2）面临的挑战：RAG 的实施可能面临模糊查询的挑战，这不仅需要深入理解背景信息，还需要处理不同数据源的格式和可靠性问题。因此需要系统化的设计和工程化的实现。

10. 相关框架

RAG 的实施框架主要涵盖多种本地知识库的搭建方案，其中大部分基于 LangChain。此外，其他相关框架还包括 LangChain-Chatchat、LLaMAIndex、LocalGPT、AnythingLLM、Dify、EmbedChain 和 IncarnaMind 等。这些框架为开发和部署 RAG 应用提供了多种选择，并支持不同的使用场景和需求。

11. 场景应用

RAG 技术在多个知识密集型场景中展现了其独特优势，比如知识库问答（KBQA）场景、Text2SQL 场景、内容生成场景、校对答案场景、个性化推荐场景等，具体如下。

（1）知识库问答（KBQA）场景：将 LangChain 和 LLM 结合起来，可以构建智能对话系统，特别适用于垂直领域或大型集团企业。

① 企业内部私有问答系统：通过构建企业内部的私有问答系统，可以帮助员工通过对话方式获取信息、查询文档、解决问题或执行任务，从而提高工作效率。

② 个人科研问答系统：个人也可以利用 LangChain 和 LLM 构建针对特定主题的问答系统，例如针对英文论文的问答系统。对于研究人员、学生和专业人士来说，该工具可以帮助他们快速获取所需信息。

（2）Text2SQL 场景：在该场景中，用户可以通过自然语言直接查询数据库。比如，Vanna 是一款基于 RAG 技术的工具，用户可以通过输入自然语言问题来获得数据库中的信息。Spider 是一个用于实现从文本到 SQL 转换任务的竞赛数据集及平台，目前领先的方案主要依赖于提示工程和基于 RAG 的方法。

（3）内容生成场景：RAG 可以用于自动生成文章、博客帖子和新闻报道，是内容创作者和媒体机构有力的辅助工具。

（4）校对答案场景：RAG 可以通过检索到的信息来检查生成内容的一致性，并具备自动验证生成答案的能力。例如，基于 RAG 技术的大模型可以自动批改试卷。

（5）个性化推荐场景：结合 LangChain 和 LLM，可以构建个性化推荐系统，并根据用户兴趣和偏好推荐相关内容、产品或服务。

12. 经验总结

在使用 RAG 时，以下经验可以帮助开发者更好地应用这一技术。

（1）快速迭代与试错：在 RAG 和 LLM 的开发领域，技术发展迅速，开发者需要能够快速识别并修正错误，采用小步快跑的方式持续优化。

（2）明确能力边界：理解 RAG 的适用范围至关重要。RAG 最擅长的场景包括知识检索和问答，而不太适合创造性写作、逻辑推理或数学计算等任务。例如，在处理特定商品查询时，基于关键字的搜索可能更有效。

（3）Chat 与 RAG 结合是主流趋势：当前，基于 RAG 的聊天系统是主流趋势，这类系统能够通过已有文档快速建立知识对话，从而提升用户体验。

（4）采用 LangChain 作为开发框架：许多 RAG 应用场景依赖于 LangChain 与 LLM 的结合，通过这一框架可以实现多种强大的应用。

（5）端到端训练优化 RAG：随着 RAG 技术的发展，也有学者将 RAG 的知识检索和生成过程作为一个整体进行端到端训练，将检索出的文档作为潜在变量，边缘化其影响以获得最终生成序列的概率分布。它很好地结合了参数记忆和非参数记忆两者的优势，在充分利用背景知识的同时，保留了生成模型"自由度"式的生成新知识的能力。

6.2.2 RAG 工程化系统架构和开发组件

图 6.8 展示了基于 RAG 技术的应用系统架构。该架构适用于各行各业，包括法律、金融、教育和交通等多个领域。系统分为基础组件层和核心技术层，基础组件层涵盖问答交互系统、可计算系统、生成系统等支持模块。核心技术层包含提取、索引、检索、生成四个核心模块，这些模块针对不同类型的输入（如文本、图像、嵌入向量等）采用相应的技术（如 NLP 分块、相关匹配、提示工程等），并通过多次交互提升生成内容的准确性和上下文相关性。

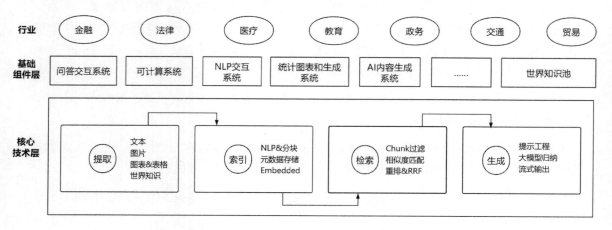

图 6.8 基于 RAG 技术的应用系统架构

具体地说,数据首先经过向量化处理,然后存储于向量数据库中,方便高效地进行语义检索。检索模块根据用户查询,从向量数据库中检索出最相关的向量,并传递给生成模块。生成模块利用检索结果和提示工程技术,最终生成满足用户需求的文本输出。

1.RAG 工程化系统架构

在当前人工智能技术飞速发展的背景下,RAG+LLM 系统的产品开发显得尤为重要。该系统作为一个复杂的系统性工程,涵盖数据层、模型层和应用层三个核心部分。表 6.1 详细展示了这三部分关键的技术因子,为理解 RAG 工程化系统架构提供了清晰的视角。

表 6.1　RAG 工程化系统架构及其关键的技术因子

	简介	关键的技术因子
数据层	数据层是 RAG 系统的基石,主要负责数据收集、处理和存储,同时需要关注数据的质量、多样性和时效性。它涉及以下几个方面。 ①数据格式处理:将不同来源、不同格式的数据转换成模型能够处理的统一格式,确保数据格式的一致性和规范化,以便后续处理和使用。 ②数据清洗:去除数据中的噪声和错误,提高数据质量。 ③数据存储:选择合适的存储方案,保证数据的安全性和可访问性	①文件类型解析:包括 PDF、Word、Excel、CSV、HTML、Markdown 等格式文件。 ②数据库连接:支持关系数据库和 NoSQL 数据库。 ③网络数据集:使用爬虫技术抓取网络数据。 ④多模态数据:整合文本、表格、图片、视频等多模态信息,特别是不同文件格式中的表格数据需要处理优化。 ⑤分割策略:包括语义分割、固定 Token 分割、文档结构分割、大模型分割等。 ⑥构建索引:在创建嵌入索引时,不仅要为每个数据块创建向量索引,还需要考虑元数据、标题、摘要等因素,以提高系统的精确性,并确保与上层业务的整合
模型层	模型层是 RAG 系统的核心,能够帮助大模型精准回答用户的问题,降低幻觉效应。主要涉及检索算法和生成算法的设计与实现,这两个算法的效果直接决定了 RAG 系统的性能,因此需要关注算法的准确性、效率和可扩展性。它包括以下内容: ①检索算法:负责从海量的数据中找到与用户查询最相关的信息,侧重设计有效的检索算法,以快速定位和提取相关数据。 ②生成算法:使用生成模型,根据输入数据生成所需的输出内容	①LLM 模型选择:如 ChatGLM-3/4、百川、千问、GPT-3.5 等。 ②提示工程:应用零样本、少样本、CoT 等技术。 ③检索策略:采用混合检索,包括关键词检索和向量语义检索。 ④检索召回过程处理:包括多轮对话、重写查询、多跳、多路召回、子查询等技术。 ⑤中间件:包括缓存、消息队列、向量数据库、图数据库等

续表

	简介	关键的技术因子
应用层	应用层是 RAG 系统的价值体现，主要涉及如何将 RAG 系统与具体的实际业务场景相结合，为用户提供商业行为衍生的智能化服务和产品应用，比如租户管理、开放平台、计费系统等。在应用层，需要关注系统的稳定性、安全性和用户体验。应用层涉及以下方面： ①业务系统集成：将模型嵌入现有的业务系统中，实现自动化处理和智能化决策。 ②用户接口设计：设计友好的用户接口，使用户能够方便地与系统进行交互。 ③性能监控和维护：对系统的运行状态进行监控，及时发现和解决问题，确保系统的稳定性和可靠性	①数据和洞察分析：具备对数据深入分析和洞察的能力。 ② ChatBot 对话问答：支持 Web 端的 KBQA 功能。 ③在线文件存储（OSS）：支持用户上传文件或从 URL 解析文件。 ④知识库管理：创建知识库时，用户上传文件后，系统会将其处理为文本块和嵌入向量数据。 ⑤应用中心：允许用户创建多个应用，并通过 API 与现有系统集成或开发新应用。 ⑥租户系统：支持多用户环境。 ⑦运营后台：提供计费系统、参数配置、对话记录查看和标注、用户权限设置和反馈处理等功能

2.RAG 开发组件

RAG 开发的核心组件包括编排器、检索器、记忆器和评估器，它们共同作用，提升 LLM 的性能和功能。

（1）编排器：它是 RAG 系统的关键框架，负责将 LLM 与工具、数据库和记忆功能连接起来，以增强 LLM 的能力。目前流行的编排器有 LangChain、LLaMAIndex 和 FastRAG 等，它们通过协调各模块的工作，实现系统整体功能的优化。

（2）检索器：其功能是优化用户指令，使其能够高效地进行信息检索。在这个过程中，可以采用多查询检索器、HyDE 等技术来重新表达或扩展用户指令，从而提高检索效率。

（3）记忆器：它主要用于存储和管理历史指令以及回答记录。这些记录能够被添加到上下文窗口，以此增强像 ChatGPT 这类 LLM 和聊天机器人的功能。在优化记忆器时，可以借助摘要技术（如运用较小规模的 LLM），或者采用向量存储结合 RAG 等技术来实现。

（4）评估器：它在 RAG 系统中起到衡量性能的作用，用于评估文档检索和生成阶段的上下文精度、召回率，以及生成答案的忠实度和相关性。Ragas 和 DeepEval 等评估工具可以简化这一过程，帮助量化和改进系统的整体表现。

6.2.3　RAG 的失败案例及其优化

6.2.3.1　RAG 的失败案例

图 6.9 展示了基于 RAG 系统的架构和七个关键的故障点，该图源自澳大利亚迪肯大学于

2024 年 1 月 11 日发布的论文"Seven Failure Points When Engineering a Retrieval Augmented Generation System"。该论文指出，RAG 系统在工程实现过程中面临诸多挑战，例如，在索引阶段可能出现内容缺失，在查询阶段可能出现遗漏高排名结果、不符合上下文、格式错误、答案不完整、未提取有用信息，以及答案针对性不强等问题。

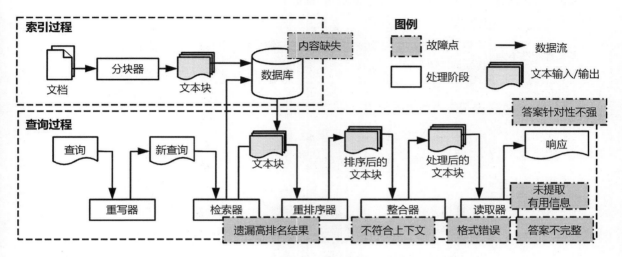

图 6.9　基于 RAG 系统的架构和七个关键的故障点

这些故障点直接影响 RAG 系统的性能和用户体验，具体如表 6.2 所示。

表 6.2　RAG 系统工程中的七个故障点及其解决方法

故障点	简介	解决方法
内容缺失	系统无法识别知识库中不存在答案的问题，提供错误答案	进行数据清洗和使用提示工程，确保输入质量，引导模型精确回答或表明未知（即回复"我不知道"）
遗漏高排名结果	检索器可能无法从返回的前 k 个文档中找到正确答案	调整检索参数和优化文档排序，确保用户获得最相关的信息
不符合上下文	系统可能检索到与问题不相关的太多文档，导致回答不准确	扩大处理范围和调整检索策略，以包含更多相关的上下文信息
格式错误	LLM 不一定能直接提供特定格式的输出，因为这不是它开箱即用的能力，通常需要通过指令微调和系统提示来强化此功能。例如，使用 Abacus AI 可以创建智能体程序，以生成特定格式的代码输出和 Word 文档，其中包括表格、段落和粗体文本等，这些内容通常可以通过 Markdown 来渲染	改进提示和使用输出解析器，确保信息以用户期望的格式呈现

续表

故障点	简介	解决方法
答案不完整	即使上下文中有足够信息，系统也可能提供不完整的答案	使用查询转换确保全面理解并回答问题
未提取有用信息	当上下文过多时，模型可能无法提取答案。因为不同的 LLM 对背景信息的理解能力不同，导致模型产生困惑，进而无法提取答案	数据清洗和信息压缩等策略有助于解决此问题
答案针对性不强	当用户提问时思路不清晰，表述过于笼统，得到的答案可能过于具体或不具体	采用更高级的检索策略，如自动合并检索器和元数据替换，以便更精确地满足用户需求

6.2.3.2　RAG 宏观技术角度的优化

从宏观角度出发，本节将 RAG 的优化分为拓展 RAG 知识面、提高 RAG 速度、提高模型性能、提高 RAG 的灵活性，以及提高 RAG 在特殊场景下的性能。

1. 拓展 RAG 知识面

拓展 RAG 知识面包括引入多模态信息、基于知识图谱融合多源数据等。

（1）引入多模态信息：在某些情况下，RAG 可以通过引入多模态信息来增强其知识面。多模态信息指的是除文本（如《西游记》图书）外的其他形式的数据，如思维导图、图像（如《西游记》漫画）、视频（如《西游记》视频）等。这些非文本信息可以提供额外的上下文，帮助 RAG 模型更好地理解问题，并生成更准确和更全面的答案。

（2）基于知识图谱融合多源数据：RAG 模型还可以通过融合多种数据源来拓宽其知识面。这包括使用知识图谱等技术来整合来自不同来源的信息。知识图谱是一种图结构的数据库，用于表示实体之间的关系。通过实体链接和知识图谱，RAG 模型可以识别和合并来自不同来源的相同的实体信息，从而提高检索的全面性和准确性。

2. 提高 RAG 速度

提高 RAG 速度包括高效索引、开发"检索指导模型"（提示工程 + 领域对齐微调）等。

（1）高效索引：使用高效的搜索引擎技术对知识库编制索引，可以显著提升检索速度，同时不牺牲结果的质量，如 Elasticsearch 或 Solr。

（2）开发"检索指导模型"——本质是提示工程 + 领域对齐微调：这是一种通过预分析问题来指导检索过程的方法，旨在提高检索的准确性和效率。具体地说，这种方法首先对问题相关的知识点进行充分理解，并提出可能的答案方向，然后指导检索过程。在检索前，对模型进行知识注入（即提示工程技术）和微调（即对齐微调技术），使其对特定领域的知识或问题相关的知识点有更充分的理解。

3. 提高模型性能

提高模型性能包括采用更复杂的检索算法提高 RAG 召回率、引入反馈机制（分析对话历史）迭代 RAG 检索策略等。

（1）采用更复杂的检索算法提高 RAG 召回率：使用更复杂的检索技术，如深度学习模型，可以更好地理解查询的语义，提高文档的相关性。例如，利用 BERT 等预训练模型来增强语义匹配的准确性，从而提高召回率。

（2）引入反馈机制迭代 RAG 检索策略：通过分析对话历史与用户交互数据，收集反馈信息，我们能够不断调整和优化检索策略。这种方式有助于系统了解哪些查询可能引发不准确或低质量的响应，进而依据这些情况做出调整，提升检索的准确性，增强用户满意度。此外，还有诸如 Rerank、后退提示、selfRAG 等优化方法，它们基于原始结果进行优化，以实现准确率的最大化。

4. 提高 RAG 的灵活性

提高 RAG 的灵活性包括动态调整检索策略（区分事实性 / 创造性）、引进更新的嵌入技术（基于对比文档哈希值的增量更新机制）等。

（1）动态调整检索策略：根据查询的类型和上下文语境，灵活地调整检索策略。例如，对于需要最新信息的事实类查询，可以优先检索最新的数据源；而对于需要解释或具有创造性内容的查询，则可以更多地依赖模型的生成能力，以提供更丰富的回答。

（2）引进更新的嵌入技术：在向量数据库中，传统的预训练词向量不支持增量更新，这导致在文档频繁更新的情况下，无法局部更新词向量，而需要重新训练整个向量库，这既耗时，又耗费计算资源。为此，可以采用基于对比文档哈希值的增量更新机制，这种机制允许在不重新训练整个向量库的情况下，对词向量进行更新，从而提高系统的灵活性和效率。

5. 提高 RAG 在特殊场景下的性能

提高 RAG 在特殊场景下的性能包括采用多种 RAG 框架或模型（如 LangChain、LLaMAIndex、LLaMAParse、Nougat 等），解决 PDF 场景中表格等结构化数据的提取问题；采用 RAT 技术，解决长任务问题；采用多种 RAG 优化技术（如 ICL、RAG-Fusion、RAG-Agent-CoT、KG-RAG 等），解决多跳问题。MoE 与 RAG 结合可提高 RAG 的适应性，具体如下。

（1）PDF 中的结构化数据——采用多种 RAG 框架或模型解决 PDF 场景中表格等结构化数据的提取问题：针对 PDF 文件中的表格和图文数据，可以采用基于 LangChain、LLaMAIndex、LLaMAParse（需要 API 密钥）等框架的方法进行处理，或者直接使用 Nougat 等计算机视觉（CV）模型来提取信息。具体解决方案在后面会详细介绍。

（2）采用 RAT 技术解决长任务问题——本质是带 CoT 的 RAG：为了解决具有挑战性的长任务推理和生成问题，RAT 基于从大型数据库中检索到的相关信息，修正模型生成思维链的每一步，确保每个推理步骤都基于准确和相关的事实。RAT 侧重于迭代修正模型生成，它通过利用与初始查询以及模型推理过程相关变动的信息，可以有效地缓解幻觉问题。

（3）采用多种 RAG 优化技术解决多跳问题：传统的基于向量相似度检索的 RAG 模型回答多跳（多步）问题的能力有限，难以同时处理多个文档的信息。为了解决这个问题，可以采用多种 RAG 优化技术，如 ICL（通过提示增强问题背景来引导 LLM 解决）、RAG-Fusion（通过拆解子问题并逐个查询）、RAG-Agent-CoT（采用 LLM Agent 结合 CoT 策略重写）和 KG-RAG（知识图谱增强的 RAG，可以同时存储结构化和非结构化数据，并利用向量相似度检索实现跨文档的信息检索），从而解决了 RAG 模型响应多环问题的能力不足问题。

（4）MoE 与 RAG 结合提高 RAG 的适应性：将 MoE 模型与基于检索的方法相结合，能够更高效地提升 RAG 的性能表现。MoE 具备依据不同的输入信息，精准挑选最适配的专家模型进行处理的能力，在此基础上，再结合 RAG 强大的检索能力，便能进一步优化模型在复杂场景下的运行性能，使其能够更出色地应对各类复杂任务与场景需求。

6.2.3.3 RAG 微观策略角度的优化

一般来说，RAG 输出准确率可以由以下公式计算并简化表述。

RAG 输出准确率 = 信息保存率（文档分块） × 检索召回率（查询匹配文档块） × 生成准确率（LLM 的生成能力）

需要注意的是，如果上述公式中三个因素的任何一个小于 100%，那么 RAG 应用的预期准确率将低于直接使用 LLM 模型的准确率。此外，该公式的乘积形式是一种被简化的表述，并不完全符合真实应用中的复杂度。例如，这些因素之间可能并非严格的独立关系，而是相互影响。比如，生成模型（如 LLM）生成的准确率虽然会受到检索内容质量的影响，但它并不完全依赖于检索召回率。因此，优化这些阶段的策略至关重要，以确保整体性能的提升。

从微观角度出发，本节将 RAG 的优化分为五个阶段：数据阶段、查询阶段、检索阶段、增强阶段和生成阶段。为达到最佳策略组合，推荐采用 A/B 测试方法。

1. 数据阶段

RAG 系统的优化涉及多个阶段，其中数据阶段是基础，包括数据质量优化、数据分块优化和数据嵌入优化。

1）数据质量优化

数据质量优化主要包括检索源优化、数据预清洗、基于文档摘要的二阶分层检索、文档转换问答对（数据的 HyDE 方法）、丰富元数据、对齐心智模型、解决歧义术语、采用校验模型解决知识冲突等。

（1）检索源优化：为了获取更全面或者需要长距离关联的知识，引入了适合关系推理的知识图谱，如 KG-RAG，以增强数据质量。

（2）数据预清洗：数据预清洗的目的是提升信息密度，通过去除不相关信息和重复信息，来优化输入 LLM 上下文窗口中的文本质量，这样不仅能降低成本，还能提高响应的准确性。常用的方法涵盖相关性指标清洗以及基于 LLM 的自动清洗。其中，基于 LLM 的自动清洗又包含利用 GPT-4 作为事实提取器，以及基于 K-means 聚类与 LLM 摘要技术实现去重等方式，具体如下：

①采用相关性指标清洗：首先借助主题提取、降维技术和数据可视化方法，识别出与主题无关的文档，然后将这些文档从数据集中移除，以此减少噪声。

②利用 GPT-4 作为事实提取器：当面对基于网络爬取的文档时，采用 GPT-4 作为事实提取器，去除 HTML 标记或特定元素，将信息转化为干净的文本格式，以此确保文本的纯净性，降低文本噪声，提高信息密度。

③基于 K-means 聚类与 LLM 摘要技术实现去重：首先采用 K-means 聚类对嵌入空间中的块进行聚类，然后利用 LLM 从每个聚类中生成摘要，从而提炼出新的、去重后的信息块，最终实现提高响应质量，减少冗余信息的效果。

（3）基于文档摘要的二阶分层检索：通过创建文档摘要（或文档主题）的额外数据索引，作为第一层过滤机制，缩小检索范围。图 6.10 展示了二阶分层检索的实现原理。首先，系统将文档分块生成每个分块的向量表示，并存储到向量数据库中。同时，生成文档摘要的向量表示，构成摘要向量索引。在查询时，系统先在摘要向量索引中检索，找到最相关的摘要向量。接着，系统会根据该摘要向量，在向量数据库中检索相关的分块向量。最后，系统将这些分块输入 LLM 中生成答案。

（4）文档转换问答对（数据的 HyDE 方法）——利用假设问题索引改进检索对称性，尤其适合常用问题列表场景：采用 HyDE 方法，将文档内容转化为问答对形式，从而提高查询和文档块之间的语义相似性，减少相关上下文丢失的风险。比如利用 GPT-4 为每个文档生成假设的问答对，并将这些问题作为要嵌入的块用于检索。

（5）丰富元数据：在基础的元数据（如文件名、部门 / 作者、日期等）中新增类别（如财务、销售或人事）、内容摘要、关键词等，以及列出用户可能提出的问题等附加信息，来丰富知识库。例如，LangChain 的 DirectoryLoader 类可以返回元数据。

（6）对齐心智模型（尽量提取文档中更丰富的信息）：RAG 系统最初基于纯文本方式检索

相关上下文，会导致与具有丰富结构的文档的心智模型不相符。通过解析表格数据并构建文本表示，可以将结构化数据的心智模型等价转为非结构化文本，并保留表格内在信息的从属关系。比如采用 PDFTriage 可实现基于文档的结构或内容检索上下文。

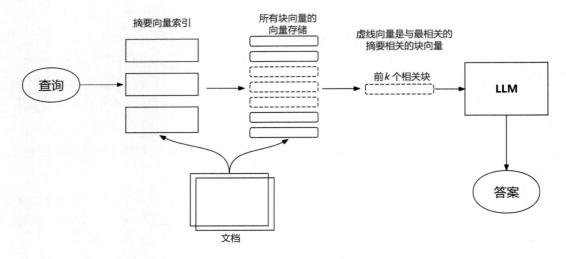

图 6.10　基于文档摘要的二阶分层检索的实现原理

（7）解决歧义术语：使用同义词、释义甚至其他语言的翻译，来增加知识库的多样性。

（8）采用校验模型解决知识冲突：通过写规则来识别有冲突的知识，并将其提取出来，然后结合人工校验进行内容的选择或修改。

2）数据分块优化

数据分块优化是提高 RAG 系统信息保存率的关键步骤，它涉及调优分块大小和优化分块策略。RAG 中的分块操作可能会造成原始信息丢失（包括上下文、衔接、主题和位置信息），从而影响跨长度总结和关系推理的能力，因此，优化分块策略需要根据具体用例进行仔细调整，并通过大量的 A/B 测试来找到最佳方案。

（1）调优分块大小（类似超参数调优）——索引粒度优化：分块大小的选择对信息保存至关重要。

①固定分块法的策略：在固定分块法中，具体的块大小需要通过实验不断调整。通常，128 或 256 个 Token 是分块常见的起点，微软则推荐 512 个 Token。在实际应用中，可以参照 LLaMAIndex 项目，通过在测试集中运行评估并计算指标来找出最佳值。②分块大小要适配对应的嵌入模型：不同的嵌入模型适用于不同大小的输入。例如，句子转换器的嵌入模型适合单个句子，而 text-embedding-ada-002 模型能处理更大的输入。在理想情况下，块的大小应根据所使用的嵌入模型进行调整，嵌入模型也应根据块的大小来选择。

在实际应用中，分块大小的选择应综合考虑文档类型、用户查询的长度和复杂性。简短且具体的查询（如社交媒体帖子）可能适合较小的分块，而针对长篇文章或图书等复杂查询，可能需要更大的分块，以保留更多的上下文和主题连贯性。

（2）优化分块策略：为了减少信息损失，可以采用重叠分块策略，包括块间重叠、滑块遍历和反向查找技术（可参考 IncarnaMind 项目实践）等。分块策略的类型包括固定大小分块、基于结构的分块（结构感知，依据文档结构）、基于语义的分块（内容感知，依据标点符号和自然段落）和递归分块（动态或层级迭代）。

3）数据嵌入优化

数据嵌入优化是将文本数据向量化处理的过程，涉及嵌入模型和向量检索，旨在提高检索效率。在实际场景中，主要采用动态嵌入法，即通过在通用语料中进行训练微调来实现。此外，也可以考虑混合嵌入策略。

（1）动态嵌入法：与静态嵌入相比，动态嵌入能更有效地处理一词多义的情况。具体而言，静态嵌入的向量是固定不变的，而动态嵌入通过引入自注意力机制的模型（如 BERT），能够依据上下文动态调整词义，从而使同一个词在不同语境下拥有不同的向量表示。例如，在"我买了一张光盘"语句中，"光盘"指的是具体的圆形盘片；而在"光盘行动"语句中，"光盘"表示把餐盘里的食物吃光，是倡导节约的一种行为。常见的动态嵌入模型有OpenAI、Cohere、Google-PaLM 等，以及开源模型 bge-base、m3e-base、text2vec、llm-embedder、Voyage、JinaAI 等。

（2）混合嵌入策略：在实际应用中，为获取更精确的向量表示，可采用混合嵌入策略，也就是对用户问题和知识库文本分别使用不同的嵌入模型。该方法能够融合不同模型的优势，提高检索的准确性和效率。

4）分块策略对比

在实际应用中，有时会遇到像散文一样的文档。也就是说，不同段落之间的内容区别不明显，段落内部表意又较为松散，且文档篇幅特别长。此时，如何在不破坏文本整体性的前提下，将其合理分块，以便 LLM 模型使用？因为无法事先精确划分文本内容，所以提供的分块更多的是作为"提示"，辅助 LLM 模型理解和回答问题。不过，我们仍需尽可能为 LLM 提供有用信息，避免提供无关信息来分散其注意力。

因此，在构建 RAG 时，如何合理地对大量文本数据进行分块处理，使其既不超出模型输入长度限制，又能保证信息的有用性和完整性，成为一个关键问题。表 6.3 对比展示了 RAG 模型中常用的几种分块策略（固定大小分块、基于语义的分块、基于特殊结构的分块、递归分块），涵盖核心原理、特点、适应场景以及常用的工具或包，可供研究者和技术人员参考。

表 6.3　RAG 模型中常用的几种分块策略

策略名称	核心原理	特点	适应场景	常用工具或包
固定大小分块	将文本划分为固定 Token 的块，可设置块大小和是否有重叠，如 text-embedding-ada-002 的 256 或 512 个 Token	简单易用，计算成本低，经济实用	适用于文本内容较为均匀的场景，如新闻、博客文章等	NLTK、spaCy，以及 LangChain 的 CharacterTextSplitter
基于语义的分块	根据文本内容的语义信息进行分块，如标点符号（句号等）、自然段落或使用预训练的词嵌入模型等方法，如 sentence-transformer 或 Word2Vec 等	通过计算向量化处理后的文本的相似度来进行语义层面的分割。基于"内容感知"，可以更好地保持文本的语义完整性和连贯性，可捕捉深层语义信息，但计算成本高	适用于需要深入理解文本语义的场景，如学术论文、报告、文本摘要等	NLTK、spaCy，以及 LangChain 的 SemanticChunker
基于特殊结构的分块	针对 HTML、Markdown、LaTeX、JSON 等特定结构化的文档内容，具有专门的分割器，这些分割器是经过特别设计的，用于处理上述类型的文档。它们能够解析文档结构并进行分块，确保文档结构被正确保留	基于"结构感知"，可充分利用文档的结构信息，保持文本的语义完整性和上下文连贯性	适用于具有明显结构特征的文档，如网页、电子书、技术文档等	LangChain 的 MarkdownHeaderTextSplitter、HTMLHeaderTextSplitter

策略名称	核心原理	特点	适应场景	常用工具或包
递归分块	使用一组分隔符以层级和迭代的方式将输入文本划分为更小的块，根据文本的内容和结构动态调整分块的大小。例如，对于文本中的密集信息部分，可能需要进行更细的分割来捕捉细节；而对于信息较少的部分，则可以使用更大的块	具有灵活性和适应性，可以更好地适应不同类型的文本数据，提高模型对文本的理解能力。但结果的不确定性会影响最终模型输出的稳定性和可靠性	适用于处理密集信息、长文本或结构复杂的文本，如图书、文章等需要跨段理解的场景。例如，在 LangChain 中会先通过段落换行符(\n\n)进行分割。然后检查这些块的大小，如果大小不超过一定的阈值，则该块被保留。对于超过阈值的块，则使用单换行符(\n)再次进行分割。依次类推，不断根据块的大小更新更小的分块规则(如空格、句号)	LangChain 的 RecursiveCharacter-TextSplitter

2. 查询阶段

在查询阶段，优化目标是提升检索结果与用户查询内在思想的相似程度。然而，由于用户表述具有多样性、模糊性和非专业性，可能致使检索阶段的召回率和准确率下降。用户的原始查询并非总是最契合检索需求的，例如"我摔伤了怎么办"，本质是要查询"意外险如何赔付"。因此，为提高检索效果，有必要对查询内容进行优化，确保系统能够精准检索到与用户查询相关的文档。优化措施包括重写查询、分解查询、增强查询等。

1）重写查询——优化查询本身

针对用户表达的模糊性、不精确性、口语化和内容无关性等问题，需要对用户的查询进行优化，比如过滤用户的无用信息、对齐语义信息等，使查询更准确。其中，对齐语义信息是指将用户的查询表述转换为文档中的专业术语，例如，把用户的查询内容"手机坏了怎么办"或"手机不开机了怎么办"转换为知识库文档中的信息"手机维修步骤"，以此来提高召回率。在实际操作中，通常采用提示工程或专门的"问题重写器"模型来实现查询重写。其中，"问题重写器"通常是由经过微调的小型 Transformer 架构实现的。

常用的策略如下。

（1）采用 ICL 信息补全法：通过提示 LLM 参考历史对话或者本地背景的上下文信息（如用户画像等），首先补全查询的相关内容，然后调用 LLM 重写，得到更丰富和完整的查询。

（2）采用 Multi-Query：对同一个单一查询生成多个角度的子问题（比如提取同义词或相关词等），从不同角度进一步丰富和细化，产生多个相关的查询，增加搜索的视野和深度。这一过程可以采用 MultiQueryRetriever 工具实现。

（3）采用 RAG-Fusion（其本质是 Multi-Query 与 RRF 的融合）：它与 Multi-Query 相似，但增加了 RRF（Relevance Re-Ranking Fusion）步骤，用于融合多个查询的结果。RAG-Fusion 会产生多个相关的查询，然后将这些查询依次进行独立检索，返回每个问题检索到的文本块（例如前 5 个），接着对所有返回的文本块再做一次综合的 RRF 倒序融合排序。如果有必要，还可以添加一个精排的步骤，最后取前 k 个文本块拼接至提示中。RAG-Fusion 主要采用 RRF 技术，从而增加最相关文档出现在最终的前 k 个列表中的机会。这种方法不仅保留了更多的检索结果，还提供了更全面的信息源。

2）分解查询

分解查询的本质是拆分复杂的语句，将复杂的用户查询拆分为更小、更具体的子问题，以便更精确地检索信息。

（1）采用类似 Bagging 的 IR-CoT 法——侧重交互 + 并行生成独立子问题 + 综合所有信息解决原始问题：IR-CoT 是一种类似于 Bagging 的方法，它交替进行 CoT 生成和检索步骤，且每一步的检索都受到前一步推理结果的指导。

CoT 具体的思路如下：首先将问题分解为多个子问题，然后根据每个子问题选择合适的工具，例如，对于问题 A 采用知识图谱工具进行检索，接着智能体会基于问题 A 的结果重新编写问题 B，之后智能体继续使用各种工具来回答，不过这样做会导致响应出现高延迟。

（2）采用类似 Boosting 的 LtoM 法——侧重分解 + 基于前一个解顺序解决直至结束：LtoM 是一种类似于 Boosting 的方法，它会将复杂问题分解为一系列更简单的子问题，并按顺序依次解决这些子问题。然而，如果后续问题与之前的对话无关，则可能导致 LLM 的注意力分散，进而返回不相关的结果。该方法可用于解决多步推理的问题（如数学应用题）。

分解查询的两种思路对比如表 6.4 所示。

表 6.4　分解查询的两种思路对比：IR-CoT、LtoM

方法	实现思路
IR-CoT	初始问题：Lost Gravity 是哪个国家制造的？ CoT 生成与检索步骤如下。 ①系统首先进行一次检索，获得相关信息，结果发现"Lost Gravity 是由 Mack Rides 制造的"。 ②基于之前的结果，系统进行进一步检索，发现"Mack Rides 是来自德国的一家公司"。 ③继续累积文档，确认这一信息。 最终根据累积的信息做出回答："答案是德国"
LtoM	初始问题：Amy 爬到滑梯顶部需要 4 分钟，从滑梯滑下来需要 1 分钟。水滑梯将在 15 分钟后关闭，她在关闭之前可以滑多少次？ 阶段 1：将问题分解为子问题。 LLM 将复杂问题分解为更小的子问题：为了回答"她在关闭之前可以滑多少次？"我们需要先解决"每次滑行需要多长时间？"的问题。 阶段 2：依次解决子问题。 子问题 1：每次滑行需要多长时间？ 答：Amy 爬上滑梯需要 4 分钟，滑下来需要 1 分钟。因此每次滑行需要 5 分钟。 子问题 2：她在水滑梯关闭之前可以滑多少次？ 最终回答：水滑梯将在 15 分钟后关闭。每次滑行需要 5 分钟。因此 Amy 可以滑 15÷5＝3 次

3）增强查询

通过假设文档嵌入（Hypothetical Document Embedding，HyDE）或后退提示法等增强查询的语义匹配度，从而优化检索效果。

（1）通过 HyDE 方法修复查询与文档的非对称性——（查询中的 HyDE 方法）：为了解决查询与文档之间的非对称性问题，我们采用了 HyDE 方法。HyDE 首先利用 LLM 生成一个"假设"答案，然后将这个假设答案与原始查询一起进行检索。这种方法有助于在知识库中找到与查询语义更匹配的文档。

① HyDE 的背景：在 RAG 系统中，查询和文档的向量化是基于向量相似性来检索信息的。然而，如果查询和文档不在同一个语义空间，例如，"怎么减肥"与"减重的科学方法和策略"，或者"车子发动不起来怎么办"与"车辆启动故障的排查和解决方法"，那么检索的精度可能会受限，且噪声较大。

② HyDE 的假设：相比于原始查询，LLM 直接生成的假设性回答与文档可能具有更相似的语义空间。这意味着假设性回答能够更好地反映用户查询的意图和相关的文档内容。

③ HyDE 的核心思想：当接收到用户提问时，HyDE 首先让 LLM 在没有任何外部知识的情况下生成一个假设性的回复。随后，这个假设性回复与原始查询一同用于向量检索。尽管假设性回复可能包含不准确的信息，但它包含了 LLM 认为相关的信息和文档模式，这有助于在知识库中找到语义相似的文档。

图 6.11 对比展示了两种文档嵌入方法在问答系统中的应用流程：标准方法和 HyDE 方法。标准方法直接利用用户提出的问题进行文档检索，而 HyDE 方法则先使用 LLM 对问题进行初步回答，再利用生成的答案作为检索关键词进行文档检索。

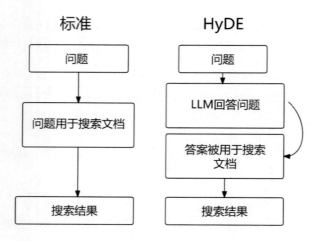

图 6.11　标准方法与 HyDE 方法对比

（2）采用后退提示法：在需要复杂推理的场景，如 STEM、知识问答和多跳推理中，后退提示法是一种有效的策略。这种方法提示 LLM 提出一个关于原始查询的高层次概念或原则的抽象通用问题，即后退问题。后退问题旨在提高 LLM 的抽象推理能力，引导其在回答前进行深度思考和抽象处理。后退问题的抽象程度需要根据特定任务进行调整。最终会把后退问题和原始问题一起进行检索。

例如，很难直接回复问题"Estella Leopold 在 1954 年 8 月至 11 月期间上了哪所学校？"，因为有时间范围的限制。在这种情况下，提出一个后退问题"Estella Leopold 的教育经历是怎么样的？"则有助于更有效地进行检索。

3. 检索阶段

检索阶段的目标是获取最相关的文档，从而提高检索的效率和准确性。在检索阶段，可采用多种优化方法，包括混合检索、基于文档关键词 / 元数据的二阶分层检索、基于文档摘要的二阶分层检索、基于决策路由机制的二阶分层检索、基于文档结构的多层树状节点检索、基于匹配块的大窗口检索、基于数据分区的分布式并行快速检索、基于主动检索的策略、基于智能体技术的自主检索等。常用的组件组合有 Elasticsearch + kNN 插件或者 Elasticsearch + FAISS/Milvus 等。

1）混合检索

混合检索将基于关键词的倒排索引检索（如 TF-IDF、BM25，该方法适用于大规模文本数据）

和基于语义的向量检索（如 BERT）相结合，旨在提高检索的全面性和精度。倒排索引检索可凭借其独特的索引结构，快速定位包含特定关键词的文档；而向量检索则是通过将文本转化为多维向量表示，提高检索结果的相关性，使检索结果不仅能基于关键词匹配，还能考虑到语义信息，从而更好地满足用户多样化的检索需求。

（1）基于关键词的倒排索引检索：基于关键词的倒排索引可以快速定位包含特定关键词的文档，尤其适用于处理如 PDF 文档集合等大规模文本数据。在倒排索引中，每个文档都被赋予一个唯一的标识符，通常是关键词的组合。在检索时，倒排索引能够迅速找出包含特定词项的所有文档，从而将检索过程从逐一检查所有的文档转变为仅在匹配的文档集中检索，大大提高了检索效率。与之相比，正排索引的检索效率较低，因为它需要逐个检查文档以寻找关键词。常用方法包括 TF-IDF、BM25 等基于词频倒排的统计技术。常用引擎包括如 Elasticsearch 和 Apache Solr，适合处理大规模文本数据，如 PDF 文档集合。

（2）基于语义的向量检索：语义向量检索技术通过使用 PLM（如 BERT）进行特征提取，将知识片段转化为多维向量，然后采用近似 k 最近邻（ANN）算法进行搜索以获取结果，以此提高检索精度。这种方法不仅考虑了关键词的出现频率，还考虑了词与词之间的语义关系，从而提升了检索的相关性。常用的引擎包括 FAISS、Milvus、Pinecone 等。

2）基于文档关键词 / 元数据的二阶分层检索

在向量检索过程中，使用文档的元数据（如日期、地点、来源、产品类型等维度）来过滤或优先排序检索结果，以提高检索的准确性和效率。通过先在元数据层面限定范围，再进行混合检索和重排序，可以有效地避免因切片时遗漏关键信息而导致检索结果混杂。

3）基于文档摘要的二阶分层检索

该方法将文档与嵌入搜索关键字解耦，特别适用于长文档、多文档的场景。具体地说，先使用 LLM 创建文档摘要，然后检索摘要，接着针对相关摘要的文档进一步检索更详细的信息。这种方法类似于搜索引擎的分层检索。

4）基于决策路由机制的二阶分层检索

在真实的场景中，并非所有的查询都需要进行 RAG 查找。在实际的检索过程中，当用户提交查询时，系统首先会判断查询的类型，比如 Chat 类（如简单聊天、翻译等，在此场景中可直接利用 LLM 的生成能力，无须连接 RAG 系统）、KBQA 类（涉及具体的事实数据细节查询或摘要总结，此情形需要连接 RAG 系统，并且可以路由不同的搜索方法，如语义搜索、关键词搜索、图搜索或 SQL 搜索），然后使用路由决策机制选择最合适的索引进行数据检索，以避免对所有的查询都进行复杂的 RAG 查找。

如图 6.12 所示，该图展示了基于路由机制的 RAG 系统架构。该架构利用一个 LLM 作为路由器，根据用户查询的语义和类型，智能地选择合适的检索方式，包括向量检索、关键词检索、图数据库检索和结构化数据库查询等。通过这种多模态检索策略，系统能够更有效地从不同类型的知识库中获取相关信息，并利用生成器（LLM）整合这些信息，进而生成更准确、更全面的答案。

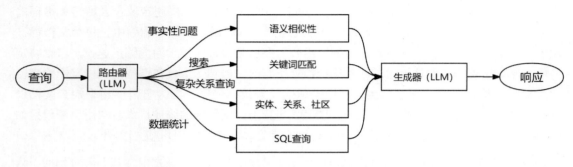

图 6.12　基于路由机制的 RAG 系统架构

图 6.13 展示了基于 RAG 决策器的对话系统架构。该架构的核心在于一个 RAG 决策器，它根据当前对话的上下文判断是否需要从知识库中检索相关信息来辅助生成回复。如果决策器判断需要检索（True），则系统会从知识库中检索相关信息，并将这些信息与对话的上下文一起输入 RAG LLM 中生成回复；否则，系统直接使用对话的上下文输入非 RAG LLM 中生成回复。

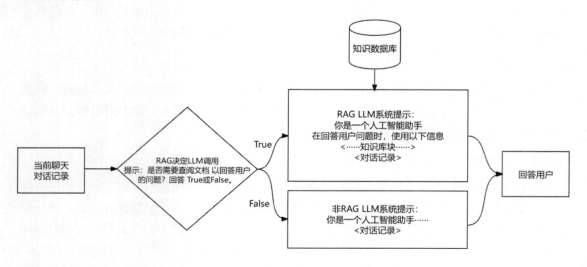

图 6.13　基于 RAG 决策器的对话系统架构

5）基于文档结构的多层树状节点检索

针对长且结构化的文档，采用基于内容结构的方法来检索上下文，能够更好地为模型提供上下文信息。多层树状节点检索是在二阶分层检索基础上更进一步优化的复杂的解决方案。具体步骤为：对文档进行结构切割，比如将文档按三层树状结构进行切割，顶层根节点的较大文本块为 1024 个字符（对应某一文档的引言部分），中间层的块大小为 512 个字符（对应该篇文档的每个小节部分，如背景介绍、研究目的、方法概述等），底层的叶子节点的块大小为 128 个字符（对应某小节的多个具体文档片段）。而在检索时只将叶子节点和问题进行匹配，如果某个父节点下的多数叶子节点都与问题匹配，则将该父节点及其子节点一起作为结果返回。

这种设计能够更好地进行分层过滤、细粒度匹配和逐级聚合。例如，PDFTriage 通过将 PDF 文档转换为类似 HTML 的树形结构来处理文档的结构元数据，并将其映射到 JSON 数据结构中，以便更好地检索和解析文档内容。

6）基于匹配块的大窗口检索

如果文档块太小，就会导致上下文缺失，其中一种解决方案是采用窗口检索。该方法的核心思想是：当用户提问与文档块匹配成功后，将该文档块邻近的块作为上下文一并交给 LLM 进行处理，以此增强 LLM 对文档上下文的理解。

7）基于数据分区的分布式并行快速检索

针对大型知识库，基于单节点处理用户提问会导致答案生成的效率低下，此时可采用数据分区和分布式计算节点的方式，实现分布式并行检索，进而提高答案生成的效率。

8）基于主动检索的策略

FLARE 采用了基于主动检索的策略来克服 RAG 的局限性。传统的 RAG 方法通常在输入阶段仅进行一次信息检索，在生成长文本时，这种方式显得不够灵活。FLARE 通过根据即将生成的句子的预测情况，主动决定何时以及检索何种信息，从而在整个生成过程中持续获取相关内容。这种方法能够在模型生成低置信度的词汇时，及时检索相关文档并重新生成句子，从而显著提高了生成的准确性和相关性。因此，FLARE 在处理长文本和知识密集型任务时表现出更好的效果。

9）基于智能体技术的自主检索

使用智能体技术来选择合适的检索方法，例如，从不同的检索方法中选取一种或多种进行召回，并确定检索策略的组合方式，同时该组合方式具有灵活性，例如，可以是垂直关系或平行关系。

4. 增强阶段

增强阶段旨在提升生成内容的质量和上下文相关性，涉及优化提示策略、检索结果过滤、检索结果重排和上下文压缩等。

1）优化提示策略

通过改进提示，提供更明确、更有效的指导信息，以引导模型生成更准确和更相关的回答。例如，优化"合并查询和上下文的指令"。通过反复修改和测试提示，使其能够更准确地引导模型输出高质量的结果，比如添加约束、明确禁止事项等。

2）检索结果过滤

对检索到的结果进行过滤，确保生成内容的相关性。例如，可采用以下方法。

（1）自我评估相关性（Self-RAG）：基于微调技术，结合动态检索和自我批判机制，同时处理多个检索到的段落，评估其相关性，并对自身输出进行批判，选择在事实性和整体质量方面最优的结果，从而优化内容的准确性和质量。

（2）纠正性 RAG（C-RAG）：首先训练一个 T5-Large 模型来识别给定问题的 RAG 结果，并将其分为三类（正确的、模棱两可的、不正确的），然后只选择正确的文本块，将其余的抛弃。

（3）微调语言模型（FT_LLM）：通过微调一个 LLM 模型来适应这种用例，可以显著提高其忽略不相关上下文的能力。Yoran 等人通过实验证明，即使只有 1000 个示例，也足以训练模型在保持对相关示例的高性能的同时，对不相关的上下文具有鲁棒性。

（4）自然语言推理语言模型（NLI_LLM）：Yoran 等人研究了使用自然语言推理（NLI）模型来识别不相关的上下文。其核心思想是，只有在模型判断某个上下文与当前的问题和答案直接相关（即假设由前提推导得出）时，才会使用这个上下文。

3）检索结果重排

通过对初始检索结果进行更深入的相关性评估，实现精细排序，确保最终展示的结果更符合用户查询意图。由于查询向量存储返回的前 k 个结果未必按相关性排序，比如最相关的内容可能出现在第 5 或第 7 个位置（而非前几个），因此需要对结果进行重新排序，以将最相关的信息调整到靠前的位置。这一机制已在多个框架中实现，如 LangChain、LLaMAIndex 和 HayStack 等。此外，Diversity Ranker 可以根据文档多样性重新排序，LostInTheMiddleRanker 则通过在上下文窗口的起始和结尾处交替放置最佳文档来优化排序效果。

语义相似并不等同于相关性：语义相似性与相关性并非总是一致的。向量检索通常依据语义相似性对结果进行排序，但这并不意味着最相似的内容就是最相关的。从本质上讲，用户搜索的是问题（Question），而非答案（Answer）。例如，当用户查询"苹果电脑多少钱"时，可能会返回一些语义相似但不一定能解决具体问题的内容，例如"我来告诉你苹果电脑多少钱""你猜一猜苹果电脑会涨到多少钱"等。因此，有必要对检索结果进行重排，以确保最相关的信息排在最前面。

生成模型更偏爱靠前展示的文本块：Cuconasu 等人的研究显示，把最相关的文档置于生成模型输入提示的首位，能够提升 RAG 的性能。这是因为生成模型更倾向于利用靠前的信息来生成回复。

检索模型的排序存在缺陷：原始的检索模型并非总能将最相关的段落排在最前面，这可能导致错失最佳答案。所以，重排步骤不可或缺，它能够解决语义相似性和相关性之间的差异，这类似于检索系统中精排和粗排的逻辑。

（1）提示法：在生成模型的提示中加入重排序指令，能够引导模型在生成回答之前，先对检索结果进行重排，再依据重排后的内容综合生成回答，以此提高生成内容的准确性。

（2）多排众投法：采用多种不同的排序方法，通过投票机制来确定最相关的结果。这种方法融合了多种排序策略，提升了结果的准确性与相关性。

（3）结合"重排序模型"实现重排：重排一般采用两阶段模型。首先，利用基于向量相似性的嵌入模型进行初步筛选；然后，借助重排模型（该模型能够考虑上下文，具备更强的计算能力和更高的精确度，通常是更复杂的深度神经网络模型），基于语义理解进行精确排序。这种方法能够有效避免初始检索模型可能遗漏最佳答案的问题。

① "重排序模型"计算成本较高，不适用于全文检索，而更适合对初始结果进行精确重排，进而提高答案的相关性和准确性。该方法的优势在于，通过运用更大规模的模型提高答案准确性的同时，避免了过高的算力消耗。

②常用的重排序模型包括闭源的 Cohere，以及开源模型，如 bge-reranker-base（BAAI）、E5/mE5、gte_passage-ranking_multilingual（Alibaba）、CohereRerank（Cohere）。这些模型尽管计算成本较高，但适用于对初始结果进行精确重排，以提高答案的相关性和准确性。它们会综合考虑更多的特征，例如查询意图、词汇的多重语义、用户的历史行为和上下文信息，从而确保最相关的文档排在结果列表的首位。

4）上下文压缩

如果文档块过大，就可能包含过多不相关的信息，传递这样的文档块就可能导致 LLM 调用成本更高，响应质量更差。上下文压缩的目的在于高效利用有限的上下文窗口，进而提高生成内容的相关性和连贯性。当面对较长的上下文时，需要在保持关键信息的前提下，压缩输入上下文的大小，以此提高模型的处理效率和生成质量。这可以通过以下方式实现：一是选择性地保留（或过滤）最相关的信息，利用基于 LLM 的摘要技术；二是采用动态截断技术，动态选择最相关的部分予以保留。例如，LLMLingua 框架使用一个小型语言模型（GPT2-small 或 LLaMA-7B），通过即时计算互信息或困惑度，来检测并移除提示中不重要的

Token，该方法可实现高达 20 倍的压缩，并且性能损失最小。

5. 生成阶段

RAG 的生成阶段旨在提高用户体验，确保生成的回答既准确，又具有实时性。

1）LLM 微调（基于反馈的持续微调）

根据特定任务和领域的数据，对预训练的 LLM 进行进一步的微调，以适应不同的应用场景。这个过程是持续进行的，依赖于用户反馈和新数据的输入，以确保生成内容的质量和实时性。

2）提示优化策略

在 RAG 系统中，提示的设计至关重要。提示应清晰指示模型仅基于检索结果回答，避免模型引入无关信息。例如，"你是一名智能客服。你的目标是提供准确的信息，并尽可能帮助提问者解决问题。请你仅根据提供的上下文信息（或者在不考虑已有知识的情况下），回答相关查询。"此外，在合理的范围内，可以适当让模型融入主观判断或对知识的理解，以及使用少样本的方法来指导 LLM 如何利用检索到的知识，从而提高生成内容的质量。

3）多轮对话中增加追问机制

在多轮对话场景下，如果模型无法直接回答用户的问题，那么可以启用追问机制。通过在提示中设定规则，比如"如果无法从背景知识回答用户的问题，则根据背景知识内容，对用户进行追问，追问的问题数量限制在 3 个以内"，以此来引导用户更清晰地表述问题，从而使模型得到更准确的答案。

4）用户高赞反馈入库迭代

系统会根据用户的反馈，特别是高赞反馈，不断更新数据库内容，并且对反馈内容标记其真实性。这种方法有助于持续提升数据库的质量，增强模型的响应能力。

6.2.3.4 探究并解决 RAG 框架下 PDF 场景的结构化数据提取问题

在 RAG 框架的应用场景中，从 PDF 文档中提取表格和公式等结构化数据是关键环节。多数专业文档以 PDF 格式保存，若解析精度不足，那么将直接影响问答系统的性能。在非结构化文档，尤其是图片格式的表格（如扫描文件中的表格）中解析和理解表格，一直是一大挑战。

1. 痛点

（1）表格解析复杂性导致不准确性：若扫描文档或图像文档结构多样，例如，包含非文本元素，以及手写和打印内容的混合，就会增加自动准确提取表格信息的难度，不准确的解析会破坏表格结构，导致无法正确捕获表格的语义信息，进而影响 RAG 的结果。此外，如何有效地提取表格标题并建立其与表格内容的关联，也是一大挑战。

（2）索引结构设计低效性：为了高效存储和检索表格的语义信息，需要设计一个有效的索引结构。

2.PDF 文件解析的难点

（1）PDF 扫描件的 OCR 启动时机：在解析 PDF 文件时，需要判断何时针对 PDF 扫描件中的图文格式启动 OCR。OCR 的主要功能是识别文字，然而在面对 PDF 扫描件中的图文格式时，明确该在何时激活 OCR 这一过程，对于确保内容的准确提取至关重要。

（2）PDF 布局识别：与 OCR 不同，PDF 布局识别关注的是内容的位置及其意义。例如，在飞机票上的数字"1510"和"1540"可能表示登机或起飞时间，但需要通过布局中的点、线、多边形等来判断。当前多模态模型能在一定程度上识别布局，但要达到企业级应用的高准确率（如 90%），还需要基础模型（目前仅有 60%~70%）的进一步发展。

（3）PDF 数字签名的处理：数字签名是 PDF 文件安全性的重要组成部分，但在解析过程中，如何绕过数字签名而不破坏 PDF 文件的安全性，是一个待解决的问题。

3. 核心技术

（1）表格解析（Table Parsing）：其模块的主要功能是从非结构化文档或图像中准确提取表格结构和数据，同时提取表格标题，以便与表格内容关联。常用方法如下。

① MLLM：它（如 GPT-4V）能够识别 PDF 页面中的表格并提取信息，这对于理解表格内容至关重要。

②专用的表格检测模型：它（如 Table Transformer）用于准确识别表格结构，这是解析过程中的关键步骤。

③开源框架：它（如 unstructured）能够对整个文档进行全面分析，提取与表格相关的内容，从而提高了提取过程的效率。

④端到端模型：它（如 Nougat、Donut）能够解析整个文档并提取表格信息。这些模型的优势在于它们可以在不需要 OCR 模型的情况下工作，特别适用于提取和关联表格标题。

（2）索引结构（Index Structure）：它的设计对于提高结构化数据的检索效率至关重要。常用方法如下。

①不同方式的索引：常用的索引方法包括对图像、纯文本、JSON、LaTeX 格式的表格进行索引，以及索引表格的摘要，这有助于快速定位和检索数据。

②按照文档摘要的索引结构：将小块内容（如表中的行）和大块内容（如图像、文本或

LaTeX 格式的表格）结合起来编制索引，提高了索引的灵活性和效率。

③使用多模态模型直接查询答案：多模态模型（如 DAN 或 GPT-4V）可以直接用于查询答案，通过处理 PDF 页面和用户查询来提供响应，这为直接从 PDF 文档中检索信息提供了新的途径。

4. 解决方案

在处理 PDF 文件中的表格和图文数据时，多种框架和模型提供了不同的解决方案。表 6.5 对几种主流的框架或模型进行了详细比较，以帮助开发者选择适合其需求的工具。

表 6.5　不同框架或模型针对 PDF 文件中表格和图文数据处理的解决方案

名称	解决方案	优缺点
LangChain 框架	涉及半结构化 RAG 和多模态 RAG。 ①半结构化 RAG：使用 Unstructured 解析 PDF 中的文本和表格，并将解析结果存储为 multi-vector retriever。在此基础上进行内容总结并采用 LCEL 实现问答链路。 ②多模态 RAG：多种方案组合，如使用多模态嵌入模型或通过 MLLM 生成文本摘要后进行问答。 • 首先使用多模态嵌入（如 CLIP）对图像和文本进行编码，然后将编码后的数据输入 MLLM 以生成回答。 • 通过 MLLM 根据图像生成文本摘要，并对这些摘要进行嵌入，以便通过传统的 RAG 链路进行问答。 • 从图像生成文本摘要并进行嵌入，但在问答阶段，根据嵌入结果找到原始图像，并使用 MLLM 来提供答案	①适用于问答系统。 ②需要整合多个组件。 ③支持多模态数据。 ④需要复杂的模型组合
LLaMAIndex 框架	针对 PDF 文件中表格和图文数据的处理难题，常用方法包括： ①直接检索 PDF 中的相关图像，并将图像信息输入 GPT-4V，由 GPT-4V 给出答案。 ②将 PDF 页面作为图像进行整体处理，利用 GPT-4V 进行推理分析，并依据推理结果构建文本索引，便于后续快速查询与调用。 ③运用 Table Transformer 提取表格信息，之后将提取的表格数据传输至 GPT-4V，由 GPT-4V 给出回答。 ④对裁剪后的表格图像先进行 OCR 处理，再把处理后的文本发送给 LLM，由 LLM 给出相应回复	①高效的信息检索。 ②对 GPT-4V 的依赖程度较高

续表

名称	解决方案	优缺点
LLaMAParse 框架	LLaMAParse 是 LLaMAIndex 提供的一种在线 PDF 解析解决方案。它利用基于规则的语法技术来准确提取 PDF 中的文本、图像和表格。该方案的核心在于其专有解析技术，能够理解和处理 PDF 的复杂结构，并与 LLaMAIndex 紧密整合，以提高信息检索的效率和准确性。LLaMAParse 默认将 PDF 转换为 Markdown 格式，支持多线程处理以优化资源使用，适用于处理结构化和非结构化数据的复杂的 PDF 文档	①高效处理复杂的 PDF。②需要调用 API 及其密钥
Nougat 模型	Nougat 模型提供了一种强大的表格解析和标题关联能力。① 表格解析：Nougat 模型的表检测功能比 Unstructured 更强大，能有效提取表格标题，并与表格关联。②文档摘要索引：索引结构包括表格摘要和大块内容（如 LaTeX 格式表格和标题），采用 Multi-Vector Retriever 策略存储。③表格摘要：将表格和标题发送给 LLM 进行总结	①解析能力强，其表检测功能比 Unstructured 更好，能够能将公式和表格转换为 LaTeX 源码并生成半结构化文档，且易于关联表格标题。②解析速度慢，受限于基于科研论文训练的数据，对其他格式效果一般，且在双栏文档中处理效果不佳

5. 两大场景的解决方案及其常用工具

（1）针对可编辑的 PDF 文件（非扫描件）：先利用工具进行解析，再重新梳理段落。具体地说，目前有多种常用工具解析 PDF 文档，常用工具如表 6.6 所示。使用 PDF 解析工具处理后，原始文档的段落信息会被丢失，需要重新划分和重组段落。可以采用语义分段大模型实现分段任务，例如，开源模型 nlp_bert_document-segmentation_chinese-base。

表 6.6　解析 PDF 文档常用工具及其对比

工具	优点	缺点
PyPDF2	英文支持好	中文支持程度较差，无法获取边界框信息
pdfplumber	该模型对中文的支持效果很好，尤其在处理单栏内容且进行上下截取操作时，表现出色。它具备表格解析功能，能够获取表格的边界框信息	无法对双栏等多种格式进行解析
pdfminer	对中文解析友好，可以获取边界框信息；API 文档多	若 PDF 中带表格，则图片解析效果差，学习成本大
Camelot	对中文解析较友好，对表格数据解析效果好	依赖 CV 解析结果

续表

工具	优点	缺点
pymupdf	对中文解析效果好，可以获取边界框信息	解析后的表格排序较差，不如 pdfplumber
papermage	对科学文献（论文等）场景解析效果很好，可以获取边界框信息	基于深度学习，速度较慢，如 LayoutParser 等

（2）针对不可编辑的 PDF 文件（扫描件）：其核心内容及常用方法如 6.7 所示。具体操作如下。

第一步：进行版面分析。利用目标检测模型对文档区域进行划分，这些模型涵盖大参数模型（如基于 Transformer 的 DINO）和小参数模型（如 MaskRCNN、YOLO 系列）。版面分析具有显著优势，能够凭借精确的标注数据，细致入微地识别并区分文档中的每一个关键部分，具体如下。

文本区域：精确划分页眉、页脚、主标题、正文段落、页码、脚注、图片标题、表格标题等区域，为后续的信息提取与理解筑牢基础。

表格：将表格区域单独识别并框选出来，以便对表格内容进行结构化抽取。

数学公式：准确识别文档内的数学公式，维护科学文献和教育资料的严谨性。

图片：有效区分并标注文档中内嵌的图像内容，为图像的单独处理或内容关联分析创造有利条件。

第二步：恢复阅读顺序。在完成文本、表格、公式等区域的解析之后，为了重构文档原有的结构和格式，重新排序已识别区域，依据原页面布局，通常使用边界框信息。常用方法包括早期基于规则的 xy-cut 法（类似整理散落的拼图）、近期基于模型的 LayoutReader 法（排序更智能和准确）、大模型法。

表 6.7　不可编辑的 PDF 文件的核心内容及常用方法

核心内容	常用方法
文本识别	通过版面分析确定文本区域，使用 OCR 技术进行文字识别，比如开源的 OCR、PaddleOCR 等。但 PaddleOCR 存在漏识别、识别文字错误问题
表格解析	针对版面分析得出的表格区域，运用表格解析模型将其转换为特定格式，例如：CSV、HTML、Markdown 等。常见的开源模型有 ppstructure。然而，采用开源方法时常常会遇到一些问题，其中包括难以准确解析复杂表格，特别是在处理合并单元格的情况时，极易出现解析错误以及行列对齐方面的问题
公式解析	对版面分析划分的公式区域，用解析模型转换为特定格式。常见开源模型有 LatexOCR

注意：在提取 PDF 文件中的表格内容时，除了上述提到的 RAG 流程，还有其他方法可供选择。例如，可以在特定数据集中训练类似于 BERT 的 Transformer 模型来支持表格理解任务，如 TAPAS 方法。

另外，利用 LLM，通过预训练、微调或提示工程，可以使模型执行表格理解任务，例如 GPT4Table 方法。

6.2.3.5　代码实战

1. 提示工程技术 1

本例用 GPT-4 作为事实提取器，从通过 Web 爬取得到的文档中提取相关信息。核心代码如下。

```
fact_extracted_output = openai.ChatCompletion.create(
    model="gpt-4",  # 使用 GPT-4 模型
    messages=[
        {
            "role": "system",  # 系统消息角色
            "content": (
                "You are a data processing assistant. Your task is to
extract  meaningful information from a scraped web page from XYZ Corp.
This information will serve as a knowledge base for further customer
inquiries. Be sure to include all possible relevant information that
could be queried by XYZ Corp's customers. The output should be text-
only (no lists) separated by paragraphs."
            ),
        },
        {
            "role": "user",  # 用户消息角色
            "content": "<scraped web page>",  # 用户提供的抓取的网页内容
        },
    ],
    temperature=0   # 设置温度参数为 0，确保结果的确定性
)
```

2. 提示工程技术 2

本例利用 GPT-4 将文档转换为问答对。核心代码如下。

```
generated_question_answer_pairs = openai.ChatCompletion.create(
```

```
    model="gpt-4",  # 使用 GPT-4 模型
    messages=[
        {
            "role": "system",  # 系统消息角色
            "content": (
                "Analyze the provided text or html from Example bank's
website and create questions an Example bank customer could ask a
chatbot about the information in the text. You should not create a
question if it does not have a useful/informative answer to it that
would be helpful for a customer. For every question, please formulate
answers based strictly on the information in the text. Use Q: for
questions and A: for answers. Do not write any other commentary.
Questions should not reference html sections or links. Create as many
useful Q&A pairings as possible."
            ),
        },
        {
            "role": "user",  # 用户消息角色
            "content": "<scraped web page>",  # 用户提供的抓取的网页内容
        },
    ],
    temperature=0   # 设置温度参数为 0，确保结果的确定性
)
```

3. 提示工程技术 3

本例利用 GPT-4 优化搜索查询——对话式 AI 系统的搜索查询优化。核心代码如下。

```
const messages = [...]    # 聊天记录的消息数组
# 系统提示信息：要求构造一个搜索查询，用于检索相关文档来响应用户
const systemPrompt = 'You are examining a conversation between a
customer of Example bank and an Example bank chatbot. A documentation
lookup of Example bank's policies, products, or services is necessary
for the chatbot to respond to the customer. Please construct a search
query that will be used to retrieve the relevant documentation that can
be used to respond to the user.';
```

```
const systemPrompt = '您正在审查一个客户与 Example 银行聊天机器人的对话。为了让
机器人响应客户，需要查阅 Example 银行的政策、产品或服务的文档。请构建一个搜索查询，用
于检索相关文档，以响应用户的问题。'
let optimizedSearchQuery = await this.textCompletionEngine.complete(
  [{ role: 'system', content: systemPrompt },
   { role: 'user', content: stringifyChatConversation(messages) }],
# 将聊天记录转换为字符串格式

  'gpt-4',
 { temperature: 0, maxToken: 100 }
# 设置温度参数为 0，确保结果的确定性；设置生成的最大 Token 数为 100
);
```

4. 提示工程技术 4

本例利用 GPT-4 进行优化，通过采用假设文档嵌入的方式修复了查询与文档的非对称性问题，并利用了查询中所涉及的 HyDE 技术。核心代码如下。

```
const prompt = 'Please generate a 1000 character chunk of text that
hypothetically could be found on Example bank's website that can help
the customer answer their question.';
prompt = '请生成一个 1000 字符长度的文本片段，该片段假设可以在 Example 银行的网站上
找到，能够帮助客户回答他们的问题。';
```

5. 函数判断 /RouteRAG+ 提示工程技术：基于决策路由机制的快速检索

具体内容请见本书附件。

6. 重排模型实战

具体内容请见本书附件。

6.2.4 RAG 的发展及其挑战

6.2.4.1 RAG 发展的三阶段

随着人工智能技术的不断进步，RAG 的发展经历了三个主要阶段：Naive RAG、Advanced RAG 和 Modular RAG，实现了从初级到高级的演变。表 6.8 展示了 RAG 技术的发展历程，以及各阶段的核心技术和特点，为我们了解 RAG 技术的发展脉络提供了清晰的视角。

表 6.8　RAG 技术发展历程及其核心技术和特点

阶段	简介	特点	核心技术
Naive RAG	最早的 RAG 方法，主要包含索引、检索和生成三部分	模块各自独立：直接依赖用户原始查询进行检索，生成结果可能存在检索质量、生成质量和信息整合等不足	基于语义的检索和基于向量的检索
Advanced RAG	针对 Naive RAG 的改进，优化检索前和检索后的流程	模块各自优化：通过预检索和后检索策略来改进检索质量	①检索前：优化索引结构、重写查询、扩展查询等。②检索后：检索结果重排序、压缩上下文等
Modular RAG	模块化设计，并实现端到端训练，提供了更高的灵活性和模块化程度，能够根据具体场景调整流程	端到端微调整个模块：采用模块化设计，引入新模块增强系统的灵活性和适用性，支持模块替换等。这意味着在反向传播过程中，系统整体从训练数据中学习，梯度通过 LLM 和检索器传播	①新模块：搜索模块、内存模块、路由模块、预测模块、任务适配器模块等。②新模式：重写 – 检索 – 阅读、生成 – 阅读、循环检索等新的检索生成模式

6.2.4.2　RAG 面临的挑战与未来发展趋势

RAG 技术作为一种结合了信息检索和生成模型的方法，其面临的一系列挑战和未来的发展趋势具体如下。

（1）提升鲁棒性：RAG 系统需要提高对噪声和误导信息的抗干扰能力，确保在信息不完整或存在错误时，仍能生成准确的内容。

（2）处理超长语境：随着 LLM 能力的增强，RAG 系统应该能处理更长的语境，以匹配 LLM 对超长文本的处理能力。

（3）提高检索和生成质量：持续优化检索的精确度和召回率，减少虚构内容，提高生成内容的相关性，同时减少偏差和有毒性内容。

（4）增强可控性和可解释性：是当前人工智能领域普遍关注的议题。对 RAG 系统而言，提高其生成的可控性和可解释性，有助于提升系统的可靠性和透明度。

（5）提升效率与可扩展性：优化 RAG 系统的性能，提高其处理大量数据的能力，实现更好的可扩展性。

（6）多模态融合：RAG 技术在多模态数据融合方面具有巨大潜力，未来可以探索如何更好地整合文本、图像、视频等多源信息。

（7）知识更新：为了确保信息的时效性和准确性，RAG 系统需要开发高效的方法来更新和维护知识库。

（8）与 LLM 的深度融合：RAG 技术与 LLM 的结合是一个重要的发展方向。通过在预训练和微调阶段更好地整合，可以显著提升系统的性能。

（9）建立完善的评估体系：为了客观衡量 RAG 系统的性能，需要建立全面、客观的评估体系。

（10）生产环境的高效部署与产品化：RAG 技术在实际应用中需要解决检索效率、数据安全和隐私保护等问题，以实现高效的生产部署，进而将其转化为实际可用的产品和服务，并优化用户体验，推动商业化应用。

6.2.5　RAG 案例实战

6.2.5.1　基于 LangChain 框架实现 RAG

为了详细说明在 LangChain 框架下构建基于文档的 RAG 的过程，表 6.9 提供了一个结构化的步骤概览，涵盖了从文档加载到利用 LLM 生成回答的各个阶段，包括每个步骤的核心内容，以及其在整个 RAG 检索链构建中的作用。通过这一概览，人们能够清晰地理解如何将外部文档数据高效地集成到 LLM 中，以生成更准确和相关的回答。

表 6.9　基于 LangChain 框架的 RAG 检索链构建步骤与核心内容

步骤	核心内容
加载	加载文档：首先，我们需要加载数据，可以通过 LangChain 的 Document Loader 实现。比如，指定一个 Document Loader 来将非结构化数据加载为 Document。Document 是包含文本（page_content）和元数据的字典，且 LangChain 拥有超过 160 个数据加载器集成
拆分	文档分割：文本分割器将大文档分割成指定大小的片段，使其成为可用于嵌入和矢量存储的块。这对于索引数据和输入模型都很有用，因为大块数据更难搜索，并且无法适应模型有限的上下文窗口。其中，DocumentSplitters 只是更通用的 DocumentTransformers 中的一种
存储	文本向量化存储：需要一个地方来存储分割片段并编制索引，以便以后可以搜索它们。这通常是通过使用 VectorStore 和嵌入模型完成的
检索	检索 = 问句向量化→在文档向量中匹配出与问句向量最相似的前 k 个：首先将用户输入进行向量化处理，然后使用检索器从存储中检索相关的前 k 个分割片段
生成	生成 = 匹配出的文本作为上下文和问题一起添加到提示中→提交给 LLM 生成回答：ChatLLM 使用由问题和检索到的数据组成的提示来"喂"给模型，然后生成答案

1. 案例 1

本例基于 LangChain 框架加载网页数据，并利用 OpenAIEmbeddings 向量模型和 GPT-3.5 大模型，采用 FAISS 自带的语义检索功能实现初级 RAG 检索链。

1）核心思路

本例使用 LangChain 框架实现了一个高效且精确的 RAG 检索链。首先，使用 WebBaseLoader 工具从特定网页中抓取数据，接着，利用 RecursiveCharacterTextSplitter 进行文本分割，并设置了分块大小和重叠度，以便将文档内容分割成适合处理的大小。随后，通过 OpenAIEmbeddings 模型将分割后的文本向量化，同时使用 FAISS 库来存储这些向量，从而创建一个可用于快速检索的向量数据库。在数据向量化存储之后，代码构建了一个检索链，该检索链结合 ChatOpenAI 模型和自定义提示模板，使得系统能够接收用户问题，通过检索器找到最相关的文档，并将这些文档与原始问题一同传递给语言模型以生成答案。通过对比直接给定文本和基于检索链的实现方式，代码展现了检索链在提高模型效率和准确性方面的显著优势。

2）实战教程及其核心代码

具体内容请见本书附件。

2. 案例 2

本例基于 LangChain 框架，使用 WebBaseLoader 加载网页数据和历史对话信息，结合 OpenAIEmbeddings 向量模型和 GPT-3.5 大模型，并采用 FAISS 自带的语义检索功能，实现多轮对话的 RAG 检索链。

1）核心思路

本例与上一个案例类似，都是利用 LangChain 框架实现一个考虑历史对话信息的 RAG 检索链。首先，通过 WebBaseLoader 和 OpenAIEmbeddings 加载数据，并将其存储到 FAISS 中，同时采用了 FAISS 自带的语义检索算法。接着，基于 ChatOpenAI 创建了一个考虑对话历史的检索链，通过定义对话模板提示来生成搜索查询。然后，构建一个文档处理链，用于根据检索结果继续对话。最后，将检索链和文档链相结合，形成一个完整的检索链，并通过端到端测试验证其连贯性。

2）实战教程及其核心代码

具体内容请见本书附件。

3. 案例 3

本例基于 LangChain 框架，对本地 PDF 文档进行加载，并采用 m3e 向量模型和本地 LLM（如 ChatGLM-2-6B 或 Qwen-7B），同时运用混合检索策略（涵盖语义向量的余弦相似度算法和关键词的 BM25 算法），以此实现本地 LLM 问答系统。

1）核心思路

本例实现了一个基于 LangChain 框架的本地 LLM 问答系统。首先，在代码中进行环境配置和 GPU 资源检查，然后加载本地 PDF 文档，并使用 RecursiveCharacterTextSplitter 对文档进行分割，生成细粒度的文本块。接下来，通过 Hugging Face Embeddings（加载 m3e 向量模型）和 Cache Backed Embeddings（缓存机制防止重复计算）对文本块进行向量化处理，并使用 FAISS 构建向量存储库。在检索阶段，代码实现了基于语义向量（如余弦相似度算法）、关键词（如 BM25 算法）和混合检索的方法，提高了信息检索的准确性和灵活性。最后，通过加载本地预训练的大模型（如 ChatGLM-2-6B 或 Qwen-7B）和定义的提示模板，结合检索到的上下文信息，生成针对用户查询的问答结果。整个流程涉及环境配置、数据加载、向量存储、检索策略和问答生成等多个环节，形成了一个完整的问答系统。

2）实战教程及其核心代码

具体内容请见本书附件。

6.2.5.2　基于 LangChain-Chatchat 框架实现 RAG

1. 案例 1

本例基于 LangChain-Chatchat 框架进行本地部署，以实现本地知识库问答。

1）核心思路

本例基于 LangChain-Chatchat 框架的本地部署，主要分为四个部分：环境配置、项目配置与数据目录初始化、知识库初始化和项目启动。在环境配置阶段，代码首先明确该项目所需的软 / 硬件环境，并通过 pip 命令安装必要的项目和依赖库，同时强调需在不同虚拟环境中安装，以避免依赖冲突。在项目配置与数据目录初始化阶段，通过设置环境变量和执行初始化命令，为项目创建必要的数据结构和配置文件，并指导用户如何修改配置，以适应不同的模型和知识库路径，默认将 `bge-large-zh-v1.5` 作为嵌入模型，将 `qwen1.5-chat` 作为对话模型。随后，在知识库初始化阶段，代码确保模型推理框架和嵌入模型的正确启动，并通过命令行工具进行知识库的初始化。最后，在项目启动阶段，通过执行启动命令，使整个项目进入可操作状态，出现的界面如图 6.14 所示。

图 6.14 基于 LangChain-Chatchat 框架的 RAG 系统界面

2）实战教程及其核心代码

具体内容请见本书附件。

2. 案例 2

本例基于 LangChain-Chatchat-Webui 框架进行本地部署或 Docker 部署，以实现本地知识库问答。

1）核心思路

在环境配置阶段，首先明确了 Python 版本和已安装的 Torch 库作为项目的基本要求。接着，从 GitHub 克隆项目仓库，并安装依赖包。在项目启动部分，代码提供了两种启动方式：一是直接基于 Python 脚本启动，分为 Hugging Face 和 ModelScope 两个版本；二是基于 Docker 环境启动，涉及运行特定的 Docker 镜像、克隆项目、安装依赖和最终启动项目。

2）实战教程及其核心代码

具体内容请见本书附件。

6.2.6.3 基于 LLaMAIndex 框架实现 RAG

1. 核心思路

本例基于 LLaMAIndex 框架搭建 RAG 系统，核心思路是通过加载文档数据、构建向量索引、执行查询，以及使用自定义提示模板来提供基于上下文的问答服务。首先，代码使用 SimpleDirectoryReader 读取指定目录下的文档，并通过 GPTVectorStoreIndex 构建一个向量索引，该索引能够将文档内容分段转换成向量并存储。接着，通过 StorageContext 重建存储上下文并载入索引，以便后续进行查询操作。在用户提问并执行查询时，代码将索引转换为查询引擎，处理用户的问题，并返回基于文档内容的答案。最后，代码定义了两种提示模板，将用户的问题和搜索到的相关内容组合成提示语，通过 OpenAI 的接口获取更精准的答案。

2. 实战教程及其核心代码

具体内容请见本书附件。

6.2.5.4　基于 LocalGPT 框架实现 RAG

1. 核心思路

本例基于 LocalGPT 框架搭建 RAG 系统，以实现基于本地文档的问答系统。首先，在环境配置阶段，确保所有必要的依赖项和模型支持库被正确安装，其中包括特定版本的 llama-cpp-python，以满足不同的硬件加速需求。接着，在数据集下载和配置阶段，用户可以导入自己的数据或使用提供的示例文件，ingest.py 脚本负责加载文档并将其分为两类（根据文件扩展名将文档分类为文本文档或 Python 代码文档），随后进行文本分割和存储操作（均采用字符递归分割方法），同时利用嵌入模型（默认使用 instructor-large）生成文档的向量表示，进而创建一个基于 Chroma 的向量数据库，以便后续进行相似度检索。最后，run_localGPT.py 脚本允许用户与本地文档进行交互式问答，通过加载嵌入模型和向量数据库，结合本地 LLM（默认使用 LLaMA-3-8B 或 Mistral-7B-Instruct）来执行信息检索任务，根据用户输入的查询问题获取问题答案和源文档，实现在无互联网连接的情况下仍能进行高效的问题回答。

2. 实战教程及其核心代码

具体内容请见本书附件。

6.2.5.5　基于 OLLaMA+AnythingLLM 框架实现 RAG

1. 核心思路

本例基于 OLLaMA 框架（开启服务器模式 + 加载 LLM）部署 LLM（如 LLaMA-3 或 Phi-3 等），并结合 AnythingLLM 框架实现基于文档的问答功能。首先，安装 OLLaMA 和 AnythingLLM 框架，为后续的模型部署和推理奠定基础。其次，在配置阶段，启动 OLLaMA 服务并设置 AnythingLLM 的相关偏好，包括 LLM provider、嵌入服务，以及向量数据库的选择，为问答系统搭建了必要的环境。最后，通过创建工作区并测试 Chat 和 RAG 功能，代码展示了如何在实际应用中上传文档、抓取网页信息（如图 6.15 所示），并将这些信息保存到向量数据库中，以实现与用户的交互式查询（如图 6.16 所示）。整个流程体现了对 LLM 服务的配置、工作区管理，以及文档问答功能的全面考虑，为用户提供了一个灵活且高效的文档查询解决方案。

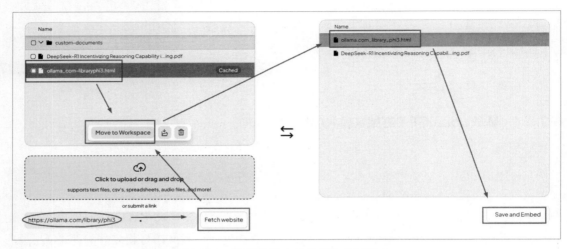

图 6.15　填写网页地址并抓取网页信息

图 6.16　文档问答界面

6.2.5.6　基于 OLLaMA+Dify 框架实现 RAG

1. 核心思路

本例的核心思路是结合 OLLaMA 后端框架和 Dify 前端框架，创建一个基于 RAG 的对话应用，以实现本地知识库问答和翻译助手等多个功能。首先，通过配置依赖，包括安装 Docker、Docker Compose 和 OLLaMA，为整个应用的运行提供必要的运行环境和服务，如图 6.17 所示。接下来，通过 Dify 界面进行模型的配置和初始化，如图 6.18 所示，为用户交互提供前端支持。在创建对话应用的过程中，代码展示了如何配置模型、创建知识库、将知识库内容进行向量化存储，最终创建和发布应用。最后，通过对话测试，验证应用的问答功能。

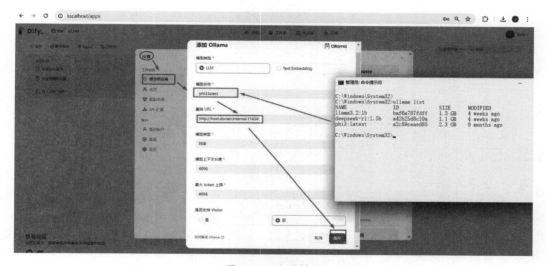

图 6.17　配置模型

2. 实战教程及其核心代码

具体内容请见本书附件。

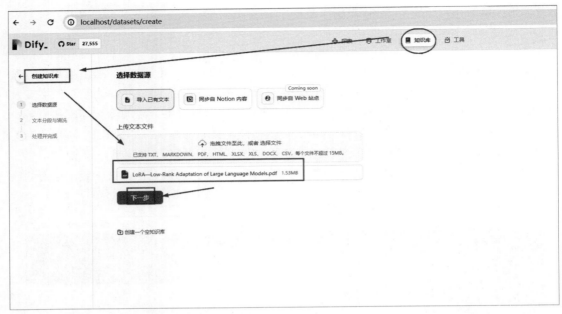

图 6.18　创建知识库后进行向量化存储

6.3　ETA

6.3.1　ETA 概述

传统模型在处理动态数据、复杂计算或与外部系统进行交互的场景时，存在一定的局限性。LLM 虽然发展迅速，但在面对复杂任务需求时，其能力边界也逐渐显现。例如，LLM 在处理数学计算任务时效果不佳，原因在于它们本质上是在预测完成提示的最可能的令牌（NTP 任务），而不是进行实际的加减乘除运算。

为克服这一局限性，我们需要引用一种机制将模型与外部工具连接起来，以增强模型的能力。OpenAI 发布的函数调用功能正是为解决此问题而设计的。该功能可以增强模型的推理效果，使其能够在信息检索、数据库操作、知识图谱搜索与推理、操作系统，以及触发外部操作等外部工具调用场景中发挥作用。

外部工具增强（ETA）是一个更广泛的概念，它通过集成外部工具或函数调用，为模型提供更强的灵活性和能力，使模型能够更有效地执行复杂任务。例如，对于数学问题，可以采用 Python 解释器等外部应用程序来处理。ETA 的目的是解决 LLM 在处理复杂任务时的局限性问题，以便让其能够与现实世界交互，从而更好地满足用户需求。

ETA 也可以被简单理解为工具调用或者函数调用，它是指使用外部工具来增强 LLM 能力的一种方法。这可以通过让模型访问各种外部服务或 API 来实现，例如数据库、搜索引擎、计算器等。这些工具能够扩展 LLM 可执行任务的范围，使其从基本的信息检索延伸到与外部数据库或 API 的复杂交互，从而执行更广泛和更复杂的任务。其功能可用于增强模型的推理效果或用于其他外部操作，例如，信息检索、数据库操作、知识图谱搜索与推理、操作系统以及触发外部操作等工具调用场景。

> 本质：ETA 的本质是将 LLM 与外部世界连接起来，扩展模型的能力边界。它不是简单地将模型与工具连接起来，而是需要模型能够理解何时、如何，以及调用哪个工具来完成任务。这就要求模型具备一定的推理能力和对工具功能的理解，而这种能力可以通过专门的训练来实现。更具体地说，ETA 中的函数调用本质上是一种从更强的大模型中生成结构化输出的技术。

> 注意：本节中"函数调用"的概念与"工具调用"等价，后续将不再进行特殊区分，统一命名为更具实际意义的"函数调用"。虽然"函数调用"这一名称看似意味着模型会直接执行某些操作，但实际情况并非如此。实际上，模型仅生成工具的参数，而工具是否实际运行取决于用户或者系统，而非大模型。

1. 理解

1）对比 RAG

ETA 和 RAG 是两种不同的方法，均用于扩展 LLM 的功能。RAG 是一种特定类型的外部知识源检索方法，它允许 LLM 访问预先定义的知识库，以增强其回答问题的能力。RAG 可以看作 ETA 的一个特例，专注于信息检索方面。而 ETA 则是一个更广泛的概念，它不仅包括信息检索，还涵盖了与各种外部工具或服务的交互。ETA 允许 LLM 访问任意数量的外部工具，这些工具可以是 API、数据库或者其他软件服务。

2）对比函数调用

ETA 是一个更广泛的概念，强调通过调用外部工具来提升模型的性能。这些工具可能是数据库、搜索引擎、计算工具或其他任何能够提供额外信息或处理能力的外部系统。ETA 的核心功能包含函数调用，但不限于此，它还可能涉及对外部工具更全面的集成和利用。总体来说，ETA 和函数调用之间的关系是相辅相成的，前者提供了更大的框架和视角，后者则是实现这一框架的具体手段。

函数调用允许模型检测何时应该调用一个或多个工具，并确定应该传递给这些工具的输入。在 API 调用中，我们可以描述工具，让模型智能地输出包含调用这些工具所需参数的结构化对象（如 JSON）。工具 API 的目标是比使用通用文本补全或聊天 API 更可靠地返回有效且有用的工具调用。

2. 核心原理

ETA 的核心原理是基于模型的提示工程和工具定义。开发者需要定义一系列可供模型调用的函数（工具），并向模型提供这些函数的描述，包括函数名、参数、参数类型，以及函数的功能描述。当模型接收到用户的请求时，它首先会根据上下文判断是否需要调用外部工具，并通过对比 LLM 的推理结果和工具描述之间的相似度，来选择合适的工具并生成相应的参数。然后，系统或应用程序（非大模型）会根据模型生成的调用参数执行相应的函数，并将结果返回给模型。模型最终会根据获取到的信息生成最终的回复。

（1）功能调用：模型生成可调用函数的参数，而不直接执行函数。这种设计使用户应用始终保持对功能执行的控制。

（2）结构化输出：通过严格匹配 JSON Schema，确保模型生成的参数与定义相符，减少错误率。

3. 核心思路

函数调用的核心思路如下。

（1）选择函数：在代码库中选择需要模型调用的函数。

（2）描述函数：使用工具模式描述函数的名称、功能描述、参数及其数据类型，以便模型能够理解如何调用该函数。常用的工具模式如 JSON Schema、Python 函数、Pydantic 或者 TypedDict 等。

① JSON Schema：用于定义数据结构的标准，能够清晰地描述函数的参数及其类型。

② Python 函数：直接使用 Python 函数的签名和文档字符串，方便模型理解如何调用。

③ Pydantic：用于数据验证和设置，能够清晰地定义数据模型，并与 Python 类型注解结合。

④ TypedDict：用于定义字典类型的结构，可以明确字典中各个键的类型，适合描述函数参数。

（3）定义函数：将函数定义作为工具提供给模型，连同用户提示消息一起传递给 LLM。

（4）接收并处理模型响应：根据模型的响应，判断模型是否调用了函数。如果调用了函数，则提取函数参数并执行函数；如果没有调用函数，则直接处理模型的回复。

（5）提供函数调用结果：将函数调用结果作为新的消息反馈给模型，以便模型生成最终的回复。

图 6.19 描述了 LLM 与外部函数交互的流程，该流程展示了 LLM 如何通过函数调用与外部工具集成，扩展其功能，从而处理更复杂的任务。

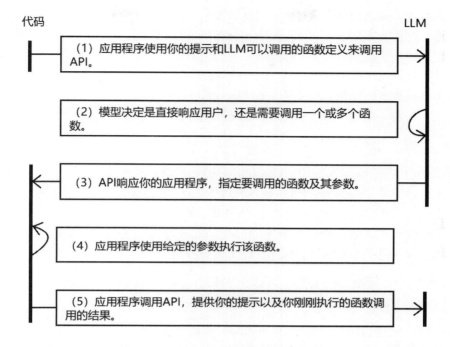

图 6.19 LLM 与外部函数交互的流程（源自 OpenAI 官方的 Function Calling 文档）

4. 核心技术

（1）提示工程：设计合适的提示，引导模型选择正确的工具并生成正确的参数。

（2）错误处理机制：处理模型响应中的各种边界情况，确保其稳定性和可靠性。

（3）结构化输出：通过启用严格模式，可确保输出与预定义的参数严格一致。例如，在 GPT-4 中设置 strict=true，能够确保生成的函数调用参数与提供的 JSON Schema 严格匹配，从而减少错误。

（4）支持工具调用功能的 LLM：在目前的 LLM 中，有能力自主选择并调用多种不同的自定义工具的，开源 LLM 包括 ChatGLM-3、GLM-4、Qwen-2、LLaMA-3-70B-Instruct、LLaMA-3-8B，闭源 LLM 包括 OpenAI 的 GPT-3.5-Turbo-0613（及其以后的版本均支持）和 GPT-4o，以及 Anthropic Claude-3、Mixtral-8x22b、Google Gemini-1.5、Cohere 等。

（5）高级功能：目前，函数调用已经开始陆续支持许多高级功能。例如，并行函数调用、函数调用行为定制等。

①并行函数调用：支持在单次响应中生成多个函数调用，适用于长时间执行的任务。例如，同时获取多个地点的天气信息。

②函数调用行为定制：可以强制模型调用特定函数，或者选择某些函数来调用，或者完全禁用函数调用，以提高功能选择的灵活性和准确性。

5. 代表性技术

代表性技术包括程序辅助语言模型（Program-Aided Language Models，PAL）、自动多步推理和工具使用（Automatic Reasoning and Tool-use，ART）技术等。

1）基于 CoT 的 PAL

PAL 技术是由卡内基梅隆大学团队在 2022 年 11 月发表的论文 "PAL: Program-aided Language Models" 中提出的。PAL 技术利用了 CoT 的结构化提示，能够解决复杂的数学问题。它首先让 LLM 生成可执行的 Python 脚本，并将该脚本传递给 Python 解释器运行，然后把执行结果结合原始问题返回给 LLM，由 LLM 生成最终答案。其中的推理步骤包含编写代码，这些代码会被传递给解释器，以完成解决问题所需的计算。

（1）PAL 中的提示策略：指定模型要输出的格式，通过在提示符中包含一个或几个样本推理的示例，我们可以仔细研究这些示例提示是如何构造的。

PAL 通过整合语言模型的推理能力和 Python 代码的执行能力，提供了一个强大的平台来处理复杂的计算和推理任务，以实现更高的准确性和效率。如图 6.20 所示，PAL 架构包括以下流程：用户应用程序通过编排库与 LLM 进行通信，LLM 生成的程序通过编排库传递给 Python 解释器执行，并将执行结果返回用户应用程序。

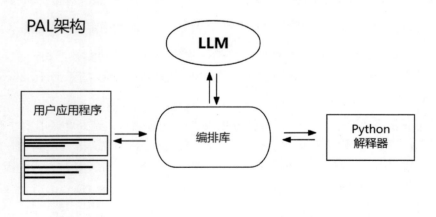

图 6.20　PAL 架构示意图

PAL 架构由如下三个主要部分组成。

①用户应用程序（User Application）：这是系统与用户交互的入口，接收用户的输入并展示最终结果。

②编排库（Orchestration Library）：这是核心处理模块，负责将用户的输入传递给 LLM，并将 LLM 生成的推理过程转换成可执行的 Python 代码。它在两个主要组件之间进行协调和通信。

③ Python 解释器（Python Interpreter）：负责执行由编排库生成的 Python 代码，进行精确计算或操作，并将结果返回给用户应用程序。

（2）PAL 的实现思路如下。

①问题输入（Question）：用户提出一个问题，通常是需要复杂推理或计算的任务。

② PAL 提示模板（PAL Prompt Template）：系统使用预先定义的 PAL 提示模板，将用户的问题格式化为适合语言模型处理的输入形式。

③语言模型生成代码（PAL Formatted Prompt）：将格式化后的提示输入 LLM 中，该模型基于输入生成相应且具体的 Python 代码。

④ Python 脚本（Python Script）：由 LLM 生成的 Python 代码是一个完整的脚本。该脚本通常包括定义函数和返回答案的步骤。

⑤代码执行（Python Interpreter）：生成的 Python 代码由 Python 解释器执行，从而计算出问题的答案。Python 解释器实际执行代码，并返回精确的计算结果。

⑥答案格式化（PAL Formatted Solution）：将 Python 解释器的输出（即问题的答案）连同原始问题，重新进行格式化，使其易于理解和进一步处理。

⑦生成最终结果（Completion with Correct Answer）：系统将重新格式化后的内容（问题及其答案）再次提交给 LLM。该模型基于输入会生成最终正确的答案。

2）基于 ACoT 的 ART 技术

ART 是一种提示工程技术，融合了多种提示工程策略。ART 将自动链式思维提示与外部工具的使用结合起来，增强了 LLM 处理需要推理和与外部数据源或工具交互的复杂任务的能力。ART 采用了系统化的方法，在给定任务和输入的情况下，首先从任务库中识别出相似的任务。然后，在提示中使用这些任务作为示例，指导 LLM 处理和执行当前任务。当任务需要内部推理和外部数据处理或检索的组合时，这种方法尤其有效。

6. 经验总结

（1）清晰的函数命名与描述：使用直观且明了的函数和参数名称，并提供详细的描述来解释函数的功能和参数的含义，避免使用缩写或专业术语，以便模型更好地理解何时选择特定函数。

（2）尽可能使用枚举类型：对于函数参数，使用枚举类型来限制可能的值，减少模型的"幻觉"，缓解生成不准确输出的风险。

（3）优化系统提示消息：在系统消息中提供清晰的指导，帮助模型更准确地决定何时调用函数。

（4）限制函数数量：在单次工具的调用中，推荐使用不超过 20 个函数，以提高模型选择正确工具的准确性。

（5）设置评估指标：建立评估机制，用于衡量模型在调用函数时的准确性和效率，并根据评估结果调整提示和函数定义。

（6）考虑微调：对于复杂的场景，通过微调模型，提高其在特定应用场景下的函数调用的准确性，尤其是在函数复杂或数量较多的情况下。

7. 实战方案

（1）采用官方代码实现：采用官方推荐的代码，一般不涉及第三方库或者框架，适合简单场景。此外，官方 Demo 将大模型决策调用工具与系统执行工具输出结果的操作集成在一起，虽然方便，但对于复杂场景，可能会出现不可控的现象。

（2）通过 LangChain 框架实现（典型的 ETA 技术）：该框架 Chain 的形式对调用工具操作进行工程化封装。相较于 T1 方法，其流程更简单，灵活性更高，但无法加入循环，不适合需要反复调用大模型的场景。

（3）采用 LangGraph 框架实现（可能更能体现 Agent 技术）： LLM 调用工具以及生成内容的操作本身是不可控的，所以采用 GraphETA 的方式来实现。该框架适用于复杂的场景，逻辑上更可控。它通过图结构的方式，利用条件边进行逻辑判断，同时支持图内各执行节点单元之间基于状态进行通信协作，并且能够实现循环。

6.3.2　ETA 实战

6.3.2.1　基于 OpenAI 官方案例实现工具调用能力

1. 核心思路

本例展示了 OpenAI 如何实现 LLM 的函数调用功能。首先，定义一个用于查询配送日期的函数（如 get_delivery_date 函数），并使用 JSON Schema 描述其功能和参数。接着，将函数定义和用户交互的消息一起传递给模型，以便在接收到用户请求时能够调用相应的功能。对于模型的响应，根据是否生成函数调用进行不同的处理，确保实时调用所需函数并返回结果。最后，采用结构化输出策略以增强模型与函数调用之间的匹配度，从而提高函数调用的成功率。

2. 实战教程及其核心代码

具体内容请见本书附件。

6.3.2.2　基于 GLM-4 官方案例实现工具调用能力

1. 核心思路

本例以创建一个能够查询航班号的聊天机器人为例，展示了如何利用 GLM-4 与外部函数进行交互。首先，通过初始化语言模型 API 并定义外部函数的具体实现，为模型提供了可调用的功能。接着，通过 JSON Schema 描述这些函数的参数和功能，使模型能够理解如何使用这些函数。在测试阶段，我们通过与模型的交互来验证其是否能够根据用户输入生成正确的函数调用参数。最后，在应用中使用模型生成的参数来实际调用外部函数，并将结果返回给用户。在整个过程中，开发者需要确保函数参数的准确性和函数调用的安全性，避免错误的函数执行或数据泄露。此外，对于用户输入不明确的情况，应指导用户提供必要信息，以保证函数调用的正确性。

2. 实战教程及其核心代码

具体内容请见本书附件。

6.3.2.3　基于 Qwen 官方案例实现工具调用能力

1. 核心思路

本例通过定义一个基于 Qwen 模型的 LLM 客户端实现多轮工具调用的功能。首先，通过 OpenAI API 创建 LLM 客户端，并定义了两个外部函数工具：一个用于获取当前时间，另一个用于模拟查询指定地点的天气。然后，清晰地编写这些工具的具体实现代码，并且详细描述每个工具的功能和参数，以便模型能够理解和使用。最后，在用户输入查询后，系统通过 get_response 函数与 LLM 进行交互，根据模型的指示进行多轮工具调用。这个过程涉及模型对工具调用的决策、工具调用的执行，以及将工具的输出结果反馈给模型以进行进一步的交互，直至模型不需要调用任何工具并给出最终答案。在整个过程中，需要注意 API 的配置、函数的返回值格式、工具描述的准确性以及模型响应的处理。

2. 实战教程及其核心代码

具体内容请见本书附件。

6.3.2.4　基于 LangChain 框架和 GPT-4o 实现多个工具调用

1. 核心思路

本例展示了如何使用 LangChain 框架和 GPT- 4o 模型实现多个工具的调用。首先，可采用多种方式（Python 函数、Pydantic 类或 TypedDict 类）定义工具模式，明确工具的名称、参数和描述信息。其次，定义 LLM 并设置 API 密钥，以此实例化预训练模型。然后，将工具绑定到聊天模型，让模型能够理解并使用这些工具。通过测试模型生成的工具调用，验证工具调用是否成功，并使用链式调用将操作流程化。最后，系统调用工具并将结果反馈给模型，模型依据完整的消息历史生成更准确、更全面的答案。在整个过程中，需注意工具模式的定义要清晰准确，模型调用和工具执行的结果要及时反馈到模型中，从而保证对话的连贯性和准确性。

2. 实战教程及其核心代码

具体内容请见本书附件。

6.3.2.5　基于 LangGraph 框架和 Qwen 模型实现 GraphETA

1. 核心思路

本例展示了如何使用 LangGraph 框架和 Qwen 模型实现 GraphETA，其要点在于以图的方式手动定义决策逻辑，具体形式如图 6.21 所示。该过程的重点并非依赖 LLM 自行反思的能力。首先，对 Qwen 模型进行实例化操作，并将其与一个计算器工具进行绑定。随后，创建消息图构建器，把 LLM 和工具节点添加到图中，同时明确设置节点之间的连接关系和入口点。通过定义路由函数和条件边，系统能够依据当前状态有选择性地路由至不同节点。最后，对消息图进行编译并展开测试，针对数学问题以及普通对话问题进行验证。在整个过程中，关键在于准确定义工具、合理构建消息图，以及设置恰当的路由逻辑，以此确保系统能够根据不同的输入，选择正确的处理路径。

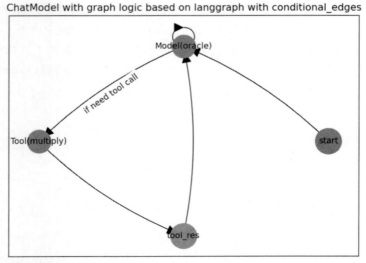

图 6.21　基于 LangGraph 框架的条件边功能实现 LLM 数学计算的流程图

2.实战教程及其核心代码

具体内容请见本书附件。

6.3.3　伯克利函数调用排行榜

伯克利函数调用排行榜（也被称为伯克利工具调用排行榜）是一个用于评估 LLM 准确调用函数（或工具）能力的排行榜。该排行榜采用真实世界的数据，并会定期更新，且包含多个版本，每个版本都有相应的改进。凭借这些特点，伯克利函数调用排行榜成为一个客观且全面的评估平台，既可以用于评估和比较不同 LLM 的函数调用能力，也能够推动该领域的技术发展。

伯克利函数调用排行榜的网址请见本书附件。

1.核心任务

该排行榜的核心任务是评估 LLM 调用函数的准确性。它通过一系列测试来衡量 LLM 在不同场景下的表现，并使用多个指标进行评估，包括模型的准确性、延迟、成本、多轮交互能力，以及幻觉测量等多个维度，为研究人员和开发者全面评估模型性能提供了参考。

2.特点

（1）真实世界的数据：使用真实世界的数据进行评估，更贴近实际应用场景。

（2）定期更新：该排行榜会定期更新，以反映 LLM 技术的最新进展。

（3）多版本迭代：从 BFCL-v1 到 BFCL-v3，每个版本都引入了新的评估方法和功能，例如，引入 AST 作为评估指标、企业级和开源贡献的函数，以及多轮交互。

（4）开源模型支持：针对开源模型进行成本与延迟计算，同时利用 vLLM 库和 8 个 V100 GPU 来提供服务。

（5）多指标评估：使用多个指标进行综合评估，更全面地反映 LLM 的函数调用能力。

（6）可交互性：允许用户选择比较模型，并提供函数调用演示功能，用户可以输入提示和函数来查看输出。

6.4　智能体

6.4.1　智能体概述

LLM Agent（Large Language Model Agent）是 NLP 领域的新技术，它结合了 LLM 和 Agent（智能体）的概念，旨在提高 LLM 在实际应用中的适用性和准确性。传统的 LLM 在目标导向性方面存在不足，尤其在复杂任务执行或特定目标实现上表现不佳。这主要是因为在推理（Reasoning）和行动（Act）分离的情况下（如 ReWOO 框架），模型无法根据实际情况灵活调整行动策略，从而导致效率低下。

为了解决这一问题，研究人员提出了 ReAct（Reasoning with Actions）框架，该框架允许语言模型在执行任务时进行自我调整，类似于人类"边做边想"的能力。ReAct 框架的核心思想是让模型在每次行动后都会进行一次观察，以判断是否达到预期目标，并据此决定下一步行动。这种方法赋予了模型短期的记忆能力，提高了任务执行的效率和灵活性。例如，在 ReAct 框架下，模型会在找到目标后停止不必要的后续行动，而在传统模型中，模型会继续执行所有预定的步骤，本质上是因为早期模型的推理和行动是完全分离的。

ReAct 框架的提出具有开创性意义。它不仅解决了推理和行动分离所带来的效率问题，还引入了让 LLM 学会使用工具的概念，为智能体概念的发展奠定了基础，从而推动其在人工智能领域得到更广泛的应用与研究。

LLM Agent 是基于 LLM 构建的高级自主实体，具备强大的能力。它不仅能够生成简单响应，还能执行更复杂的特定任务。通过与环境和用户的交互，LLM Agent 可以做出决策，感知环境，并借助模拟的传感器获取信息。它会依据当前状态做出判断，进而采取相应行动来影响环境。这一过程具有迭代性，智能体将不断重复感知、判断和行动的步骤，直至达成既定目标。此外，LLM Agent 是基于经过特殊实例化（增强）的 LLM 构建而成的，能够访问和使用外部工具，基于输入和工具做出更有效的决策，从而在执行任务时展现出更高的自主性和灵活性。

> **本质：** LLM Agent 的本质特征是自主性和决策能力，它们能够自主访问和利用工具，并根据输入信息和目标进行决策。LLM Agent 主要借助 LLM 强大的语言理解与生成能力，结合对工具和服务的访问权限，以自主的方式处理复杂任务并做出决策。

> **作用：** LLM Agent 的主要作用是能自主完成任务并做出决策。它们能够利用外部工具和服务，基于输入、上下文和可用的工具进行决策，常常采用复杂的推理过程。

> **意义：** LLM Agent 的意义在于提高了 AI 系统的自主性和决策能力，使其能够处理更复杂的任务，而不只是简单的响应生成。它让 AI 系统能够更加灵活和有效地与用户和环境互动，从而提高了 AI 的应用范围和实用价值。LLM Agent 代表了人工智能的重大进步，通过在各个领域实现自主决策和问题解决，极大地提高了效率和用户体验。

1. 理解

智能体非常重要的一个特点是具有一定程度的自主性，可以自主地做出决策，感知环境。对其产生影响。智能体与一般的程序有较大的不同，它可以被看作一个与人类类似的主体，能够认识世界并改变世界。

2. 核心原理

智能体系统的实现原理是以 LLM 为核心，其功能是理解和生成自然语言。LLM 通过解析和执行基于提示模板的指令来发挥作用，这些模板定义了智能体的角色和人格，涵盖了背景、性格、社会环境等要素。在运行时，智能体系统会根据用户的输入，综合考虑上下文理解、持续学习、多模态交互、动态角色适应、个性化反馈、安全性和可靠性等因素，以此实现对任务的精准理解和执行，进而提升用户体验和执行效率。

智能体的精简决策流程为：P（感知）→ P（规划）→ A（行动）。

（1）感知（Perception）：指智能体从环境中收集信息并从中提取相关知识的能力。

（2）规划（Planning）：指智能体为了某一目标而做出决策的过程。

（3）行动（Action）：指基于环境和规划做出的动作。

如图 6.22 所示，该图描述了一个基于 LLM Agent 系统的工作流程。用户提问后，LLM 首先进行初步处理，然后由解析器将请求分解并选择合适的工具进行操作。工具执行后，系统观察结果，并将信息反馈给 LLM，直到得到最终答案。整个过程是循环执行的，直到得到最终的响应。

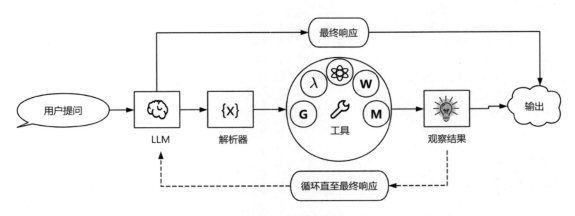

图 6.22　基于 LLM Agent 系统的工作流程图

3. 核心内容

它的核心内容包括一个总体解决框架和三大策略，具体如下。

（1）总体解决框架：包括任务规划器、计划执行器和环境三个组件。任务规划器由 LLM 扮演，生成解决目标任务的整体行动计划；计划执行器执行计划中的动作；环境提供执行行动结果的反馈。

（2）计划生成策略：包括文本计划和代码计划两种方法。在文本计划中，LLM 生成自然语言形式的行动序列；在代码计划中，LLM 生成可执行代码。

①基于文本计划的方法：直接生成自然语言形式的动作序列。常见的模型及框架有 Plan-and-Solve、Self-planning、ReAct、DECOMP、ToolFormer、HuggingGPT 等。该方法的缺陷是无法确保生成的动作序列被严格执行。

②基于代码计划的方法：生成可执行代码并利用求解器执行，比如 Faithful CoT、PAL、LLM+P（PDDL 文件）、PROGPROMPT 等。

（3）反馈获取策略：环境提供反馈信号，用于优化初始计划。反馈有两种来源，一是来自内部 LLM（即 LLM 自身），二是来自外部工具（如实际工具或虚拟世界）。

①内部反馈：如 RAP、ToT、Reflexion。

②外部反馈：如 CI 代码解释器、SD 稳定扩散模型、Minecraft、MA 多智能体协作。

（4）计划细化策略：包括推理、回溯和记忆三种方法，如表 6.10 所示，这些方法用于提升原计划质量，并能根据反馈调整当前计划，通过不断迭代，从而获得更好的结果。

表 6.10　LLM Agent 计划细分策略

策略	简介	特点	方法分类
推理	痛点：来自环境的反馈数据不适合直接使用。 通过显式推理过程，从环境反馈中提取关键信息，以修改初始计划	反馈数据处理，提取关键信息	基于示例的推理，多轮对话。分为 ReAct（给出实例以产生基于反馈信息的推理链）、AutoGPT（可自动推理反馈信息来修改初始规划）、ChatCoT（将 LLM 的推理和规划过程相互整合，通过多轮对话实现灵活切换）
回溯	痛点：前向规划局限性（局部最优）。 通过回溯探索更多可能的行动路径：允许通过搜索算法回溯，以实现全局规划，避免局部最优	避免局部最优，支持全局规划	① ToT 采用回溯搜索算法实现全局最优规划：广度优先搜索和深度优先搜索，通过回溯上一状态的方式逐步细化计划。 ②利用反馈信号修改整个规划：如 DEPS（根据反馈信号选择更好的计划）、TIP（将反馈信号加入提示信息，进而细化每一步骤）
记忆	利用长期记忆辅助计划细化，存储和检索以前的成功计划或反馈，以应对长期任务	处理长期任务，提高计划复用性	基于长期记忆的存储和检索。 ①利用长期记忆来优化规划（如 reflection 存储自我反思反馈，以备检索复用）。 ②技能库机制（存储成功计划重用合成）。 ③向量数据库将编码（计划和反馈）为高维向量，实现大规模存储和检索

4. 应用案例

（1）天气信息检索：具有天气 API 访问权限的 LLM Agent 可以为特定地点提供与天气相

关的信息。

（2）对话式信息搜索：通过对话状态跟踪、策略制定、行动执行和效用评估模块增强的 LLM Agent，能够在对话过程中高效地进行信息搜索。

（3）医疗诊断和客户服务：DERA Agent 能够运用协作式与交互式方法，处理复杂的决策制定及问题解决任务，比如，在医疗诊断、客户服务场景中发挥作用。

6.4.1.1　智能体系统模块

如图 6.23 所示，该图展示了一个 LLM Agent 系统架构，强调智能体在解决复杂任务时的多模块协作。智能体是系统核心，通过工具模块调用如日历（Calendar）、计算器（Calculator）、代码解释器（Codeinterpreter）等功能来扩展自身能力。智能体还具备短期记忆和长期记忆，便于信息存储和调用。同时，规划模块指导子目标分解、反思、自我批评和思维链，进一步增强智能体的决策和自我改进能力。

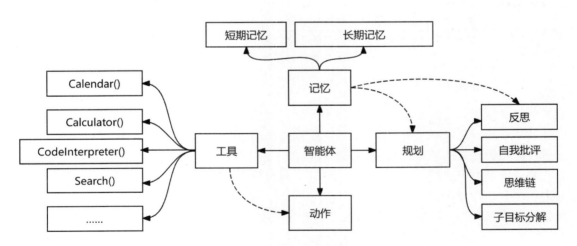

图 6.23　基于 LLM 的智能体多模块架构设计

各个模块的简介如表 6.11 所示。下面将详细介绍规划模块、记忆模块和工具模块。

表 6.11 基于 LLM Agent 的多个模块及其简介

模块	简介
Agent	该模块是整个系统的核心，负责协调各个模块的功能，做出决策并执行相应的行动
Planning	该模块涉及策略制定和目标实现的过程。智能体会根据其目标和环境选择合适的行动方案并进行规划。该模块还包括以下功能。 ①反思：智能体在执行任务后会对自己的行为进行反思，从而不断学习和优化其决策过程。 ②自我批评：智能体对自身的行为进行批评和调整。 ③思维链：智能体通过一系列逻辑推理步骤解决问题，这一过程展示了智能体在解决问题时的思维路径，包括如何利用工具、记忆和规划来指导行动。 ④子目标分解：智能体将复杂任务分解为更小的子任务进行处理。这是一种将复杂任务分解得更小、更易管理的任务的方法，有助于提高效率和准确性
Action	该模块是智能体实际执行的计划步骤，它根据计划和可用工具执行具体的行动，即通过具体的操作来实现预定的目标
Memory	该模块是系统的核心组件之一，负责存储和检索信息。它包括短期记忆和长期记忆两个子模块，分别用于存储当前活跃的信息和持久化的数据。智能体可以使用或访问这些记忆来记录和回顾任务进展和结果
Tools	该模块是一个外部资源或功能的工具集合，如日历、计算器、代码解释器和搜索工具等。智能体可以调用这些工具来完成特定任务并获取必要的信息

1. 规划（Planning）模块

规划模块是智能体的关键部分，负责理解问题并制定解决方案。它通过将复杂任务分解为多个步骤或子任务，以响应用户请求，从而提高处理问题的效率和准确性。在这一过程中，规划模块采用预定义的策略，例如，CoT 技术和 ToT 技术，这些技术能够将复杂的任务简化为更易于管理的子目标。此外，规划模块还具备自我反思和改进的能力，这使得智能体能够从过去的经历中学习，并对决策进行优化。然而，值得注意的是，LLM 在处理长期规划和错误修正方面存在一定的局限性。因此，尽管规划模块在解决复杂任务时扮演着重要的角色，但 LLM 在这方面的应用还需进一步优化和改进。

规划模块使智能体能够通过一系列有序的步骤来达到目标，这些步骤是通过逻辑和推理预先设计的。

1）核心内容

规划模块包括任务分解（提升规划效能）、自我反思（提升学习质量）两部分，具体如表 6.12 所示。

表 6.12　规划中的任务分解和自我反思

核心内容	意义	常用方法
任务分解	提升规划效能	① CoT：引导模型进行"逐步思考"。它通过将复杂问题逐步细分为更小、更简单的任务，采用单路径进行推理。 ② ToT：在每个决策步骤探索多个可能的路径来扩展 CoT，形成树状结构图，采用多路径进行推理。 ③ LLM+P 结合：结合外部经典规划器的 LLM，将问题转化为 PDDL 格式，利用经典规划器生成 PDDL 规划的解决方案，然后传回自然语言。这种方法依赖外部经典规划器来完成长期规划任务。实现方法：可以通过简单提示的 LLM、任务特定的指令、人类交互输入、LLM+P 等实现
自我反思	提升学习质量	① ReAct 方法侧重自我反思：ReAct 将思考和行动相结合，扩展了行动空间，遵循思考 - 行动 - 观察结果的模板。 ② Reflexion 方法侧重自我反思：赋予智能体动态记忆和自我反思能力，用于提高推理技能，采用标准的强化学习。 ③ CoH 方法采用监督学习和历史数据，侧重生成任务：它通过参考过去的输出序列进行自我改进，结合监督微调并添加正则化项来避免过拟合现象。 ④ AD 算法蒸馏方法采用监督学习和历史数据，侧重强化学习任务：它通过多次与环境进行交互，目标是学习 RL 的过程

2）分类

（1）无反馈规划：涉及直接利用 LLM、特定任务指令或人类输入进行任务分解，适用于不需要即时反馈的场景，比如 CoT、ToT、LLM+P 等，其中 LLM+P 策略用于长期规划。

（2）有反馈规划：比如 ReAct 和 Reflexion 模型，它们根据过去的行动和观察结果进行反思，进而细化执行计划。它适用于需要动态调整和改进策略的场景。

① ReAct 结合特定任务的离散动作与语言描述，提高 LLM 处理复杂问题的能力，增强模型在真实世界的适应性和灵活性。

② Reflexion 通过动态记忆和自我反思能力提升推理技巧，采用强化学习设置，智能体计算启发式评估并重置环境以优化规划。

2. 记忆（Memory）模块

记忆模块是智能体的重要组成部分，用于存储智能体内部日志，包括思考、行动、观察，以及与用户的互动。它对于智能体的学习和决策过程至关重要，它能够使智能体基于历史数据做出更合理的决策。

从功能角度来看，记忆模块赋予智能体存储和检索信息的能力，让智能体在决策过程中充分调用过去积累的经验和知识，显著提升决策的准确性和效率。在提供外部知识支持方面，记忆模块借助向量存储和快速检索技术，为智能体的运行提供有力支撑。其核心内容包括存储技术与检索技术，具体如表 6.13 所示。

表 6.13　记忆模块的核心内容

核心内容	意义	常用方法或分类
存储技术	存储内部记忆	（1）根据记忆类型的不同，记忆可分为感觉记忆、短期记忆、长期记忆和混合记忆。 ①感觉记忆：即原始记忆，学习原始输入的嵌入表示。 ②短期记忆：关注当前情境的上下文信息，通常受限于 Transformer 的有限上下文窗口长度。 ③长期记忆：存储智能体的历史行为和思考。它基于外部向量存储库，通过快速检索（如最大内积搜索）来保留和检索信息。它可以访问外部数据，包括显式的"有意识／场景事实"和隐式的"无意识／下意识的动作"。 ④混合记忆：整合短期记忆和长期记忆，优化智能体对当前情境的理解，加强对过去经验的利用。 （2）根据存储格式的不同，记忆可分为自然语言、嵌入向量、数据库或结构化列表等格式
检索技术	检索外部信息	最大内积搜索（MIPS）：该技术通过外部存储来减轻有限注意力范围的限制。 ①通过向量存储和快速最大内积搜索检索，可以扩展注意力窗口带来的限制，提供对更大知识库的访问 ②优化检索速度——ANN算法的主要选择：LSH(使用敏感哈希函数)、ANNOY(使用随机投影树)、HNSW（使用小世界网络分层结构）、FAISS（基于高斯分布假设＋应用向量量化以创建簇并进行搜索）、ScaNN（各向异性向量量化）

3. 工具（Tools）模块

工具模块使 LLM 能够通过与外部环境的交互来获取信息或完成子任务，比如，使用 Wikipedia 搜索 API、代码解释器和数学引擎等。这是智能体的重要特征之一，它有效地扩展了 LLM 的能力，使其能够处理更复杂的任务，提供更丰富的信息。具体地说，通过训练 LLM，使其学会调用外部 API，以此解决模型自身无法处理的问题。

工具模块能够让 LLM 利用外部资源和功能来扩展或增强自身能力，从而解决仅依靠内部知识无法处理的问题。

工具模块的核心内容包括实现方法、评估策略，具体如表 6.14 所示。

表 6.14　工具模块的核心内容

核心内容	常用方法或分类
实现方法	① MRKL（Memory-Augmented Routing Between Large Language Models）：一种用于自主智能体的架构，它包含多个专家模块和一个作为路由器的 LLM。该架构利用 LLM 作为路由器来调用专家模块，但在调用计算器等工具时存在可靠性问题。 ② TALM/Toolformer：旨在训练大模型，使其能够决定何时调用哪些 API、传递何种参数，以及如何分析结果。它通过对训练数据进行标注，教会语言模型调用外部 API 工具，从而扩展模型功能。 ③ HuggingGPT：使用 ChatGPT 进行任务规划，调用 Hugging Face 平台模型并生成响应，以此自主处理复杂的人工智能任务。然而，它面临着效率、上下文长度和输出稳定性方面的挑战。 ④ API-Bank：一个用于评估工具增强 LLM 性能的基准，包含 53 个常用 API 工具，其工作流程中有三个关键步骤：判断是否需要进行 API 调用；确定要调用的正确的 API；基于 API 结果做出响应。 ⑤函数调用：通过定义工具 API，使 LLM 能够调用外部功能或服务来处理文本任务
评估策略	评估智能体的工具使用能力的三个级别：调用 API 的能力、检索 API 的能力和规划 API 的能力

6.4.1.2　智能体框架工程化

如图 6.24 所示，该图展示了智能体在满足用户需求时的内部处理流程。首先，智能体接收用户的请求并通过相应的工具模块、记忆模块和规划模块来实现目标。工具模块提供执行任务的具体功能支持，记忆模块保存关键数据以供未来参考，规划模块帮助智能体制定合理的任务执行步骤。各模块协同运作，使智能体能够高效地处理用户需求并提供反馈，从而形成一个完整的交互闭环。规划模块在最后阶段通过 LLM 解析并输出最终的计划。

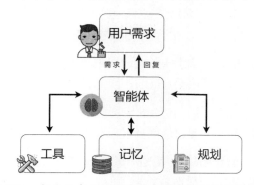

图 6.24　智能体在满足用户需求时的内部处理流程图

表 6.15 列出了智能体系统的五层架构及简介，包括用户层、接口层、模型层、功能层和基础设施层。

表 6.15　智能体系统的五层架构及简介

架构	简介
用户层	该层代表用户或外部系统，它们提出需求或问题，期望智能体能够解决
接口层	接口层是用户与智能体之间的交互界面，包括文本输入、语音输入、图形输入、视频输入等方式。它负责接收用户需求后传递给智能体（LLM），并将智能体的响应反馈给用户。该层可以包括图形用户界面（GUI）、命令行界面（CLI）或应用程序编程接口（API）
模型层	在模型层，LLM 是智能体系统的核心，扮演着"大脑"和多任务协调的角色，负责接收输入、调用工具、访问记忆和执行规划，实现处理用户需求并生成响应。 LLM 通过规划、决策、学习、推理及下指令完成具体任务。它整合了各个功能模块，并基于输入做出决策。 智能体使用该层的能力来理解问题、生成解决方案并执行计划
功能层	该层包含智能体执行任务所需的各个功能模块，如工具、记忆和规划。这些模块为智能体提供了处理问题所需的能力和资源。 ①工具：包含各种专用工具，提供特定功能，智能体可以调用这些工具来完成特定任务。 ②记忆：管理短期记忆和长期记忆，负责存储和管理信息数据。记忆模块提供上下文信息、历史记录和知识库（或经验数据），帮助智能体在处理任务时利用过去的经验和数据。 ③规划：帮助智能体制定实现目标的步骤和策略，制定和优化行动计划，确保智能体的行为有条理且高效，包括任务分解、优先级设置、多步骤推理等
基础设施层	该层提供了智能体运行所需的软硬件计算资源和环境，包括服务器硬件、数据库、网络、操作系统等基础设施

6.4.1.3　未来挑战

智能体未来面临的挑战如下。

（1）上下文长度的限制：LLM 在处理长篇内容或需要深挖历史信息时会遇到困难，因为它们的上下文长度有限。虽然向量存储和检索技术为访问更大知识库提供了可能，但上下文长度限制依然是智能体亟待解决的难题，这就需要创新的系统设计，以有效利用有限的通信带宽。

（2）长期规划与任务分解：在执行长期任务或计划过程中，一旦遇到未预料到的错误或情况，LLM 将很难调整原有计划，这对模型的自适应性和灵活性提出了更高要求。

（3）自然语言接口可靠性：鉴于 LLM 的输出可能出现格式错误或不一致的情况，其自然语言接口的可靠性成为一项重大挑战，这就要求模型输出更加稳定且可预测。

（4）角色适应性：智能体需要在特定领域内高效工作，然而面对难以表征或迁移的角色时，模型性能可能会降低。所以，有必要针对性地对 LLM 进行微调，使其适应不同的角色或情境。

（5）提示的鲁棒性：智能体的提示设计必须具备高鲁棒性，防止因输入的微小变化导致输出结果不可靠。自动优化提示或利用 LLM 生成提示，或许是可行的解决方案之一。

（6）知识边界的控制：控制 LLM 内部知识的边界，避免引入偏见或使用未经用户同意的知识，这是智能体面临的伦理和法律挑战。

（7）效率和成本问题：随着请求量的增加，LLM 在处理效率和成本方面亟需优化，以此提高多智能体系统的整体性能。

6.4.2　智能体常用能力

6.4.2.1　能力概览及其实现方法

1. 能力概览

通过集成工具调用、复杂任务处理、记忆管理、自主调用和自我优化等功能，LLM Agent 显著增强了智能体的实际应用能力和用户交互体验。LLM Agent 在以下几方面比单纯的 LLM 更强。

（1）多工具调用与协同——功能可扩展性：LLM Agent 能够调用多种外部工具和服务，扩展其功能和适用范围，而不仅仅依赖于语言模型本身的能力。但是，这需要基于支持并行函数调用能力的 LLM 实现。

（2）多步骤推理——处理复杂任务：LLM Agent 能够通过多步骤推理和规划处理复杂任务，而单纯的 LLM 通常只能处理简单任务和单步任务。

（3）任务自动化执行：LLM Agent 可以自动执行用户任务，而不仅仅是提供信息和建议，从而极大地提高了其实用性和应用范围。

（4）记忆管理——长期交互：LLM Agent 具有很强的记忆管理能力，能够在多轮对话和长时间交互中保持上下文一致性和记住用户偏好，例如，加载聊天历史。

（5）动态适应——及时调整：LLM Agent 具备动态学习和调整能力，能够根据新的数据和反馈及时调整策略，提高任务处理的准确性和效率。

（6）自主决策与调用：LLM Agent 能够制定决策，采用复杂的推理过程，根据输入、上下文和可用工具做出决策，并自主地调用工具和 API，无须人类直接指导。

（7）自我优化——反思与自我改进：LLM Agent 能够通过自我反思和批评机制不断优化自身的行为和决策，根据反馈进行自我改进，使其在长期使用中表现更加优异。

2. 采用方法

智能体的一些能力可以基于高性能的 LLM（一般都闭源，如 GPT-4、GLM-4）自带，也可以通过工程化手段在低版本的 LLM（如 ChatGLM-3、LLaMA-3）上复刻实现，因为这些低版本大多是开源且免费使用的，具体如下。

（1）直接采用高性能 LLM 自带的功能——闭源且收费：高性能 LLM（如 GPT-4、GLM-4、Cluade-3 等）由于其更大的模型规模、更先进的训练技术和更丰富的训练数据，具备更强且更多的高级功能。比如它支持复杂的数学计算、长文本的多轮对话、XML 解析（或 JSON）、自动工具调用、并行函数调用、图表绘制和多模态交互等功能。

①自动调用工具：比如 GLM-4，能够根据用户提供的函数描述，自动选择所需函数并生成参数，还能根据函数的返回值生成回复。另外，它还支持一次输入完成多次函数调用，以及包含中文及特殊符号的函数名称。在这方面，GLM-4 All Tools 与 GPT-4-Turbo 相当。

②多工具调用：以 GLM-4 为例，它具备出色的多工具自动调用功能。在实际应用中，GLM-4 能够有机结合多种工具，采用如网页浏览、CogView3、代码解释器等调用方式。

（2）低版本 LLM 通过工程化手段实现其功能——开源且免费：普通 LLM（如 LLaMA-3、ChatGLM-3、GLM-4、Qwen-2 等）主要的能力包括对话能力、指令跟随能力等，其中，ChatGLM-3 还包括工具调用能力，尽管模型规模和能力不如高性能 LLM，但它可以通过集成外部工具、优化算法、路由机制、记忆管理系统、任务分解和规划、自我优化机制等工程化手段实现类似的高级功能。

3. 具体方案

在具体的实现中，若要使 LLM Agent 具备上述能力，则需要进行以下几个关键操作。

（1）工具调用——训练模型的工具调用能力：首先，通过模型训练与微调，赋予模型函数调用的能力；其次，罗列并标准化 LLM Agent 需要使用的工具和 API；然后，实现一个工具调用接口，使 LLM Agent 在有需求时能够调用这些工具。

（2）记忆管理／上下文感知——训练模型的多轮对话能力：可以设计一个记忆系统，用于存储和检索 LLM Agent 的先验知识与交互历史。在实际操作中，通常通过定义一个 Chat_History 列表（包含多个字符串文本）来实现。

（3）多步推理／长期规划：在实际操作中，通常可采用 CoT、ToT 等提示策略来实现。一方面，可以将人类的思维、管理模式以结构化提示的方式（如采用 PDDL 语言）告知大模型，让其进行规划；另一方面，也可利用如 LangGraph 的状态图和条件边功能实现多步推理，依据共享的状态调用工具执行，并不断迭代。相关示例包括 PaS Agent、ReWOO Agent、LLMCompiler Agent、Storm Agent。

（4）自我反思——采用 Graph 机制实现路由决策与循环：设计一个自我评估机制，用于分析 LLM Agent 的行为和决策结果。在实际操作中，通常先采用 Graph 机制进行路由决策，再利用另一个 LLM 对行为结果进行评估，从而实现反思。例如，采用 LangGraph 支持各执行单元之间通过状态进行通信协作，它会在每个执行阶段更新共享状态。像 ReAct

Agent、Reflection Agent、LATS Agent、Self-Discover Agent、SawS Agent 等都运用了此类机制。

6.4.2.2　能力域分类

在当今的人工智能领域，LLM 的应用日益广泛，它们通过不同的智能体形式来满足多样化的用户需求。不同的智能体具有不同的推理提示风格、不同的编码输入方式和不同的解析输出方式。表 6.15 列出了几种常见的 LLM Agent 类型，包括 Tool Calling、XML、JSON Chat、Structured Chat、KG-RAG 等。通过表 6.16，我们可以清晰地看到各种智能体的特点和适用场景，从而更好地理解它们在实际应用中的价值。

表 6.16　不同类型的 LLM Agent 及其功能和支持情况

类型	简介	可支持的功能	支持的基础模型
Tool Calling	工具调用智能体是支持使用工具的一种模型类型，允许用户通过向模型提供输入来调用外部工具。它可以通过与其他系统的接口进行交互来执行特定的任务	支持聊天历史、多输入工具和并行函数调用	如 GPT-3.5、GPT-4、ChatGLM-3、Claude-3 等。代表性案例如 ChemCrow、GitAgent
XML	XML 智能体适用于处理 XML 数据的模型	支持聊天历史	如 Claude-2.1 等
JSON Chat	JSON 聊天智能体适用于擅长处理 JSON 数据的模型	支持聊天历史	如 GPT-3.5、GPT-4 等
Structured Chat	结构化聊天智能体是一个支持结构化聊天的模型	支持聊天历史和多输入工具	如 GPT-3.5、GPT-4 等
KG-RAG	利用知识图谱（Neo4j 构建知识图数据库 +Cyphe 查询语言）和 RAG 技术打造多种工具的智能体，进而实现与图知识库对话查询	支持聊天历史、多输入工具和多模态	如 GPT-3.5、GPT-4 等

6.4.3　智能体设计的思想和主流模式

LLM Agent 是利用 LLM 实现自主决策和行动的一种智能体。它通过自然语言理解和生成、自主决策和推理、动态适应和学习，以及多模态协作等核心能力，将 LLM 的语言处理能力转化为实际的智能行为和任务执行能力。这种智能体遵循一种特定的设计框架，该框架定义了智能体处理输入、做出决策和产生输出的架构或原则。设计 LLM Agent 的目的是提高任务执行的效率和准确性，拓宽其应用范围，改善人机交互体验，促进人工智能技术的发展，并在多个行业中实现应用，从而为社会和经济带来显著的价值。

1. 设计 LLM Agent 的主流思想

（1）反应性智能：LLM Agent 基于当前环境和输入信息，实时做出决策和行动。它适用于动态和实时变化的任务环境，如 ReAct。

（2）计划性智能：LLM Agent 通过构建长期计划和推理框架，先制订详细的任务计划，再逐步执行它。它适用于复杂和结构化的任务，如 ReWOO。

（3）协作性智能：多个 LLM Agent 或 LLM Agent 与人类协作，分工合作，共同解决复杂问题。它适用于需要多种专业知识和技能的任务，如 DERA。

2. 设计 LLM Agent 的核心内容

（1）自然语言理解和生成：这是 LLM Agent 的基础能力，包括理解用户的自然语言输入，并生成自然流畅的语言响应。

（2）自主决策和推理：LLM Agent 需要能够在理解用户意图和信息的基础上，进行逻辑推理和自主决策，以执行任务。

（3）动态适应和学习：LLM Agent 需要能够根据环境和任务的变化，动态调整自己的行为策略，并通过与环境和用户的交互，不断学习和优化自己的能力。

（4）多模态协作：LLM Agent 需要能够整合视觉、语音等多种感知信息，提高决策的准确性和全面性，并能与其他智能体或人类进行协作，共同完成复杂任务。

3. 设计 LLM Agent 的核心原则

（1）以 LLM 为核心：确保系统具备强大的语言理解和处理能力，作为智能体的"大脑"和多任务协调中心。

（2）人格化描述：通过定义智能体的角色和人格（包括背景、性格等信息），提升系统对任务的精准理解和执行能力。

（3）上下文理解和持续学习：设计系统以处理和记忆大量交互信息，并能够不断优化执行策略和预测模型。

（4）多模态交互：整合文本、图像、声音等多种输入 / 输出形式，以便更自然和有效地应对复杂任务和环境。

（5）个性化反馈和动态角色适应：使智能体能够根据不同情境调整其行为，提供个性化反馈，以提升用户体验和执行效率。

（6）安全性和可靠性：确保系统能稳定地运行，加强安全性和可靠性，以赢得用户的信任。

（7）适应性和可持续性：设计的智能体能够在用户交互和系统长期发展中展现出强大的适应性和可持续性，能够理解复杂指令、适应不同场景，并持续优化自身行为。

4. 设计 LLM Agent 的主要意义

（1）提升任务执行效率和准确性：通过自主决策和推理，LLM Agent 可以高效地执行复杂任务，减少人为干预和错误。

（2）增强人机交互体验：通过自然语言理解和生成技术，LLM Agent 可以与用户进行更加自然和直观的交互，从而提升用户体验。

（3）扩展应用场景：从简单的对话系统扩展到更广泛的应用领域，如自动化客户服务、智能助手、辅助医疗诊断等。

（4）应用于多个行业：从金融、医疗到教育和娱乐，LLM Agent 在各个行业中都有广泛的应用前景，能带来巨大的社会和经济价值。

（5）推动人工智能发展：LLM Agent 的研究和应用推动了人工智能技术的发展，特别是在自主决策和多模态协作方面，为未来的智能系统奠定了基础。

5. 常见框架

在 LLM Agent 的设计领域，常见的设计框架以 ReAct 及其变种框架为主。其中，ReAct 框架是目前 LLM Agent 的核心决策模型，旨在提升 LLM Agent 在做复杂决策和解决问题时的能力。在增强 LLM 能力的进程中，提示工程技术发挥了关键作用。像 ReWOO、ReAct 和 DERA 等专门为 LLM Agent 需求开发的框架，都运用了这些技术，致力于提升 LLM Agent 的推理、行动和对话能力。

值得注意的是，SAsk、CoT、PaS 等并非独立框架，而是改进模型使用过程的具体策略与方法，它们能够助力 LLM Agent 更高效地执行任务。

6.4.3.1　ReAct Agent 简介

推理和行动智能体（ReAct Agent）是由普林斯顿大学与 Google Brain 团队等在 2022 年 10 月共同提出的一种通用范式，其目标是解决现有 LLM 在推理和行动能力协同方面存在的不足。ReAct Agent 将推理和行动以交错的方式融合，显著提升了模型动态解决问题的能力。它借助推理轨迹，助力模型完成推断、跟踪，以及更新行动计划的任务，同时有效处理异常情况；行动能力则赋予模型与外部资源交互的能力，使其能够收集更多的信息。

ReAct Agent 的核心机制是先通过推理来确定下一步行动，再生成相应的命令并执行，如此循环往复，直至任务圆满完成。尽管 ReAct 在少样本学习中表现出色，但面对大规模任务时，仍需要高质量的人工标注数据或者更高效的训练方法来进一步提升性能。未来的研究可以探索多任务训练和强化学习等前沿技术，从而增强 ReAct 的能力。

本质：ReAct 的本质是将语言模型的推理和行动能力有机结合，形成一个闭环系统。它通过在行动空间中加入语言行动（"思考"或推理痕迹），使得模型能够在执行具体的行动前进行动态推理（行动以推理），从而更有效地规划、执行和调整行动（推理以行动）策略。

1. 核心原理

ReAct Agent 的核心原理是交错生成语言推理痕迹和特定任务的行动。模型通过推理来指导行动，同时通过与外部环境交互来将额外信息融入推理过程。这种交互式循环使得模型能够动态地适应环境变化，并做出更准确、更可靠的决策。具体地说，ReAct 提示 LLM 生成推理轨迹和行动，并以特定格式组合它们，形成任务解决轨迹。推理轨迹可以分解任务目标、注入常识知识、提取观察信息、跟踪进度、调整行动计划等。行动轨迹包括模型在环境中执行的实际操作。

1）ReAct= 提示 + 思考 + 行动 + 观察结果

在上述公式中，ReAct 模式的框架结构包括生成提示（少样本），调用大模型通过推理生成思考和行动，执行行动并获取观察结果，将观察结果与思考和行动结合起来，再次调用大模型生成推理和行动计划，如此循环，直至任务完成。

2）ReAct 的实现思路和步骤

在 LLM Agent 领域，ReAct Agent 作为一种新型的交互式智能体模型，其核心在于结合了 LLM 的推理能力与外部工具的调用，以实现特定场景下的任务执行。表 6.17 列出了 ReAct Agent 在场景落地过程中的实现步骤及其核心内容，从而确保模型在特定领域中的有效性和实用性。

实际上，为了确保智能体在特定场景中的成功落地，关键在于两项内容的定制：一是精心设计提示模板中的少样本内容，二是明确并整合大模型的函数调用能力所需的外部工具 API 调用接口。这两项内容是模型适应特定场景并保持有效性的核心步骤。

表 6.17 ReAct Agent 的实现步骤及其核心内容

实现步骤	核心内容
定义任务和行动空间	确定任务的类型和目标；设计行动空间，定义模型可以执行的动作
设计提示	首先，定义或采用预设的 ReAct 提示模板（遵循"问题—思考—行动—观察结果"结构，通常采用少样本的方式）。然后，将用户输入的问题融入此模板，形成一个完整的提示。此外，还可以通过手动编写的方式，或者使用自动生成的方法，生成 ReAct 格式的任务解决轨迹，并将其作为少量示例，用以对 LLM 进行提示

实现步骤	核心内容
模型生成响应	首先，使用 LLM 处理 ReAct 提示并生成推理轨迹和行动。然后将整合后的提示提供给大模型，大模型将针对用户问题生成一系列思考、行动和观察结果。 注意：在早期，由于此处的行动还未展开，我们并不希望大模型输出观察结果，而是通过编写指令 Stop.Observation 的方式控制模型在生成观察结果后停止输出，从而仅返回思考和行动部分，而不会生成观察结果
调用外部工具	基于行动调用外部工具：大模型生成行动后，就可以执行调用外部工具了。首先，判断行动是否为"完成"，若不是，则利用大模型函数调用的功能，将行动后面的自然语言转换为外部工具可识别的 API 接口调用。 函数调用能力的本质是对大模型进行工具指令微调，专门用于语言格式转换，但并非所有的大模型都支持函数调用功能
生成观察结果	在外部工具响应 API 调用后，将返回的内容转换为自然语言，从而形成新的观察结果。随后，将新生成的观察结果与先前的思考和行动相结合，并将这三部分一起输入LLM，以此实现模型间的反馈循环，进而迭代地优化行动方案。重复上述前两步操作，直至行动的结果为完成为止
闭环反馈	上述步骤构成了一个闭环的反馈系统，其中大模型不断接收输入，生成并执行行动方案，与外部工具交互以获取新的观察结果，直到完成预设的任务或达到结束条件。在这个过程中，模型的性能和准确性随迭代反馈而不断提升
输出给用户	将大模型最后一步的观察结果转化为自然语言输出，并呈现给用户

注意，在创建 ReAct 提示的过程中，指令会定义行动空间，该指令位于示例提示符文本的前面。通过交替使用思考、行动和观察结果这些步骤来解决问答任务。其中，思考用于对当前情况进行推理，而行动可分为以下三种类型。

（1）Search（实体）：通过 Wikipedia 搜索确切的实体并返回第一段内容。若该实体不存在，则会返回一些类似的实体以供继续搜索。

（2）Lookup（关键词）：返回当前段落中包含关键词的下一句内容。

（3）Finish（答案）：返回答案并完成任务。

2. 核心技术

（1）较大模型或经微调后的模型才具备的推理和行动能力：模型良好的推理和行动规划能力取决于其规模大小。对于使用高级提示技术的情况，较大的模型通常是最佳选择，因为较小的模型可能难以理解高度结构化提示中的任务，它们可能需要进行额外的微调，以提升自身的推理和规划能力。

（2）外部环境交互：ReAct 在思维链提示的基础上增加了外部环境交互功能，从而有效地解决了推理过程中出现的事实幻觉和错误传播问题。

（3）行动空间设计：设计了与特定环境（如 Wikipedia）交互的简单行动空间，以便让模型能够高效地获取外部信息。

（4）推理痕迹多样性：推理痕迹可以包含多种类型，例如，任务分解、知识提取、常识推理、计划跟踪和异常处理等，这增强了模型的适应性和鲁棒性。

（5）交错式提示：通过精心设计的提示，引导 LLM 交错生成推理痕迹和行动。在知识密集型任务中，通常采用"思考—行动—观察结果"的循环模式；在交互式决策任务中，则允许模型自行决定推理痕迹和行动的出现时机，从而实现异步交互。

（6）少样本学习：ReAct 主要利用少量人工标注且包含推理痕迹、行动和环境观察的示例作为 ICL 的样本，并在新任务中展现出强大的泛化能力。

（7）可解释性和可控制性：ReAct 生成可解释的任务解决轨迹，人类不仅可以检查推理和事实的正确性，还可以通过编辑推理轨迹来控制或纠正模型的行为。

3. 常用方法

（1）手动设定实现 MReAct：MReAct 通过手动设定每一步的逻辑和操作步骤，让语言模型依据预设的顺序进行推理和执行操作。这种方法适用于需要对处理过程进行精细控制的场景，其操作相对烦琐。

例如，在回答"美国总统多大了？"这个问题时，首先需要搜索"美国总统"，由此得知当前的总统。随后搜索当前总统的出生日期，进而计算出他的年龄，最终得出答案。

（2）基于智能体自动实现 AutoReAct：AutoReAct 利用预定义的工具和逻辑，使语言模型自动执行推理和操作任务。这种方法依赖于基于文档存储的工具（如 Wikipedia）和一个语言模型，通过整合搜索和查找功能完成自动化推理。AutoReAct 更具高效性，适用于期望快速获取答案的场景，但在很大程度上依赖于预定义的工具和模型的配置情况。

4. 应用框架

如图 6.25 所示，该图展示了基于 LangChain 框架实现 ReAct Agent 的整体架构，它通过将 LLM、各种工具、智能体、提示模板和内存等组件有机地结合在一起，形成一个灵活且可扩展的链式结构，从而能够高效地处理复杂任务，并与外部数据源和应用程序进行交互。LangChain 的核心组件（虚线框内）为构建智能体提供了坚实的基础。

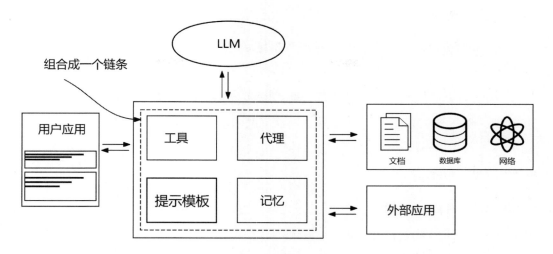

图 6.25　基于 LangChain 框架实现 ReAct Agent 的整体架构图

6.4.3.2　ReWOO Agent 简介

无观察推理（ReWOO）是一种新的增强型语言模型（ALM）范式，该范式于 2023 年 5 月 23 日被提出，旨在提高现有 ALM 的效率和可扩展性。ReWOO 的核心在于将推理过程与外部观察相分离，允许 LLM 在不直接依赖外部数据或工具的情况下制定全面的推理计划或元计划，随后在获取到必要数据时予以执行。这种方法显著降低了 Token 的使用量和计算成本，同时能保持与现有 ALM 相当甚至更好的性能。

ReWOO 将 ALM 的关键组件分解为三个独立模块：规划器（Planner）、执行器（Worker）和求解器（Solver）。与 ReAct 方法相比，ReWOO 移除了显式的观察步骤，将观察步骤隐式嵌入下一步的执行单元中，从而简化了流程，降低了计算复杂度和成本，并为构建可扩展的通用人工智能（Artificial General Intelligence，AGI）系统奠定了基础。

核心思想：首先将推理与直接观察分离，使 LLM 能够在没有外部数据或工具直接依赖的情况下制定全面的推理计划方案或元计划，然后获取必要数据并执行。

本质：ReWOO 的本质在于解耦推理过程和外部观察结果。它利用 LLM 的"可预测推理"能力，在获取工具反馈响应之前就制定出一个完整的计划，从而避免了 ReAct 中的冗余提示和重复执行。

1. 核心原理

ReWOO 的核心原理是基于 LLM 的"可预测推理"能力。规划器模块利用 LLM 预先规划出解决问题的步骤，并生成包含工具调用指令的计划。执行器模块根据计划调用相应的工具，并获取外部知识作为证据。求解器模块整合计划和证据，生成最终答案。

2. 核心技术

（1）可预测推理：利用 LLM 在没有明确观察结果的情况下进行推理的能力，减少对工具的依赖和重复提示。

（2）模块化设计：将 ALM 的不同组件解耦，提高了系统的灵活性和可扩展性。

（3）计划：规划器生成的计划包含完整的解决问题的步骤和工具调用指令。

（4）指令微调：通过指令微调将 LLM 的可预测推理能力迁移到更小的语言模型中，减少模型参数数量，并提高效率。

6.4.3.3　DERA Agent 简介

DERA（Dialog-Enabled Resolving Agent）是 2023 年 3 月 30 日提出的一种框架，旨在提高 LLM 在 NLU 任务中的完成质量。该框架通过对话方式，让两个不同角色的智能体（研究者和决策者）协作，迭代改进模型输出，从而解决现有 LLM 在处理复杂任务时存在的输出准确性和完整性不足的问题。DERA 的核心在于利用对话上下文中的协作和交互来处理复杂查询，这种方法不仅提高了决策效率，还让 AI 推理更具可信度，更符合人类决策过程。此外，DERA 框架尤其适用于医疗保健等对安全性要求高的领域，以及涉及复杂和长篇内容的自然语言生成任务，能够显著提升输出质量。

> 本质：DERA 的本质是将 LLM 的对话能力与任务分解相结合，通过两个智能体（研究者和决策者）的迭代讨论分阶段完成任务，从而实现更高效、更可靠的输出。与传统的 CoT 不同，DERA 更强调迭代改进和角色分工，能够逐步提高任务处理的效率和可解释性。

1. 核心原理

利用两个智能体的分工合作，通过对话进行交互，并在迭代过程中不断改进输出，来提高 LLM 的输出质量。

（1）研究者（Researcher）：负责收集、分析和处理信息（内部知识或外部文本），识别解决问题的关键要素，并向决策者提出改进建议。研究者并非真理的最终来源，其作用是辅助决策者。

（2）决策者（Decider）：负责生成初始输出，并根据研究者的建议对输出进行迭代改进。决策者拥有最终的决策权，可以接受或拒绝研究者的建议。

2. 实现思路

DERA 的实现思路如下。

（1）初始输出：决策者生成任务的初始输出。

（2）对话迭代：研究者和决策者通过对话共同分析和解决问题，研究者识别关键问题并提出建议，决策者根据建议进行决策和调整。

（3）最终输出：决策者整合对话过程中获得的信息，生成最终的任务输出。它采取迭代对话的方式来优化产出。

6.4.3.4　智能体设计的三大范式

在智能体领域，语言模型增强方法的发展为处理复杂语言理解和决策制定任务提供了多样化的解决方案。表 6.18 对比列出了三种主流的语言模型增强方法——ReAct Agent、ReWOO Agent 和 DERA Agent，它们各自以独特的机制和结构，应对不同的应用场景和挑战。通过分析它们的核心思想、智能体结构、推理方式、决策过程、知识来源、信息交互和输出改进等方面的特性，我们可以更好地理解每种方法的适用场景和优势。需要注意的是，这三种方法并非完全互斥，我们可以根据具体任务选择或组合使用。例如，可以将 DERA 的对话机制与 ReWOO 的模块化设计结合，以进一步提高 LLM 的性能和效率。

表 6.18　三种主流的语言模型增强方法对比

特性	ReAct Agent	ReWOO Agent	DERA Agent
核心思想	交错式推理和行动。推理指导行动，行动补充推理信息，如 SAsk、CoT、PaS 策略	解耦推理和观察，预先规划，减少冗余提示	对话式迭代改进，角色分工（研究者和决策者）
智能体结构	单智能体，交替生成推理轨迹和行动	三个模块：规划器、执行器、求解器	两个智能体：研究者和决策者
推理方式	基于上下文动态推理，处理异常和更新计划	预见性推理，预先规划所有步骤	基于对话的迭代推理，研究者提出建议，决策者整合信息
决策过程	反应式决策，基于当前状态和即时反馈	规划式决策，基于历史经验和未来预期	任务导向决策，通过学习获得最佳行为路径
知识来源	内部知识和外部工具（如 Wikipedia API）	内部知识和外部工具（多种工具）	内部知识和外部文本
信息交互	交错式：思考－行动－观察结果循环	规划器生成计划，执行器获取证据，求解器整合信息	对话式：研究者和决策者之间进行对话，信息迭代传递
输出改进	通过交错式推理和行动迭代改进	通过三个模块的协同工作改进	通过对话迭代改进，决策者根据研究者的建议进行修改并输出
适用场景	适用于快速变化的环境，如游戏和实时决策任务，以及知识密集型推理任务（多跳问答、事实验证）等	适用于特定任务导向的场景，如机器人导航，以及知识密集型 NLP 任务，如 HotpotQA、TriviaQA 等	适用于复杂的动态系统，如多智能体协作与竞争，以及长文本生成任务（医疗对话总结、护理计划生成）

针对上述三种智能体，我们可以通过一个具体任务"找到并拿起厨房里的盐袋"来进一步对比分析它们的特点。如表 6.19 所示，在这个任务中，ReAct Agent 展现出了实时推理和行动的灵活性，能够灵活应对厨房环境中的动态变化，但在效率上可能略显不足；而 ReWOO Agent 则采用先规划后执行的方法，这种方法有助于系统性地解决问题，不过它对初始推理的准确性要求较高；至于 DERA Agent，它通过多个智能体的协作来处理任务，这使得在处理复杂任务时更高效，但同时也增加了角色间的协调难度，使得整体方案的复杂性提升。总的来说，这三种方法各有所长，也各有其局限性。

表 6.19 通过具体任务对比智能体的三种不同方法

	ReAct Agent	ReWOO Agent	DERA Agent
具体方案	通过推理来决定下一步行动，随后生成相应的命令并执行该命令，不断循环上述过程，直至任务最终完成。 ①观察：查看当前环境，识别厨房的布局。 ②推理：判断盐袋可能的位置，如在橱柜、架子或桌子上。 ③行动：走向第一个猜测的位置（如橱柜），打开橱柜并寻找盐袋。 ④反馈：如果未找到盐袋，则重新推理下一个可能的位置（如架子）。 ⑤循环：重复推理和行动的过程，直至找到并拿起盐袋	将推理与直接观察分离，先制定全面推理计划，再获取数据并执行。 ①推理计划：在无外部数据的情况下，制定一个全面的推理计划。假设盐袋可能在厨房的橱柜、架子或桌子上。 ②结构化框架：制定具体步骤，如"先检查橱柜，再检查架子，最后检查桌子"。 ③执行：按照计划中的步骤依次进行观察和行动。先去橱柜，打开并检查；若没有找到盐袋，则去架子上找；最后检查桌子。 ④反馈调整：若在执行过程中发现新的信息（如看到盐袋在桌子上），则立即调整并执行新的计划	利用多个智能体在对话上下文中协作，交互地解决问题，每个智能体具有不同的角色和功能。 ①任务分解：多个智能体协作。研究者负责收集和分析信息，决策者负责根据信息做出最终决定。 ②研究者：扫描厨房，识别潜在的盐袋位置（如橱柜、架子或桌子），并将信息传递给决策者。 ③决策者：基于研究者提供的信息，决定最佳搜索路径（如先检查橱柜，再检查架子）。 ④协作执行：研究者指导行动路径，决策者在每一步确认是否找到盐袋。 ⑤反馈和调整：根据行动结果，实时调整策略，直到找到并拿起盐袋

6.4.4 智能体应用的分类

在人工智能领域，智能体的设计和应用逐渐成为研究的重点。根据任务的复杂性和需求，智能体可以分为单智能体框架和多智能体框架。单智能体框架主要依赖一个智能体独立完成任务，而多智能体框架则通过多个智能体之间的协作来应对更复杂的任务。具体如表 6.20 所示。

表 6.20 单智能体框架与多智能体框架对比

对比维度	单智能体框架	多智能体框架
简介	依赖单智能体完成任务，通过观察、思考、行动和记忆解决问题	涉及多个智能体之间的协作，每个智能体解决特定的问题或任务，通过通信、协作共同完成更复杂的任务
核心构成	LLM + 观察 + 思考 + 行动 + 记忆	智能 + 环境 + SOP + 评审 + 通信 + 成本
代表性模型	BabyAGI、AutoGPT、GPT-Engineer	Generative Agent、AutoGen、MetaGPT
优点	简单易实现，适合独立任务	可处理复杂任务，智能体之前可分工协作
缺点	处理复杂问题的能力有限，无法执行多任务	框架复杂、实现难度大、成本较高
适用场景	个人助理、游戏 NPC、简单且独立的任务	大型游戏、内容生产、智能助理等

6.4.5 智能体实战

6.4.5.1 模型推理：基于 LangChain 框架并结合 GPT-4o 和 GPT-4 实现 Tool Agent

1. 核心思路

本例的目标是构建一个智能问答系统的智能体，该系统能够基于多种互联网搜索工具动态搜索最新信息，并对每个工具的回答进行性能的自我评估。首先，定义了四个不同的 API 工具，每个工具旨在从互联网中获取最新的前三条信息。接着，通过创建一个基于 GPT-4o 的智能体，将工具与模型绑定，并设置了提示约束模型调用工具的行为。然后，为了评估服务的性能，定义了一个评估服务函数，该函数通过 GPT-4 评估答案的质量，包括细节程度、信息新颖性和回答质量等维度，并将评估结果转换为 Python 字典对象。在执行过程中，通过双循环迭代遍历所有的工具和问题，获取答案并进行评估，最后将评分结果保存到字典中。在整个过程中，需要确保 API 调用正确无误，以及合理设置 GPT-4 的温度参数以获得更准确的输出。此外，异常处理也是必不可少的，以确保系统的健壮性。

2. 实战教程及其核心代码

具体内容请见本书附件。

6.4.5.2 模型推理：基于 LangChain 框架实现 ReAct Agent

1. 核心思路

本例的目标是使用 LangChain 框架构建一个名为 ReAct Agent 的智能体，该智能体能够与用户进行交互，并利用外部工具进行信息检索。首先，定义一个工具列表，该列表包含一个 TavilySearchResults 实例，该实例将搜索结果限制为单一结果。其次，从 LangChain 的 hub 函数中拉取一个预定义的提示，这个提示将用于指导智能体的行动。同时，实例化 OpenAI 的 LLM，将其作为智能体的思考引擎。然后，利用该 LLM、工具列表和所拉取的提示来创建 ReAct Agent，并通过 AgentExecutor（智能体执行器）运行这个智能体，在运行时传入用户输入以生成相应的回答。在聊天场景中，本例还展示了如何使用不同的提示，以及如何重构智能体执行器，使其能够处理包含聊天历史的输入，并根据情况决定是使用工具进行信息检索还是直接给出答案。

2. 实战教程及其核心代码

具体内容请见本书附件。

6.4.5.3 模型推理：基于 LangChain 框架实现 KG-RAG Agent

1. 核心思路

本例介绍如何基于 LangChain 框架和 Neo4j 知识图谱，并结合 RAG 技术构建一个多功能的聊天机器人，以处理 DevOps 场景中的结构化和非结构化数据。首先，利用合成数据集填充知识图谱，通过 Neo4j 构建微服务架构的节点和关系，确保数据的准确性与可视化。其次，搭建环境，包括 Neo4j 的配置与连接，随后导入数据并通过 OpenAI 的嵌入模型创建向量索引，实现基于内容的相似性搜索。使用 RetrievalQA 模块，结合向量索引对用户查询快速响应，并通过 Cypher 语言支持复杂的结构化查询和数据聚合。进一步使用 LangChain 的 GraphCypherQAChain 简化 Cypher 语句生成，最后构建一个多模态智能体，结合 Tasks 和 Graph 的功能，能够智能选择工具处理不同类型的问题。

2. 实战教程及其核心代码

具体内容请见本书附件。

6.4.5.4 基于 LangChain 框架和 FastAPI 部署 Tool Agent 服务

1. 核心思路

本例展示了如何构建一个基于 FastAPI 的 API 服务器，结合 LangChain 框架，以实现具有对指定网页智能检索功能的智能体。首先，通过 WebBaseLoader 加载网页内容，并使用 RecursiveCharacterTextSplitter 分割文档，以便进行后续处理。接着，利用 OpenAIEmbeddings 生成文本的向量表示，并通过 FAISS 创建向量存储和检索器。随后，将检索器与 TavilySearchResults 搜索工具相结合，构成一个强大的工具集。接下来，从仓库获取 openai_functions_agent 提示模板，并实例化 ChatOpenAI 的 GPT-4o 模型，使用 create_openai_functions_agent 创建智能体，最后通过智能体执行器执行该智能体。在构建完 API 应用后，定义输入 / 输出模型，添加路由以处理用户请求，最后使用 uvicorn 启动服务器，实现一个功能齐全的 API 服务。在整个过程中，使用了 LangChain 的多个组件，展示了如何高效地集成信息检索与对话生成能力。

2. 实战教程及其核心代码

具体内容请见本书附件。

6.5　长上下文建模

6.5.1　大窗口技术概述

在实际应用中，对 LLM 处理长文本的能力的需求日益增长，这些长文本包括技术文档、法律文件、医学报告、图书章节内容等。传统的 LLM 在处理超出其训练长度的文本时会遇到困难，因为基于 Transformer 模型具有时间和内存上呈二次方计算成本的复杂度，并且它们通常在一个固定的上下文窗口内工作，例如，GPT-3 的上下文窗口为 2k 个 Token，这限制了它们处理长序列的能力，从而导致在处理长文本时出现信息丢失、信息不完整，以及计算成本高昂等问题。

为了解决这个问题，大窗口技术（Large Window Technique，LWT）应运而生。该技术通过各种技术和策略来扩展模型有效的上下文范围，使模型能够处理更复杂的长文档、对话历史或多轮问答等任务。目前，一些闭源的 LLM 已经开始提供专门的长文本处理支持，例如，OpenAI 发布了拥有 12.8 万个 Token 的上下文窗口的 GPT-4-Turbo 和 GPT-4o；Meta 推出了 LLaMA-3.2，上下文窗口同样为 12.8 万个 Token；Anthropic 则发布了 Claude-3，其上下文窗口达到 20 万个 Token。这些模型通过扩大上下文窗口来增强其处理长文本的能力。

LWT 是指通过扩展模型的上下文窗口，使其能够有效处理超长文本。它包括长文本建模（Long-Context Modeling，LCM）等技术。LWT 旨在克服传统 Transformer 架构在处理长文本序列时面临的注意力机制计算复杂度和内存限制问题。它并非一种单一技术，而是一系列旨在增强语言模型处理长文本能力的方法的统称。其核心目标是允许模型"看到"和"理解"比其训练数据中更长的上下文窗口，从而提升模型在需要长距离依赖关系的任务中的性能，使得模型能够更好地捕捉长文本中的信息，提高在 NLP 任务中的表现，例如长篇文档摘要、法律文件分析、医疗报告理解、图书章节解析等。长上下文处理是 LLM 发展的一个重要方向，涉及外推能力和计算效率的提升。

> 本质：LWT 的本质是利用各种方法或策略打破传统序列模型的长度限制，使得大模型能够处理更长的文本内容。

目的：LWT 的目的是使模型在不牺牲性能的情况下能够处理更长的上下文，从而在各类应用中提供更准确和连贯的文本处理能力。

1. 涉及内容

（1）增强外推能力：在实际应用中，LLM 可能需要处理超过训练语料库最大长度的长输入文本。这种处理更长文本的能力通常被称为外推能力。一些特定的位置嵌入方法已被证明具有一定程度的外推能力，能够泛化到超出训练长度的文本。例如，T5 bias、ALiBi、xPos 甚至旋转位置编码（Rotary Position Embedding，RoPE）等位置嵌入方法都已被验证，展现出一定的外推能力。然而，作为主流的位置嵌入方法之一，RoPE 在实证研究中显示出有限的外推能力。下面，我们将讨论几种可以将 RoPE 扩展到更长文本的方法。

① xPos 通过改进旋转矩阵的设计来增强 RoPE 的外推能力。

② 采用 ALiBi 的语言模型能够在比训练序列长 10 倍的序列上保持相对稳定的困惑度。

（2）为了降低 Transformer 模型中注意力模块的二次方计算成本，除了采用 Sparse Attention 和 FlashAttention 这两种方法，研究人员还设计了非 Transformer 新架构。这些新架构的具体例子包括参数化状态空间模型（如 S4、GSS 和 H3），以及堆叠线性注意力模块，并且这些模块结合了如 RWKV 等递归机制。

2. 常用方法

大窗口技术的实现方法大致可以分为以下几类。

1）优化模型结构

这种优化并非改变语言模型的基本架构（如仍基于 Transformer），而是针对其关键组件（如注意力机制）进行优化，以使其能够更好地适应更长的序列。

（1）注意力机制策略：大窗口技术依赖注意力机制来实现对长文本的有效处理。注意力机制可以帮助模型在扩大后的上下文窗口中聚焦于关键信息。通过修改架构中的注意力机制，能够显著提升处理长文本的效率。其核心思想是减少模型需要计算的注意力权重数量，从而降低计算复杂度。

① 稀疏注意力（Sparse Attention，SA）：通过限制注意力机制的计算范围，将注意力矩阵进行稀疏化处理，以此降低计算复杂度，进而提升模型处理长文本的能力。具体而言，仅允许每个 Token 与其附近或其他特定选择的一小组 Token 进行交互，例如 Longformer、Reformer、Big Bird 等模型采用了这种方法。

② 线性注意力：将注意力机制的复杂度降低到线性时间复杂度（$O(n)$），例如，Performer、Linear Transformer 等模型采用了该方法。这些方法通常采用近似计算或低

秩分解等技术来降低计算成本。

③分层注意力：将长序列进行分层处理，先对局部序列进行编码，再对局部编码结果进行编码，从而降低计算复杂度。这种方法类似于分治法，即通过层层递进的方式来处理长序列。

（2）位置编码策略：位置编码用于指示 Token 在序列中的位置信息。对于长序列而言，传统的绝对位置编码可能难以有效捕捉长距离依赖关系。因此，一些方法对位置编码进行了优化，要么通过优化位置编码策略本身，要么通过扩大位置索引的规模，以适应超出最大训练长度的文本。

①相对位置编码：例如，Transformer-XL，使用相对位置编码来表示 Token 之间的相对位置，而不是绝对位置，从而更好地处理长序列。

②位置插值/截断：对于超出模型最大训练长度的文本，可以采用位置插值或截断等方法来处理位置信息。

2）优化训练过程

（1）层次化建模：采用层次化的方法来构建文本的多层次表示，从而捕捉长距离依赖。这可以有效地捕捉文本中的全局和局部信息，提高模型的理解能力。

（2）多阶段微调：通过逐步增加上下文窗口的长度，在越来越长的文本序列中对预训练模型进行微调。例如，可以先在长度为 2k 个 Token 的文本上进行微调，然后在长度为 8k 个 Token 的文本上微调，最终在长度为 3.2 万个 Token 或更长的文本上进行微调。这种逐步递增的策略，允许模型逐步适应更长的上下文，避免了直接在超长文本上微调可能带来的训练不稳定或效果不佳的问题。

3）优化内存技术

例如，FlashAttention 通过高效的内存管理策略来优化内存使用效率，避免内存溢出。这些策略包括使用分块处理和缓存机制等技术，从而使内存的使用更加高效和稳定。

4）上下文窗口策略

（1）窗口分割：先将长文本分割成多个子文本，分别对这些子文本处理后再融合各段的上下文信息。常见的策略包括滑动窗口和跳跃窗口。如 GPT-4 使用的"细粒度控制"策略，但具体实现细节未公开。

（2）上下文压缩：通过压缩技术减少输入序列的冗余信息，保留关键信息。例如，Compressive Transformer，将长文本压缩成固定长度的上下文表示，实现对长文本的建模。

（3）适配上下文窗口：调整模型处理输入文本的方式，使其能够处理超出原始上下文窗口的长序列，包括并行上下文窗口、Λ 形上下文窗口和外部记忆等方法。

5）迭代推理

通过迭代的方法逐步处理长文本，每次只处理一部分文本，并将结果累积起来。这种方法可以有效地处理非常长的文本。

随着 NLP 任务对长文本的需求不断增加，如何有效地扩展位置嵌入的方法也日益受到关注。表 6.21 列出了几种常用的扩展位置嵌入方法及其特点，可以为研究者在实际应用中提供参考。

表 6.21　常用的扩展位置嵌入方法

	简介	特点
多阶段微调	通过在长文本中直接微调模型来适应更长的上下文窗口，可以采用多阶段法逐步增加上下文长度（如 2k 个 → 8k 个 → 3.2 万个）	①直接、有效、简单易行。②需要准备特别的长文本进行训练。③有研究表明，质量比训练文本的长度更重要。④微调长文本的过程较慢
位置插值	将原始上下文窗口内的位置索引乘以系数进行缩放，避免预训练期间出现分布外的旋转角度	①通过系数缩放位置索引。②可以有效地扩展上下文窗口。③可能对处理短文本的性能产生不利影响
位置截断	截断较长的相对位置，保留局部位置关系，以适应最大训练长度的要求，如 ReRoPE 和 LeakyReRoPE 方法	①引入了一个预定义的窗口长度，并保留窗口内的位置索引。②超出窗口的索引，进行截断或插值以与最大训练长度对齐。③可保留局部位置关系，增强外推能力。④需要计算两次注意力矩阵，增加计算预算
基础修改	通过改变基础值来调整位置嵌入的波长，以适应更长的文本。减小基础值以增加特定维度的旋转角度，使模型能处理更长的文本	①有研究表明，减小基础值可提高外推能力；增加基础值可提高训练的性能。②通常需要持续预训练，以适配长上下文窗口
基数截断	类似于基础修改，主要是对波长超过训练长度的奇异维度进行处理，通过定义基础范围来修改相应的基础值	①避免大位置指数处的分布外旋转角度，防止出现超出训练长度的旋转角度。②在长上下文任务中的性能不佳

在处理长文本时，适配上下文窗口的方法至关重要。这些方法旨在提高模型对长序列的处理能力和生成质量。如表 6.22 所示，汇总了几种常见的上下文窗口适配策略。

表 6.22 常见的上下文窗口适配策略

	简介	特点
并行上下文窗口	首先将输入文本划分为多个片段，每个片段独立编码，但共享位置嵌入，然后在生成阶段修改注意力掩码，以使后续标记可以访问每个片段中的前序标记	①采用分而治之的策略处理输入文本 ②可能无法区分不同片段的顺序，限制了模型在某些任务上的能力
Λ 形上下文窗口	首先采用 Λ 形注意力掩码，该掩码可以选择性地保留每个查询可以关注的初始标记和最近标记，然后丢弃此范围之外的任何标记。这种方法由 LM-Infinite、StreamingLLM 提出	①根据先前的研究发现，模型倾向于将更大的注意力权重分配给所有前序标记中的起始和最近标记，即所谓的"中间遗失"现象。基于此观察提出采用 Λ 形注意力掩码。 ②适用于固定内存的超长文本生成。 ③难以建模长距离依赖，因为无法有效地利用被丢弃标记的信息
外部记忆	利用外部记忆结构存储历史信息，以减轻模型内部的记忆负担，从而提高模型对长序列的记忆能力。具体而言，将过去的键存储在外部记忆中，并使用 kNN 搜索方法检索与生成最相关的 k 个标记。对于解码器模型，通常仅一个特定层会访问这些排名前 k 的外部标记，而其余层仍然采用正常的上下文窗口。例如，Transformer-XL 通过这种方式增强了其模型的记忆和信息传递能力	①通过存储关键标记来近似完整的注意力模式。 ②可以有效地捕获注意力模式的大部分。 ③通过外部记忆检索最相关的标记，有助于在生成阶段利用更多的信息。 ④增加了模型的复杂性

6.5.2 长上下文建模实战

本例利用大窗口技术，将 LLaMA-3-70B 模型的上下文窗口扩展到 104.8 万个 Token，从而实现对长达 100 万个 Token 的文本进行处理。

1. 核心思路

LLaMA-3-70B-Gradient-1048k-adapter 的核心原理是基于 LLaMA-3-8B-Instruct 模型，首先通过 NTK（Neural Tangent Kernel）感知的插值方法初始化 RoPE theta 的最优调度，然后通过实证方法优化它。接着，采用类似于大型世界模型（Large World Model，LWM）的渐进式训练方法，逐步增加上下文长度进行训练，以提高模型处理长文本的能力。

2. 实战教程及其核心代码

具体内容请见本书附件。

6.6 技术探讨与分析

6.6.1 RAG 技术与大窗口技术的争论——冲突还是共生

在 LLM 领域，RAG 技术和上下文大窗口技术代表着两种不同的信息处理范式。RAG 技术模拟人脑的局部—全局信息处理机制，通过检索外部知识库来增强 LLM 的生成能力；而大窗口技术则旨在通过扩展模型的上下文窗口来提升 LLM 对长距离依赖关系的理解。本节将深入探讨这两种技术在未来发展中的关系：它们是相互冲突，还是能够共生互补？我们将从当前技术现状、未来发展趋势，以及两者之间的深层关系展开分析。

1. 当前技术现状分析

1）RAG 技术

RAG 技术的工作机制类似于人脑解决问题的方式：首先进行全局搜索，定位相关信息；然后在局部范围内进行深入分析和整合，最终得出结论。这种机制有效地解决了 LLM 容易产生"幻觉"（即生成虚假或不准确的信息）的问题。然而，RAG 技术也面临一些挑战。

（1）相关性挑战：如何高效地从海量数据中检索到与问题最相关的上下文信息？

（2）成本挑战：检索和处理大量数据需要消耗大量的计算资源。

（3）耗时挑战：检索过程本身就可能耗费较长时间，从而影响整体生成效率。

2）上下文大窗口技术

上下文大窗口技术通过增加模型可处理的上下文长度，增强了模型对长距离依赖关系的理解能力。更长的上下文窗口意味着模型能够在更广阔的语境中理解信息，从而提升生成质量。然而，这种技术也存在明显的局限性。

（1）计算成本高：Transformer 架构的计算复杂度与序列长度呈平方关系，导致大窗口技术在处理长序列时的计算成本和内存需求急剧增加。

（2）内存需求大：在实际应用中，处理超长序列（如基因组序列）需要占用巨大的内存资源，这已成为一个严重的瓶颈问题。

（3）效率低下：处理长序列的速度远低于处理短序列的速度。

2. 未来发展趋势分析

（1）上下文大窗口技术：当前，许多研究机构致力于降低大窗口技术的成本以提高其效率。例如，利用 KV 缓存技术存储中间计算结果以避免重复计算，以及采用各种模型优化技术来提升处理速度。一些 LLM（如 Claude）已经实现了 20 万个 Token 的上下文窗口。如果未来能够实现技术突破，大幅降低大窗口技术的成本（例如，成本降低至目前的几分之一），那么处理超长序列的成本将显著下降，这可能会对 RAG 技术的应用产生冲击。当那个时刻到来时，我们会想，我们还会依赖 RAG 吗？我们目前是不是在做无用功呢？

（2）RAG 技术的发展前景：尽管大窗口技术有望在未来降低成本并提高效率，但其能否完全取代 RAG 技术仍存在疑问。RAG 技术在解决 LLM 幻觉问题上具有不可忽视的优势。它通过检索可靠的外部知识，为 LLM 的生成提供事实依据，从而减少幻觉的产生。因此，RAG 技术在未来的语言模型应用中仍将占据重要地位。

3. 深度探讨

如果未来大窗口技术能够以极低成本实现，那么基于 LLM 的 RAG 技术和 LLM 的大窗口技术是相互冲突还是共生呢？

大窗口技术能否替代 RAG 技术，关键在于其能否同时解决 LLM 的效率、成本和幻觉问题。目前来看，大窗口技术的未来发展方向主要致力于解决效率（使处理速度更快）和成本（使价格更低）问题，但即便这些问题得到解决，RAG 技术在应对模型幻觉方面的独特优势仍然使其不可或缺。因此，RAG 技术在可预见的未来仍将发挥重要作用。

未来，RAG 技术和上下文大窗口技术很可能不是相互替代，而是相互补充、共同发展。大窗口技术可以为 RAG 提供更广阔的上下文信息，使其能够召回并整合更多相关的内容，从而增强其对长距离依赖关系的理解；而 RAG 技术则可以为大窗口技术提供可靠的事实依据，以减少幻觉的产生。两者结合，将能够显著提升 LLM 处理复杂任务和生成高质量文本的能力。

4. 结论

基于目前的技术分析和未来趋势预测，我们认为 RAG 技术和上下文大窗口技术并非相互冲突，而是共生互补。未来，这两种技术将共同推动 LLM 技术的发展，实现更高效、更准确、更可靠的语言模型应用。虽然大窗口技术的成本降低可能会对 RAG 技术的应用产生一定影响，但 RAG 技术在解决 LLM 幻觉问题上的优势将确保其在未来持续发挥重要作用。两者结合，能够在处理复杂问题和生成准确回答方面发挥更大效能，推动 LLM 技术向更高水平发展。

在 NLP 领域，RAG 技术和上下文大窗口技术都是提升语言模型性能的重要手段。表 6.23 对比列出了这两种技术的优势、劣势，并针对这些劣势提出了未来可能的解决方案。

表 6.23　RAG 技术与上下文大窗口技术对比分析

	RAG 技术	上下文大窗口技术
优势	①成本低：只查找最相关的，速度快且成本低。 ②解决幻觉：能有效解决 LLM 的幻觉问题。 ③提高准确性：增强生成内容的准确性和多样性。 ④人脑思维：与人脑的全局定位和局部优化的解决问题方式类似	①高准确性：全局理解语义，召回更加合理。 ②理解长距离依赖关系：增强模型对长距离依赖关系的理解。 ③提供更长的上下文，提高生成质量。 ④捕捉更多信息：有助于捕捉长序列中的相关信息
劣势	①实时性受影响：依赖检索，速度受限，未来应该可以解决。 ②维护负担：需要维护和更新大量语料库，未来应该可以解决。 ③数据隐私风险：依赖外部资源，可能引发数据安全问题，未来应该可以解决。 ④全局语义性弱：仅召回相关片段，缺乏整体的全局语义性，估计难以解决	①计算成本高：计算成本和内存需求呈指数级增长，未来应该可以解决。 ② KV 缓存增长：序列长度增加导致 KV 缓存呈爆炸性增长，未来应该可以解决。 ③架构局限性：依赖 Transformer 架构，未来应该可以解决。 ④实时性：与效率、成本息息相关，未来应该可以解决。 ⑤效率问题：大窗口提示可能解决"大海捞针"任务，未来可能会解决。 ⑥高成本性：未来很可能会被解决。 ⑦幻觉性：估计难以解决
针对劣势提出的未来可能的解决方案	①提升效率和实时性：随着检索和存储技术的发展，RAG 的效率和实时性有望提升。 ②减轻维护负担：利用更高效的数据管理和更新策略，可以减轻维护负担。 ③降低风险：通过隐私保护和安全协议的改进，可以降低此类风险	①降低计算成本：通过硬件和算法优化，计算成本和内存需求有望逐步降低。 ②缓解 KV 缓存问题：研究高效的 KV 缓存管理策略。 ③提高处理效率：探索新的架构（如混合架构），以提高长序列处理的效率

6.6.2　智能体技术的自主性与 ETA 技术的可控性权衡的争论

在 LLM 领域，智能体技术和 ETA 技术代表着两种增强 LLM 能力的不同范式。智能体技术赋予 LLM 自主规划和执行任务的能力，强调自主性；ETA 技术则侧重于利用外部工具来扩展 LLM 的功能，强调可控性。本节将探讨智能体技术的自主性和 ETA 技术的可控性之间的权衡与融合，分析其在未来发展中的挑战与机遇。

1. 当前技术现状分析

1）智能体技术

智能体技术正处于快速发展阶段，各种智能体架构被提出，但是它的自主性也带来了安全性和可控性方面的挑战。智能体技术旨在赋予 LLM 自主决策和行动的能力。当前的智能体技术主要基于强化学习或规则系统。基于强化学习的智能体通过与环境交互学习最优策略，具有较强的自主性和适应性，但训练成本高，难以保证其行为始终符合人类的预期。基于规则系统的智能体则通过预定义的规则来指导其行为，可控性较强，但灵活性较差，难以应对复杂和非预期的场景。OpenAI 的 AutoGPT 和 Google 的 PaLM-SayCan 是智能体技术发展中的代表性案例，这些案例展示了智能体技术在复杂任务处理中的潜力，但也暴露出其自主性带来的安全性和可控性方面的问题。

2）ETA 技术

ETA 技术相对成熟，但如何有效地选择和使用外部工具仍然是一大挑战。ETA 技术通过将 LLM 与外部工具（如搜索引擎、计算器、数据库等）集成，扩展 LLM 的能力。ETA 技术强调可控性，因为工具的调用和输出通常是明确定义的，这种明确性使得用户能够更清晰地掌握系统的行为，从而更容易理解和控制系统的运行。LangChain 等框架为 ETA 的实现提供了便捷的工具，但 ETA 的有效性依赖于工具的选择和集成方式，且复杂的工具链管理也增加了系统的复杂度。

2. 未来发展趋势分析

1）融合趋势——自主性与可控性的平衡

未来，智能体技术和 ETA 技术将趋于融合。自主性强的智能体可以利用 ETA 来访问外部资源和执行特定任务，而 ETA 提供的工具可以增强智能体的决策能力和执行效率。这种融合将寻求在自主性和可控性之间取得平衡，例如，通过结合强化学习和规则约束，或者通过引入人类反馈机制来引导智能体的行为。

2）安全性和可靠性

随着智能体技术的自主性增强，安全性和可靠性问题日益突出。未来，研究重点将放在如何保证智能体的行为符合人类的意图，并避免其产生有害或不可预测的行为。这需要开发更有效的安全机制，例如，对智能体的行为进行监控和限制，以及对智能体的训练数据进行严格筛选。

3. 深度探讨

智能体技术的自主性和 ETA 技术的可控性是相互制约的。完全自主的智能体可能难以控制，而过度控制的智能体又会限制其能力。因此，如何在两者之间取得平衡是未来研究的关键，在保证安全性的同时，尽可能地发挥智能体的自主性。这需要从以下几个方面考虑。

（1）价值对齐：如何将人类的价值观和伦理准则融入智能体的设计中，确保其行为符合人类的意图。

（2）可解释性：如何提高智能体的可解释性，以便更好地理解其决策过程和行为模式。

（3）错误处理：如何处理智能体的错误和异常行为，并防止其造成负面影响。

（4）人类监督：如何有效地进行人类监督，在保证智能体自主性的同时，对其行为进行有效控制。

4. 结论

智能体和 ETA 是增强 LLM 能力的两种互补技术。智能体赋予 LLM 自主性，而 ETA 扩展了 LLM 的功能。智能体技术的自主性和 ETA 技术的可控性并非相互冲突，而是在实践中需要进行权衡和融合。未来，智能体将利用 ETA 来扩展其功能，并通过各种机制来平衡自主性和可控性，最终实现更强大、更安全、更可靠的 LLM 系统。这需要持续研究和探索，并需要关注伦理和社会影响，以确保智能体技术能够造福人类。

第 7 章
LLM 的训练 / 推理框架、部署工具和提示库

在当今人工智能领域，LLM 的应用日益广泛，并成为技术创新和产业发展的关键驱动力。然而，要充分发挥 LLM 的潜力，离不开众多优秀库和框架的支持。本章将带领读者深入了解 LLM 实践中常用的库和框架，涵盖从开发、训练、评估、微调、推理，到部署和应用，以及向量数据库的构建等方面，全方位解析这些工具的作用和优势，帮助研究人员和开发者在不同阶段做出明智的决策。

注意，本章的分类主要依据功能侧重点，并非绝对严格，因为某些库和框架可能具有交叉功能。不过，这种分类方式有助于大家理解这些工具在 LLM 模型构建、训练、推理、部署和应用中的不同作用与定位。

7.1 LLM 的开发框架

在 LLM 的开发过程中，选择合适的开发框架是成功的关键。本节将深入探讨与 LLM 密切相关的开发框架，重点关注数据处理和模型构建。首先，我们将介绍一些专注于数据处理的库或框架，如 JSON、Datasets 等，这些工具为数据管理提供了基础，提升了模型训练的效率和效果。随后，我们将探讨侧重模型构建的库或框架，包括 Transformers 和 LangChain 等，这为研究人员和开发者提供了强大的支持，使得模型的构建、训练和推理过程变得更加高效和灵活。

通过对这些库或框架的分析，读者将能够更全面地理解 LLM 开发的关键环节，从而在实际的项目中做出明智的选择，最终推动其研究和应用向前发展。

7.1.1 侧重数据处理的库或框架

在 LLM 的开发和应用中，数据处理是一个至关重要的环节。有效的数据管理不仅能够提高模型的训练效率，还能显著增强模型的性能。表 7.1 列出了 LLM 数据处理常用的库或框架，包括 JSON、Datasets、DataClasses、jieba 和 NLTK。

表 7.1　LLM 数据处理常用的库或框架

名称	简介	特点
JSON	用于处理模型配置、数据等 JSON 格式文件，常用于数据交换和存储	①易用性：简洁的 API 设计，能快速上手。 ②高效性：能够实现快速的数据序列化和反序列化。 ③稳定性与可靠性：经过测试，适合长期任务。 ④功能丰富：支持多种数据类型转换。 ⑤兼容性：良好的跨编译器兼容性
Datasets	Hugging Face 提供的库，用于加载和处理多种格式的数据集，支持文本、图像和音频	①一行代码加载数据集：能轻松下载和预处理数据集。 ②高效的数据预处理：快速、可复现。 ③大数据集处理：内存映射技术，摆脱 RAM 限制。 ④智能缓存：避免重复处理数据。 ⑤轻量级且快速：符合 Python 风格的 API。 ⑥与多种库互操作：兼容 NumPy、pandas 等
DatacClasses	用于创建数据类的库，简化数据组织与管理，适合处理复杂的数据结构	①性能优势：减少样板代码，提高开发效率。 ②类型安全：支持类型提示，确保数据类型明确。 ③兼容性：与标准库无缝集成，支持比较与哈希功能。 ④简洁性：使代码更加易读和维护。
jieba	中文分词库，将中文文本分割成词语，提升中文 LLM 的理解能力	①多种分词模式：支持精确模式、全模式、搜索引擎模式和 Paddle 模式。 ②繁体字支持：可处理繁体中文文本。 ③自定义词典：有助于提高分词准确性。 ④高效算法：基于前缀词典和动态规划算法。 ⑤关键词提取：支持 TF-IDF 算法和 TextRank 算法。 ⑥并行分词：支持多进程处理，以提高处理速度
NLTK	NLTK 是一个先进的 Python 自然语言处理平台，提供 50 多种语料库和词汇资源，以及全面的文本处理功能，包括分词、词性标注等	①丰富的资源：提供访问大量语料库和词汇资源的接口，方便用户进行各种 NLP 任务。 ②全面的文本处理工具：包含一系列文本处理库，支持多种 NLP 任务，如分词、词性标注、命名实体识别、句法分析等。 ③易于使用：提供用户友好的接口和详尽的文档，初学者能轻松上手。它还包含一个实践指南，将编程基础知识与计算语言学主题结合起来讲解。 ④跨平台兼容：支持 Windows、macOS 和 Linux 等多种操作系统。 ⑤开源且免费：NLTK 是一个免费、开源且社区驱动的项目

7.1.2　侧重模型构建的库或框架

在现代深度学习和 LLM 的模型构建过程中，各种库或框架提供了强大的支持，使得模型的构建、训练和推理变得更加高效便捷。表 7.2 总结了几个关键库或框架的特点，包括

Transformers、ModelScope、OpenMind、LangChain、PyTorch 和 JAX。它们都有其独特的功能和优势，能够帮助研究人员和开发者在不同场景下实现高效的机器学习和 NLP 任务。

表 7.2　LLM 模型构建过程中常用的库或框架

名称	简介	特点
Transformers	它是一个用于 JAX、PyTorch 和 TensorFlow 的先进机器学习库。它提供了数千个预训练模型，用于处理文本、图像和音频等多种模态的任务	①多模态支持：可用于处理文本、图像和音频等任务。 ②预训练模型：涵盖多种 NLP 任务，支持 100 多种语言。 ③易用性：具备快速下载和使用模型的功能，同时提供简单的 API 接口。 ④跨框架兼容性：允许在不同的深度学习框架之间进行灵活切换。 ⑤社区支持：拥有庞大的用户社区，该社区能为用户提供丰富的示例和项目支持。 ⑥高效性：通过共享模型的方式降低计算成本
ModelScope	它是一个基于"模型即服务"（MaaS）理念构建的平台，旨在汇聚 AI 社区中最先进的机器学习模型，并简化在实际应用中利用 AI 模型的过程。其核心是一个开源库，提供模型推理、训练和评估的接口和实现	①模型即服务：简化模型的获取和使用。 ②多领域支持：涵盖 CV、NLP 等多个领域的 700 多种模型。 ③统一接口：简化模型推理和微调过程。 ④易用性：只需要少量代码，即可完成复杂任务。 ⑤模块化设计：功能模块丰富，支持自定义。 ⑥分布式训练支持：适用于大模型的训练
OpenMind	它是一个深度学习开发套件，支持模型训练和推理流程，并兼容 PyTorch 和 MindSpore 等主流深度学习框架	①多框架支持：兼容主流深度学习框架。 ②简化推理：快速的模型推理接口，支持多种数据模态。 ③易于上手：提供清晰的快速入门指南，方便开发者快速上手
LangChain	LangChain 是一个用于开发基于 LLM 的应用程序的框架。它贯穿了 LLM 应用的整个生命周期，从开发构建到生产部署，简化了整个流程	①组件化：提供可组合的构建块，便于与 LLM 协同工作。 ②预构建链：可让用户快速上手，支持多种应用场景。 ③LCEL：允许以声明式的方式构建流程。 ④全生命周期支持：涵盖调试、评估和监控等多个环节。 ⑤丰富的文档：包含全面的教程和示例，易于学习和使用

续表

名称	简介	特点
PyTorch	它是一个 Python 库，提供了两个高级特性：一是具有强大 GPU 加速功能的张量计算（类似于 NumPy），二是基于自动微分系统的深度神经网络框架	① GPU 加速：支持高效的张量计算，并且能在 CPU 和 GPU 上运行。 ②动态神经网络：灵活性高，适合进行各种实验和调试工作。 ③ Python 优先：与 Python 深度集成，易于使用。 ④命令式体验：采用直观的代码执行方式。 ⑤快速且轻量级：具有最低的框架开销，适合性能要求高的应用场景
JAX	它是一个用于高性能数值计算和大规模机器学习的 Python 库，专注于加速器导向的数组计算和程序转换。 它能够对原生 Python 和 NumPy 函数进行自动微分，并且可以利用 XLA 技术将 NumPy 程序编译优化，使其能够运行在 GPU 和 TPU 上	①可组合的函数转换：核心系统支持多个转换函数，如 Grad、JIT、VMap 和 PMap。 ②自动微分：提供类似于自动微分的 API，支持高阶导数，能够处理各种 Python 控制结构。 ③即时编译（JIT）：使用 XLA 提高函数性能，可与其他转换组合使用。 ④自动向量化（VMap）：将外循环推入原始操作，简化批量处理，提高性能。 ⑤硬件支持：兼容 CPU、NVIDIA GPU、Google TPU 和部分 AMD GPU

7.2 LLM 的训练、评估、微调和推理框架

在 LLM 的研究与应用中，系统的训练、评估、微调和推理框架构成了整个工作流程的核心。本节将深入探讨专注于这些环节的各种库和框架，旨在为研究人员和开发者提供一份从训练到推理的全面指南，帮助他们选择最合适的工具来提升模型的性能和效率。

7.2.1 侧重训练的库或框架

在 LLM 的训练中，选择合适的库或框架至关重要。表 7.3 汇总了 LLM 模型训练中常用的库或框架，包括 DeepSpeed、Megatron-LM、Colossal-AI、FairScale、trl 和 FastMoE。这些库或框架各具独特优势，能够有效地支持大模型的训练和推理，从而帮助研究人员和开发者提升模型的性能和效率。

表 7.3　LLM 模型训练中常用的库或框架

名称	简介	特点
DeepSpeed	它是由 Microsoft 开发的深度学习优化库，支持分布式训练和推理，能够训练拥有数十亿到万亿个参数的模型。它通过一系列系统级创新，显著提高了大规模深度学习模型的训练和推理效率，同时降低了使用门槛，使其能够以空前的规模和速度进行处理	①支持超大模型：高效训练和推理稠密及稀疏模型。 ②高效的系统吞吐量：扩展至数千个 GPU。 ③资源受限支持：适合资源有限的系统。 ④高性能推理：低延迟和高吞吐量。 ⑤模型压缩：提供 ZeroQuant、XTC 等压缩技术。 ⑥多项系统创新：包括 ZeRO、3D 并行、DeepSpeed-MoE 等。 ⑦多框架集成：兼容 Transformer、Accelerate 等多个框架
Megatron-LM	它是由 NVIDIA 开发的用于训练超大规模语言模型的库，支持模型并行和多节点预训练，并且包含一系列 GPU 优化的技术，用于高效训练 LLM。该库现已演进为 Megatron-Core 库，许多流行的 LLM 开发框架都受到了它（或 Megatron-LM）的启发，并直接利用其开源代码	①大模型训练：支持数百亿至数千亿个参数的模型。 ②GPU 优化：适配 NVIDIA Hopper 架构和 FP8 加速。 ③高级并行策略：张量并行、序列并行、流水线并行等。 ④可扩展性：良好的多 GPU 扩展性能。 ⑤内存优化：支持激活检查点和重计算，节省 GPU 内存。 ⑥FlashAttention：支持加速注意力计算。 ⑦框架兼容：可与 NVIDIA NeMo 和 PyTorch 训练循环集成
Colossal-AI	它是基于 PyTorch 的深度学习库，提供多种并行策略，旨在降低训练成本、提升速度。它提供了一套并行组件，使开发者能够像在单机上编写模型一样轻松地编写分布式深度学习模型。它不仅是一个库，更是一个涵盖训练、微调和推理的完整生态系统	①统一并行接口：简化代码并行扩展。 ②多种并行支持：数据并行、张量并行、流水线并行等。 ③异构内存管理：支持 CPU 和 GPU 内存混合使用。 ④支持多种模型：适配 LLaMA、GPT、BERT 等大模型。 ⑤高效推理：提供 Colossal-Inference，加快推理速度。 ⑥成本优化：采用混合精度训练，节省资源
FairScale	它是一种 PyTorch 扩展库，能简化和改进大模型的分布式训练，使其更易于使用，同时更加模块化且高效	①易用性：用户应该能够以最小的认知负担来理解和使用 FairScale API。 ②模块化：用户应该能够将多个 FairScale API 无缝地组合到其训练循环中。 ③性能：FairScale API 能在扩展性和效率方面提供最佳性能

名称	简介	特点
trl	它是 Hugging Face 的一个库,专注于强化学习训练,支持多种强化学习算法和微调工具,并支持高效的分布式训练和多种先进的训练技术	①高效扩展:利用 Accelerate 扩展,支持 DDP 和 DeepSpeed。 ②多种训练器:提供 SFTTrainer、DPOTrainer 等多种训练器。 ③自动化模型:预定义模型类,简化 RL 训练。 ④算法支持:支持 SFT、PPO、DPO 等算法。 ⑤易用性:提供清晰的文档和示例
FastMoE	它是基于 PyTorch 的库,专为 MoE 模型训练设计,强调高效性和用户友好性	①简洁 API:简化 MoE 功能集成。 ②并行性支持:支持数据并行和专家并行。 ③兼容性:与 PyTorch 无缝集成,可与 DataParallel 和 DistributedDataParallel 共同使用

7.2.2 侧重评估的库或框架

在 LLM 的开发和应用中,模型评估是至关重要的一环。为了有效地评估模型性能,开发者需要依赖各种评估工具和指标。表 7.4 列出了两个重要的评估库(evaluate 和 rouge_chinese)的特点和简介,它们分别为模型性能提供了标准化和精准的评估方法。

表 7.4 LLM 评估中两个重要的评估库

名称	简介	特点
evaluate	它是 Hugging Face 提供的评估库,旨在简化机器学习模型和数据集的评估过程	①丰富的指标集合:包括多种 NLP 和 CV 任务的评估指标,用户可轻松加载和使用。 ②比较工具:可衡量不同模型之间的性能差异。 ③易于扩展:用户可以创建和共享自定义评估模块。 ④类型检查:确保输入的格式正确。 ⑤社区贡献:指标存储在 Hugging Face Hub 中,方便分享
rouge_chinese	专门为中文文本设计的 ROUGE 指标计算库,旨在提高中文自然语言处理任务的评估准确性	①针对中文优化:改进分句机制,准确处理中文标点,避免英文分句问题。 ②内存优化:降低 ROUGE-L 指标计算的内存占用,解决长文本处理问题。 ③更准确的评分:提供更接近官方 ROUGE 分数的结果。 ④多种使用方式:支持单句、多句和文件计算,提供命令行接口

7.2.3 侧重微调的库或框架

表 7.5 对比列出了常用的微调库或框架,这些库或框架旨在提升 LLM 的微调效率和灵活性。它们各具特色,能够助力研究者和开发者更高效地运用预训练模型,从而适配不同

的任务和资源环境。

表 7.5 常用的微调库或框架

名称	简介	特点
peft	peft 提供了多种参数高效的微调方法。使用这些方法时，只需微调少量额外参数，而非对模型的所有参数进行微调，从而能够显著降低计算和存储成本。此外，参数高效微调的方法在性能表现上可与全参数微调模型相媲美	①参数高效：减少计算和存储资源需求。 ②高性能：多种方法达到全参数微调模型性能。 ③易于集成：与 Transformers、Diffusers 和 Accelerate 等库集成，支持分布式训练。 ④多种方法：支持 LoRA、适配器微调等。 ⑤广泛模型支持：提供 API 配置和使用。 ⑥支持量化：结合量化技术降低内存需求
LLaMA-Factory	它是一个统一且高效的框架，用于对 100 多种 LLM 进行微调。该框架旨在简化并加速各类 LLM 的微调流程，支持多种模型、微调方法和不同的硬件设备。这不仅显著降低了微调的门槛，还提升了微调效率。此外，LLaMA-Factory 还提供了丰富的资源和工具，便于用户开展实验和应用	①支持多种模型：兼容 LLaMA、LLaVA、Qwen、ChatGLM、Phi 等 100 多种 LLM。 ②多种微调方法：支持预训练、监督微调、PPO 等，以及各种先进的算法和技巧等。 ③资源利用：支持全参数微调和 LoRA 等技术，以适应不同的硬件资源。 ④高效训练和推理：利用 FlashAttention-2、Unsloth 等技术加速训练，并通过 OpenAI 风格的 API、vLLM worker 等实现更快的推理速度。 ⑤监控工具：集成 LlamaBoard、TensorBoard、Wandb、MLflow 等实验监控工具。 ⑥数据集支持：提供大量预训练和微调数据集，包括多种语言和任务。 ⑦易于使用：提供 CLI 和 GUI，配备详细文档和示例
Unsloth	Unsloth 是一个开源的 LLM 微调框架，旨在显著提升 LLM（如 LLaMA-3.2、Mistral、Phi 和 Gemma）的微调速度和内存效率。它宣称能够将微调速度提升 2~5 倍，同时将内存使用量减少 80%。它为 LLM 的微调提供了更快速、更节约资源的解决方案，尤其适合在资源受限的环境下进行模型训练	①性能提升：高效的微调算法能够大幅缩短微调时间并降低内存需求，有显著优势。 ②多模型支持：支持多种流行的 LLM，并兼容 4bit 和 16bit 的 QLoRA、LoRA 微调等。 ③易于使用：提供用户友好且免费的 Colab 笔记本。 ④基于 Triton：Unsloth 的所有核心代码都使用 OpenAI 的 Triton 语言编写，能够发挥 GPU 的计算能力。 ⑤兼容性强：能够在 NVIDIA 的各种 GPU 上运行（2018 年以后的型号），无须特殊的硬件配置

名称	简介	特点
SWIFT	SWIFT 是一个用于微调 LLM 和 MLLM 的框架。它支持对 350 多种 LLM 和 100 多种 MLLM 进行预训练、微调、RLHF、推理、评估和部署	①模型支持：支持大量 LLM 和 MLLM，包括但不限于 Qwen 系列、LLaMA 系列、GLM 系列、Yi 系列、Mistral、Baichuan 系列等。②灵活的微调方法：支持各种参数高效微调和全参数微调，其中 Adapters 库包含各种适配器，方便用户在自定义工作流程中使用最新的训练技术。③易于使用的界面：基于 Gradio 的 Web UI，在 Hugging Face Spaces 和 ModelScope Studio 上使用。④训练策略：支持多种并行训练策略和加速技术，还支持如 Liger、ReFT、FlashAttention 等多种加速技术。⑤功能全面：除了训练和推理，还支持模型评估和部署，并支持多种评估数据集和标准

7.2.4 侧重推理的库或框架

在 LLM 领域，多个推理库或框架为开发者提供了高效的解决方案，能够满足不同的应用需求。表 7.6 列出了常用的侧重推理的库或框架，可帮助研究人员和开发者了解其功能和优势，从而选择适合自己项目的工具。

表 7.6　常用的侧重推理的库或框架

名称	简介	特点
vLLM	vLLM 是一个高吞吐量且具备高效内存管理的 LLM 推理和服务引擎，旨在为 LLM 提供快速、便捷且经济高效的推理和服务能力	①高效内存管理与高吞吐量：采用 Paged Attention 等技术管理内存，优化 CUDA/HIP 图，支持连续批处理，实现高吞吐量、低内存占用。②多种量化支持：支持 GPTQ、AWQ、INT4、INT8、FP8 等量化方法，内置 FlashAttention 和 FlashInfer 优化内核。③灵活解码算法：支持并行采样、beam search 等解码算法。④并行与硬件支持：支持张量并行、流水线并行，兼容多种 GPU 和 CPU 平台（如 NVIDIA、AMD、Intel）。⑤便捷接口与集成：与 Hugging Face 模型兼容，提供 OpenAI API 兼容服务器，支持多种开源模型（如 Transformer、MoE、MLLM）

名称	简介	特点
TGI	它是一个用于部署和服务 LLM 的工具包，它由 Hugging Face 开发并用于其 Hugging Chat、推理 API 和推理端点等生产环境。TGI 使用 Rust、Python 和 gRPC 能够为流行的开源 LLM 提供高性能文本生成服务	①高性能推理：支持张量并行、多 GPU 推理，利用 FlashAttention 与 Paged Attention 优化速度。②广泛的模型支持：支持 LLaMA、Falcon、BLOOM、GPT-NeoX 等开源模型。③生产环境优化：支持分布式追踪、Prometheus 监控，适用于生产环境。④多种优化技术：支持多种量化方法，减少内存占用。⑤丰富的接口支持：提供 REST API，兼容 OpenAI 的 Chat Completion API，并支持 SSE 令牌流传输。⑥跨平台与易于部署：支持 NVIDIA、AMD、Inferentia 等多种硬件平台，提供 Docker 镜像，简化部署
LLaMA.cpp	它是一个用纯 C/C++ 编写的项目，用于在各种硬件平台上进行 LLM 的推理，目标是实现最小的设置和最先进的性能。它支持本地和云端部署	①无依赖跨平台：支持 Apple Silicon、x86 架构（AVX、AVX2、CUDA）、NVIDIA GPU、AMD GPU 等。②多种量化方法：支持 1.5bit、2bit、3bit、4bit、5bit、6bit 和 8bit 量化，减少内存需求。③混合推理：支持 CPU 和 GPU 混合推理，可加快大模型的推理速度。④广泛的模型支持：支持 LLaMA 系列、Mistral、Falcon、多种中文模型及其微调版本。⑤接口与集成：提供命令行接口和 HTTP 服务器，兼容 OpenAI API。⑥活跃社区：持续更新，支持新的模型与功能
LLMTuner	它是一个用于微调 LLM 的库，其设计理念借鉴了 scikit-learn，旨在以简洁的代码实现 LLM 的微调，支持文本到文本、文本到语音和语音到文本等多种任务	①简洁易用：少量代码即可完成微调，API 设计易上手。②多种微调技术：支持 LoRA、QLoRA 等高效微调技术。③交互界面：提供 Web 应用用于模型测试和展示。④简化的推理与部署：提供简化推理 API，未来将支持云端部署（AWS、GCP 等）。⑤模型支持：支持 Whisper 和 LLaMA 模型的微调，未来计划扩展

续表

名称	简介	特点
FasterTransformer	它是 NVIDIA 提供的一个库，主要用于对 Transformer 模型（如 BERT 和 GPT 等）开展高度优化的推理。需要注意的是，FasterTransformer 的开发工作现已转移至 TensorRT-LLM，此后该仓库将不再继续开发	① 高效 Transformer 层：利用 Volta、Turing、Ampere 架构，支持 FP16 精度。 ② 多框架集成：支持 TensorFlow、PyTorch、Triton 后端，便于集成。 ③ 多模型支持：支持 BERT、GPT、XLNet、T5 等 Transformer 模型。 ④ 优化技术：支持 FP16、INT8 量化、稀疏性优化、张量与流水线并行等技术。 ⑤ 基于 CUDA：利用 CUDA、cuBLAS、cuBLASLt 等 NVIDIA 生态组件

7.3 LLM 的部署和应用工具

随着 LLM 的迅猛发展，如何高效地部署和应用这些模型已成为一个关键问题。本节将深入探讨与 LLM 相关的各类部署和应用工具，内容涉及从 Web 框架到容器化技术的多个领域。

通过对这些工具进行全面剖析，本节将为开发者提供极具实用性的参考，助力他们在部署和应用 LLM 时做出明智决策。

7.3.1 Web 框架和 API 服务

在现代 Web 开发中，选择合适的框架和工具对于构建高效的应用程序至关重要。Flask 和 FastAPI 是广泛使用的 Python Web 框架，而 Uvicorn 是常用的 ASGI 服务器，它们各自具备不同的特点和优势。表 7.7 列出了它们的基本信息和主要特点，以帮助开发者根据自身的项目需求做出明智选择。

表 7.7 Web 框架和 API 服务常用的工具

名称	简介	特点
Flask	Flask 是一个轻量级的同步 WSGI 框架，旨在快速和简单地创建 Python Web 应用。常用于构建 API 接口，便于将训练好的模型提供给前端应用	① 简单易用，灵活性高。 ② 无强制的项目结构。 ③ 强大的扩展生态系统。 ④ 适合从小型到中型应用
FastAPI	FastAPI 是一个现代化、具备高性能特点的 Web 框架，它专为构建 API 而设计。该框架能够处理高并发请求，可用于部署 LLM 服务	① 支持异步编程。 ② 基于类型提示，自动生成 OpenAPI 文档。 ③ 性能接近 Node.js 和 Go。 ④ 适合微服务架构

续表

名称	简介	特点
Uvicorn	Uvicorn 是一款轻量级的异步 ASGI 服务器，专门用于承载异步 Python Web 应用的运行。在实际应用中，它通常会与 FastAPI 框架结合使用	①支持异步请求处理。 ②高性能，适合高并发。 ③与 FastAPI 和 Starlette 兼容。 ④易于部署和扩展

7.3.2　请求和并发处理

在构建高效的网络应用时，请求和并发处理是至关重要的环节。Python 提供了多种工具或库，以满足不同的需求和场景。Requests 库使得 HTTP 请求的发送变得简便，Threading 库适用于处理 I/O 密集型任务，而 Asyncio 库则为高并发应用提供了强大的异步编程支持。表 7.8 列出了这三种库的基本信息和特点。

表 7.8　请求和并发处理常用的库

名称	简介	特点
Requests	Requests 是一个简洁的 HTTP 库，旨在使 HTTP 请求变得更简单易用。它用于向 LLM API 发送 HTTP 请求，简化了与 Web 服务的交互	①简单直观的 API。 ②支持 GET、POST 等多种请求方式。 ③内置的会话支持。 ④适合同步 HTTP 请求
Threading	Threading 是 Python 的内置库，用于创建和管理线程，适合用于并发处理场景。利用该库处理多线程并发请求，能够有效提高服务的性能	①提供简单的线程管理。 ②适合 I/O 密集型任务。 ③可能受到 GIL 的限制。 ④可用于多线程应用
Asyncio	Asyncio 是 Python 的异步编程库，用于并发请求，特别适合 I/O 密集型操作	① 支持协程和事件循环。 ②适合高并发网络应用。 ③更高效的资源利用。 ④能够与异步库兼容

7.3.3　用户界面库

在机器学习和深度学习模型的应用里，构建用户友好的界面是提升用户体验的关键步骤。Gradio 和 Streamlit 是被广泛使用的两款开源工具，它们旨在简化模型演示与数据应用的开发流程。Gradio 具备快速构建交互式界面的能力，而 Streamlit 则侧重于数据可视化与简洁开发。表 7.9 列出了这两款工具的基本信息和特点，以帮助开发者根据不同项目的需求做出明智选择。

表 7.9 用户界面库常用的工具

名称	简介	特点
Gradio	Gradio 是一个用于快速构建机器学习模型演示的库，方便用户与 LLM 进行交互	①简单易用，能快速实现集成。 ②支持多种输入／输出组件。 ③支持一键式分享和部署。 ④适用于成果展示并收集用户反馈
Streamlit	Streamlit 是一个用于创建数据应用和机器学习工具的开源框架。它和 Gradio 有相似之处，不过能提供更多的功能，更适合用来构建复杂的机器学习应用	①强调快速迭代和可视化呈现。 ②支持实时交互和组件应用。 ③适合无前端开发经验的数据科学家。 ④具备丰富的库集成能力

7.3.4 实验跟踪和可视化

WandB 是一个实验管理和可视化工具，旨在帮助数据科学家和机器学习工程师跟踪实验、可视化结果并进行协作。它主要用于模型训练过程中的实验跟踪和可视化，能够有效监控模型的性能和指标。其特点包括：实时跟踪训练过程、提供直观的可视化仪表板、支持版本控制和实验比较，以及兼容多种深度学习框架（如 TensorFlow、PyTorch）。

7.3.5 容器化和编排

在现代应用的开发与部署过程中，容器化和编排技术对于提升效率和可管理性起着关键作用。Docker 作为容器化领域的领先平台，极大地简化了应用的打包与分发流程。而 Kubernetes 则专注于容器的编排与管理工作，能有效保障应用具备高可用性和可扩展性。

Docker 和 Kubernetes 在容器化和编排方面的功能强大。借助它们，深度学习和机器学习模型的部署会变得更加高效、可靠。二者的结合显著增强了开发和运维环节的灵活性与自动化程度。表 7.10 列出了这两种工具的基本信息和特点，有助于开发者在构建和部署深度学习模型时做出明智决策。

表 7.10 实现容器化和编排技术的工具

名称	简介	特点
Docker	Docker 是一款开源的容器化平台。利用它，开发者能够把应用程序及其依赖项打包成相互独立的容器，从而简化部署与管理流程。具体而言，通过容器化技术，Docker 可以帮助开发者将 LLM 封装成轻量级镜像，确保该模型在不同的运行环境中都能保持一致的运行效果	①简化应用部署和隔离。 ②提高资源利用率。 ③便于版本管理和回滚。 ④跨平台兼容性强

续表

名称	简介	特点
Kubernetes	Kubernetes 是一个开源的容器编排系统，负责自动化应用容器的部署、扩展和管理，尤其适用于大规模集群部署	①提供高可用性和负载均衡。②自动化容器的部署和扩展。③支持服务发现和故障恢复。④可扩展性强，适合大规模应用

7.3.6　高级的 LLM 部署和服务工具

在 LLM 的部署与应用开发过程中，选择合适的工具和框架至关重要。TensorFlow Serving 是专门为 TensorFlow 模型设计的高性能服务框架，它能够提供出色的预测服务和有效的模型版本管理功能，特别适合在大规模生产环境中进行模型部署。同时，OLLaMA、GPT4ALL、AnythingLLM 和 Dify 等平台整合了多个库和框架，具备直观的用户界面和全面的功能，涵盖模型管理、RAG 管道等方面。这些工具不仅简化了开发流程，而且支持本地和远程部署，能够满足不同场景的需求。

此外，这些工具还可以相互结合使用，以实现更强大的功能。例如，结合 LM Studio 的 GUI 和 LobeChat 框架可以在本地部署类似于 ChatGPT 的聊天功能；将 OLLaMA 的后端框架与 AnythingLLM 的前端框架相结合，能够实现 RAG 功能；同样，OLLaMA 和 Dify 组合使用也能实现类似的效果。表 7.11 列出了这些工具的基本信息和特点，有助于开发者在项目中做出明智的选择。

表 7.11　高级的 LLM 部署和服务工具

名称	简介	特点
TensorFlow Serving	TensorFlow Serving 是一个高性能的模型服务系统，专为生产环境中的 TensorFlow 模型部署而设计	①支持动态加载和版本管理。②可扩展性强。③适合在线和批量预测。④提供 RESTful 和 gRPC 接口
LM Studio	LM Studio 是一个集成开发环境，专注于 LLM 的训练、评估和部署	①提供可视化的模型训练界面。②支持多种模型架构。③内置数据管理和版本控制。④适合快速迭代开发
OLLaMA	OLLaMA 是一个开源的 LLM 部署框架，旨在简化 LLM 的本地部署和推理	①简化模型的运行和管理。②支持多种硬件配置。③易于使用的 CLI 和 API 接口。④适合开发者和研究者

续表

名称	简介	特点
AnythingLLM	AnythingLLM 是一个轻量级的工具，旨在提供便捷的 LLM 推理接口	①易于集成和使用。 ②适合快速原型开发。 ③提供多种预训练模型。 ④支持多种编程语言
Dify	Dify 是一个用于 LLM 部署和应用的工具，强调用户友好性和可扩展性	①提供简洁的用户界面。 ②支持多种模型和数据源。 ③强调快速部署和调优。 ④适合多种应用场景
GPT4ALL	GPT4ALL 是一个致力于开放和可访问的 GPT-4 模型的框架，支持本地和云端部署	①开源、透明。 ②适合教育和研究。 ③提供对用户友好的 API。 ④支持社区驱动的模型更新

7.4 LLM 的向量数据库

随着大数据与人工智能的快速发展，向量检索技术在各类应用中的重要性愈发显著，特别是在处理 LLM 生成的嵌入表示时，向量数据库的重要性尤为突出，它能够大幅提升基于 LLM 的应用在大规模数据处理和信息检索方面的效率。这些嵌入可应用于语义搜索、相似性匹配，以及其他下游任务。

表 7.12 列出了 LLM 常用的向量检索工具的基本信息与特点。这些工具各有特点，适用于不同的应用场景，能够助力用户高效地处理和检索海量向量数据。

表 7.12　LLM 常用的向量检索工具

名称	简介	特点
FAISS	它是一个高效的相似性搜索库，主要用于大规模的向量检索	支持多种索引类型（如 IVF、HNSW 等）和算法，可扩展性强，处理大规模数据时性能优越
Elasticsearch	虽然主要是文档搜索引擎，但通过向量字段的支持，Elasticsearch 可用于向量检索	强大的文本搜索功能，支持多种查询类型，适合组合使用文本和向量数据
Milvus	它是一款开源的向量数据库，旨在处理大规模向量数据的存储和检索	提供高性能的实时查询，支持多种索引方式，易于集成，适合在线和离线场景
Pinecone	它是一种托管的向量数据库，提供自动扩展和高可用性，适用于机器学习应用	无须维护基础设施，支持快速、低延迟的查询，具有简洁的 API
Weaviate	它是一个开源的向量搜索引擎，支持图形数据库功能，能够同时处理结构化和非结构化数据	提供自动化的语义搜索功能，支持多种数据模型，集成容易

名称	简介	特点
Annoy	它是 Spotify 开发的一个用于快速近似最近邻搜索的库,它借助树状数据结构来实现向量索引	具有内存友好的特点,适合处理大规模数据集。它支持快速搜索操作和简单易用的 API
Chroma	它是一个开源向量数据库,旨在为机器学习和深度学习应用提供快速的向量检索	支持动态插入和删除向量,其易于使用的 API 具备高性能的查询能力,特别适合实时应用场景

反侵权盗版声明

电子工业出版社依法对本作品享有专有出版权。任何未经权利人书面许可，复制、销售或通过信息网络传播本作品的行为；歪曲、篡改、剽窃本作品的行为，均违反《中华人民共和国著作权法》，其行为人应承担相应的民事责任和行政责任，构成犯罪的，将被依法追究刑事责任。

为了维护市场秩序，保护权利人的合法权益，我社将依法查处和打击侵权盗版的单位和个人。欢迎社会各界人士积极举报侵权盗版行为，本社将奖励举报有功人员，并保证举报人的信息不被泄露。

举报电话：（010）88254396；（010）88258888

传　　真：（010）88254397

E-mail：dbqq@phei.com.cn

通信地址：北京市万寿路 173 信箱　电子工业出版社总编办公室

邮　　编：100036